计算机绘图教程
（第2版）

于习法　刘　慧　主　编
张　韬　樊国华　郭　楷　副主编

U0387664

清华大学出版社
北　京

内 容 简 介

本教材将计算机二维绘图软件(AutoCAD)、三维建模软件(SketchUp)和图像处理软件(Photoshop)融合在一起,实现了计算机绘图从二维到三维直至效果图制作的一体化,使读者能够以较少的时间,掌握较多的实用性知识,进而解决实际问题。

本书适用于建筑学、广告设计、室内设计、园林设计、影视动画、皮具设计和土木工程类各专业的大、中专学生计算机绘图(辅助设计)课程的教学并可供工程设计人员参考。

版权所有,侵权必究。举报: 010-62782989,beiqinquan@tup.tsinghua.edu.cn。

图书在版编目(CIP)数据

计算机绘图教程/于习法,刘慧主编.—2版.—北京:清华大学出版社,2022.1(2024.7重印)
ISBN 978-7-302-58969-3

Ⅰ.①计… Ⅱ.①于…②刘… Ⅲ.①计算机制图—教材 Ⅳ.①TP391.72

中国版本图书馆 CIP 数据核字(2021)第 172961 号

责任编辑:秦　娜　王　华
封面设计:陈国熙
责任校对:赵丽敏
责任印制:刘　菲

出版发行:清华大学出版社
    网　　　址:https://www.tup.com.cn, https://www.wqxuetang.com
    地　　　址:北京清华大学学研大厦 A 座　　　　邮　　编:100084
    社 总 机:010-83470000　　　　邮　　购:010-62786544
    投稿与读者服务:010-62776969,c-service@tup.tsinghua.edu.cn
    质量反馈:010-62772015,zhiliang@tup.tsinghua.edu.cn
印 装 者:北京同文印刷有限责任公司
经　　销:全国新华书店
开　　本:185mm×260mm　　印　张:23.25　　　　字　　数:565 千字
版　　次:2015 年 9 月第 1 版　2022 年 1 月第 2 版　　印　　次:2024 年 7 月第 2 次印刷
定　　价:69.00 元

产品编号:082409-01

前 言

FOREWORD

随着计算机技术的发展，特别是视窗型操作系统的广泛应用，计算机图形与图像处理技术获得了飞跃的进展，对图学教育起到了很大的推动作用。以计算机图形学和计算机辅助设计为突破口，制图技术进入了一个新时代，特别是 1992 年开始提出的"甩掉图板"的口号，极大地普及和推广了 CAD 技术，为各行各业培养了一大批可以用计算机绘图的人才。

AutoCAD 软件作为最普及的绘图软件，以简便、灵活、精确、高效的特点和绝对的主导地位，受到使用者的广泛欢迎。本书是以较新版本的 AutoCAD 2018 为基础，结合工程专业计算机绘图教学的特点和工程的实际需要编写的，侧重实战，目的是让学生快速掌握计算机绘制工程图样的基本技能。

制作立体效果图是设计人员（包括建筑设计、室内设计、广告和影视动画等）必须掌握的基本技能，也是对普通工程技术人员提出的新的挑战。在众多的建筑三维设计软件中，SketchUp 建筑草图设计软件是一款令人耳目一新的设计软件，它能带给建筑师边构思边表现的创作体验，打破了传统设计方式的束缚，可快速形成建筑草图，创作建筑方案。它的出现是建筑设计领域的一次革命。因此，SketchUp 被称为最优秀的建筑草图设计软件。本书是以 SketchUp 2018 为蓝本，结合工程实例编写的，希望能为设计人员及普通工程技术人员充分发挥空间想象能力、遨游三维空间插上翅膀。

制作一幅精美的图片，越来越受到人们的喜爱和追捧。在众多图形图像处理软件中，Photoshop(PS)是一款资格较老且生命力旺盛的软件。PS 已经成为一个流行语，它提供的几乎是无限的创作空间，用户可以尽情地发挥想象力，充分显示自己的艺术才能，创作出令人赞叹的图像作品。本书以 PS CS6 为蓝本，采用由浅入深、循序渐进的方法，通过大量实用的操作指导和有代表性的实例，让读者直观、快速地了解和掌握 Photoshop 的主要功能和基本技能。

通过上述介绍可以知道，以上 3 种软件本来属于 3 个不同的技术领域和课程内容。传统的各个教材(3 本书)，为了强调各自学科的系统性和完整性，往往理论性、叙述性的内容太多，而这些对于实际应用者来说没什么大的用处。本教材从实用性出发，将各个学科实用性的内容有机地结合起来，使读者能够以较少的时间，掌握较多的实用性知识，进而解决实际问题，在强调实用性的同时，具有一定的前瞻性。本书具体来说有如下主要特点。

(1) AutoCAD 部分。

本部分开门见山，开篇即直奔主题，介绍 AutoCAD 的主要功能、主要界面等。接着把 AutoCAD 的基本输入方法、文件管理和辅助绘图工具等作为基本操作先行介绍，为正式绘图做好准备工作。

　　本部分对于常用的绘图工具条和编辑工具条采用归类的方法分别介绍,便于读者理解和掌握。比如:正多边形和矩形都属于多边形;圆、圆弧、椭圆、椭圆弧等都属于规则曲线;普通复制、镜像、偏移、阵列等都具有复制的功能,只是方法、性质和结果不同;移动、旋转、缩放等属于改变图形的位置和大小;拉伸、修剪、倒角等属于改变图形的形状;等等。这样,初学者就可以根据自己的需要,迅速找到相应的工具,避免无从下手。

　　本部分例题都是经过认真思考设计的,充分考虑各种相近命令的综合应用,以尽量少的篇幅介绍主要和常用的知识,使学生花费较少的时间就能掌握 AutoCAD 的基本知识,并解决实际问题。

　　(2) SketchUp 部分。

　　本部分向读者翔实介绍了 SketchUp 2018 的各种功能和建模技巧,并结合实例进行讲解,让读者能通过实例操作加强对软件各个功能和命令的理解;特别是通过综合应用举例,使读者学会将各种工具和技能综合起来应用;另外,通过增加软件在专业制图中的运用及实例演示,使读者学以致用。本部分配图均以三维视图为主,使讲解更便捷,学习更直观,理解更深刻。

　　(3) Photoshop 部分。

　　PS 部分围绕制作效果图常用的重点基础知识点,采用循序渐进、化繁为简的图文表达方法,将软件入门、选区、工具和图层等基础知识,通过实用性较强的效果图制作实例自然地加以引出、介绍。本部分强调知识的连贯性和延续性,既浅显易懂,让初学者一目了然,又目标明确,通过实例,巧妙地将 PS 的基础知识与专业特点结合起来。

　　特别是建筑设计、室内设计、服装设计、皮具设计等专业,需要运用素材图片的制作,本部分教给读者如何运用 Photoshop CS6 制作简单实用的专业素材和贴图,方便、实用;最后结合效果图后期处理时如何表现材质和灯光,室外效果图后期处理时如何表现水面和玻璃等,从操作步骤、技巧到提炼出经验性和规律性的知识,一气呵成。

　　本教材由扬州大学广陵学院于习法、刘慧任主编,副主编有陇东学院张韬、河南省工业设计学校樊国华、扬州大学广陵学院郭楷等。

　　感谢扬州大学广陵学院的左学文同学为本书的插图做的一些基础工作。

　　限于编者的学识,书中难免有不当甚至错误之处,敬请读者、同行不吝指正,待再版时进一步修改完善。

编　者

2021 年 8 月于广陵

目 录
CONTENTS

上篇　AutoCAD 2018

中篇　SketchUp 2018

下篇　Photoshop CS6

上篇

AutoCAD 2018

第1章

AutoCAD 2018的绘图环境及基本操作

1.1 概述

AutoCAD 是美国 Autodesk 公司推出的集二维绘图、三维设计、参数化设计、协同设计及通用数据库管理和互联网通信功能为一体的计算机辅助设计绘图软件。AutoCAD 自1982 年推出以来,已成为所有工程设计领域(包括机械、电子、化工、建筑、室内装潢、家具、园林和市政工程等)应用最为广泛的应用软件。它以简便、灵活、精确、高效的特点和绝对的主导地位,受到使用者的广泛欢迎。同时,AutoCAD 也是一个最具有开放性的工程设计开发平台,其开放性的源代码可供各个行业进行深入的二次开发,如"天正"系列软件、"圆方"、"中望"等装潢设计软件等都是在此基础上进行开发的本土化产品。

本书介绍的是 AutoCAD 2018 的基本概念与操作技巧。

1.2 操作界面

启动 AutoCAD 2018,将呈现如图 1-1 所示的画面,称为"开始"界面。

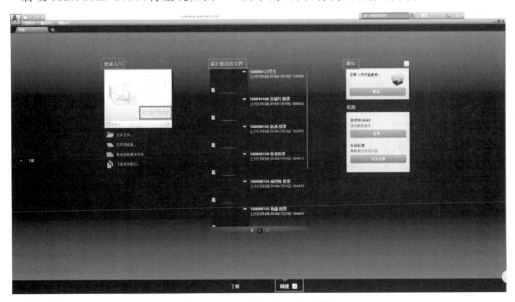

图 1-1 "开始"("创建")界面

该界面默认的是"创建"界面,就是让使用者选择具体操作的界面,如果想了解 AutoCAD 2018 的详细信息,可以单击下方的"了解"选项,弹出如图 1-2 所示的"了解"界面,有"新增功能""快速入门视频""学习提示"3 个标题,对于自学者而言是一个很好的电子辅导老师,这里不做介绍。

图 1-2 "开始"("了解")界面

对于图 1-1 所示的"开始""创建"界面,其上部选项板都是灰色的,不能用。主要是中部 3 个选项板可供选择使用,分别是"快速入门""最近使用的文档""连接"。

其中,"快速入门"选项板,初学者只需要单击"开始绘图"选项,其他可不用考虑;"最近使用的文档"是该台计算机最近打开过的 CAD 文件,如果想继续完成或者编辑、查看最近操作过的文件,就可以在这里方便地找到;"连接"选项板则是连接网络的,这里不做介绍。

单击如图 1-1 所示的"开始绘图"选项后,进入到真正的操作界面,如图 1-3 所示。自 AutoCAD 2015 版本以后,基本上都是这个默认的"草图与注释"界面或者说是风格、模式,以前人们所熟悉的经典风格不再保留。下面介绍如何恢复设置经典风格。

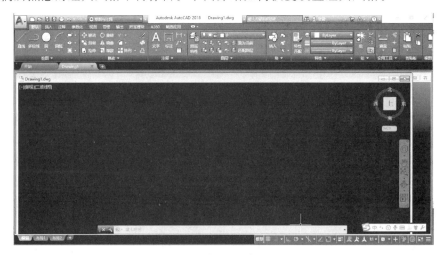

图 1-3 默认"创建"界面

1. 显示菜单栏

单击快速访问(启动)按钮  右侧的 ▼ 图标,在下拉菜单中单击"显示菜单栏"选项,从而显示一般窗口操作系统都有的菜单栏,如图 1-4 所示(线框部分)。

图 1-4 显示菜单栏

2. 调出工具栏

依次单击"工具"→"工具栏"→AutoCAD 所展示的快捷菜单中的"修改""标准""特性""图层""绘图""对象捕捉""样式"等选项(图略),调出工具栏。

3. 切换选项卡、面板标题、面板按钮

单击"功能区"选项卡 A360 右侧的上三角按钮 ▲ ,如图 1-5 所示。

图 1-5 选项卡

在弹出的菜单中可以切换"最小化选项卡""最小化面板标题栏""最小化面板按钮"等,一般选择"最小化选项卡",即可隐藏面板标题,同时右击该选项卡,在弹出的快捷菜单中单击"关闭"命令,即可关闭该选项卡,最终出现如图 1-6 所示的经典风格工作界面。

图 1-6 经典风格工作界面

这是 AutoCAD 的经典风格界面,主要包括:标题栏、菜单栏、窗口栏、工具栏、绘图区、坐标系、模型与布局标签、命令行提示、状态栏等。

把该界面名称保存为"CAD 经典",方法是:单击"草图与注释",在下拉列表中选择"将当前工作空间另存为…",如图 1-7 所示的线框部分。

图 1-7 保存经典风格工作界面

在弹出的对话框中输入"CAD 经典"或其他容易识别的名字,单击保存。

"CAD 经典"工作界面各部分的名称如图 1-8 所示,现自上而下、从左到右地介绍如下。

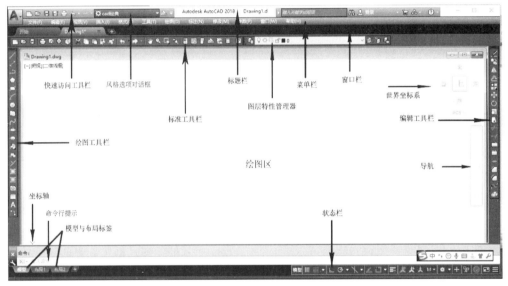

图 1-8 "CAD 经典"工作界面各部分名称

1.2.1 快速访问工具栏

快速访问工具栏 是窗口操作系统的标准工具栏的一部分,包括"新建""打开""存储""另存为""打印""放弃""重做"7 项,其中前 5 项也是"文件"菜单的主要内容,负责对整个文件的操作。

1.2.2 风格选项对话框

单击风格选项对话框 右侧的黑三角,会弹出如图 1-9 所示的下拉菜单,绘图者依自己的需要和使用习惯,选择相应的风格(工作空间),其中"AutoCAD 经典"是自 AutoCAD 2000 版本以来使用者最喜欢的界面风格。

所以,以后二维绘图默认的就是这种风格界面,一般不需要改变。

图 1-9 风格选项对话框

1.2.3　标题栏

标题栏 Autodesk AutoCAD 2018　Drawing1.dwg 显示的是当前软件的版本（AutoCAD 2018）和文件名（Drawing1.dwg）。后面还有"检索""登录"等不常用工具。

1.2.4　菜单栏

工作界面的第二行是 AutoCAD 特有的菜单栏 文件(F) 编辑(E) 视图(V) 插入(I) 格式(O) 工具(T) 绘图(D) 标注(N) 修改(M) 参数(P) 窗口(W) 帮助(H)，内容包括"文件""编辑""视图""插入""格式""工具""绘图""标注""修改""参数""窗口""帮助"等。括号里的大写字母是启用各菜单所对应的快捷键。每个菜单都以下拉列表的方式展开，如果在某个选项后有黑色三角形，说明有下级子菜单，鼠标指向该选项，将呈现子菜单列表；如果在某个选项后有"…"，那么单击该选项将弹出一个新的对话框或窗口。这些菜单几乎囊括了 AutoCAD 所有的操作命令，以后会逐步讲解。

对于初学者而言，首先应该学会使用"帮助"菜单。如果对某项命令不会使用，在发出命令后单击"帮助"菜单，在开启网络的情况下，AutoCAD 系统将详细介绍该命令的用法。这是 AutoCAD 最突出的特点之一，相当于自带了一部详细的操作说明书。

1.2.5　窗口栏

工作界面的第三行是窗口栏 Drawing1 ×，显示当前窗口的文件名，光标指向该文件名，会浮动显示该文件的路径和空间（模型和布局）信息。单击文件名右边的按钮"×"，可以关闭该文件；单击按钮"+"，可以打开另外的文件，同时在该行显示相应的文件名。

1.2.6　标准工具栏

标准工具栏 是窗口（Windows）操作系统各种软件都有的工具栏，只是不同软件的内容和图标可能稍有差异。在这里除了前述的快速访问工具栏的 7 项内容外，还包含了"打印预览"、"发布…"（将图形发布为电子图集）、"3DDWF"（启动三维 DWF 发布界面）、"截切"、"复制"、"粘贴"、"特性匹配"、"图块编辑器"、"前进"、"后退"、"实时平移"、"实时缩放"、"特性"等工具。后面章节会重点介绍一些常用的工具。

1.2.7　图层特性管理器

标准工具栏后面是图层特性管理器 和特性工具栏（图 1-8 中暂时未打开），内容包括图线的线型、粗细、颜色，以及图层的设置、显示、冻结、锁定等内容，是 AutoCAD 的重要内容之一，后面章节会重点介绍。

1.2.8　"绘图"工具栏

"绘图"工具栏 位于工作界面的左侧，纵向排列（也可以拖动到顶部或中部成为横向排列），内容包括各种常用的绘图工具，与"绘图"菜单的功能相同，但更加醒目，是 AutoCAD 最具代表性的内容，后面章节将重点介绍。

1.2.9　"编辑"(修改)工具栏

"编辑"(修改)工具栏　位于工作界面的右侧,纵向排列(也可以拖动到界面顶部或中部成为横向排列),内容包括各种常用的编辑工具,与"编辑"菜单的功能相同,但更加醒目,是 AutoCAD 最具代表性的内容,也是经典风格的代表性之一。"编辑"(修改)工具栏和"绘图"工具栏共同构成了经典风格的主要特点。

1.2.10　模型与布局标签

模型与布局标签　位于工作界面下方自下而上的第一行左侧,用于"模型空间"和"布局空间"的切换,正常绘图都是在"模型空间"的状态下,"布局空间"主要用于打印输出,初学者可不予考虑这个问题。

1.2.11　命令行提示

命令行提示　位于界面下方的倒数第二、三行,当执行(输入或单击按钮)某项命令后,上一行会显示相应的命令名称,下一行会提示操作者具体的操作,是初学者的操作指南,只要按照提示一步一步地操作,就可以实现目标。因此,初学者一定要注意按提示操作。

1.2.12　状态栏

状态栏　在界面的最下面一行的右侧,最左边显示的是"模型空间",往右依次有"推断约束""捕捉模式""栅格显示""正交模式""极轴追踪""等轴测草图""对象捕捉追踪""对象捕捉""显示/隐藏线宽"等多个功能开关按钮。状态栏作为辅助工具,对精确绘图、提高图形质量和速度非常有益,后面随时用到,也将重点介绍。

1.2.13　绘图区

绘图区是指在操作界面中部的大片空白区域,用户完成一幅设计图的主要工作都是在绘图区进行的。所以开始绘图前,可以对绘图区做一些设置,以便在舒适的状态下工作。

(1) 由于版本的不同,可能启动 AutoCAD 的界面会有所区别。AutoCAD 2018 在启动时,界面有栅格底纹,启动栅格对精确绘图是有帮助的,但是也会影响视觉效果,所以建议取消栅格显示。单击状态栏的第三个按钮"栅格显示"(或者按快捷键F7),可以在显示和关闭栅格之间切换。

(2) 改变绘图区的底色。启动 AutoCAD 2018,其默认的界面底色是黑色,如果要把底色换为其他颜色,方法如下。

① 单击"工具"→"选项",弹出如图 1-10 所示的"选项"对话框。

② 单击"选项"对话框的"显示"→"颜色"按钮,在弹出的"图形窗口颜色"(图 1-11)对话框中"颜色"选择框的下拉列表中选择相应的颜色。不建议用白色,因为长时间面对白色屏幕,难免刺眼,久而久之势必影响视力。

另外,还可以根据计算机屏幕的大小及个人使用习惯,调整"十字光标大小",系统默认的是5,建议调整为3,如图 1-10 所示。

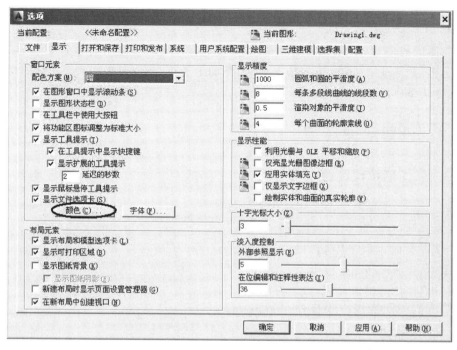

图 1-10 "选项"对话框

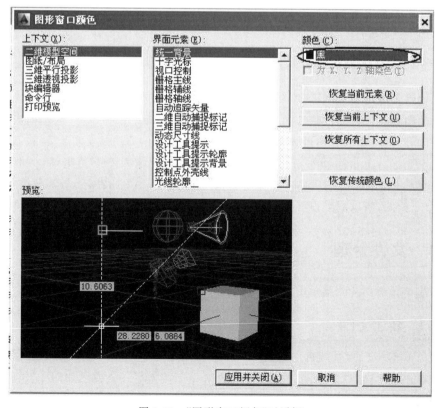

图 1-11 "图形窗口颜色"对话框

1.2.14　坐标系

在绘图区的左下角显示的是坐标系图标,系统默认的是直角坐标系。横向是 X 轴,从左到右为正,数值越来越大;纵向是 Y 轴,自下而上为正,数值越来越大。两轴的交点为坐标原点,默认坐标是(0.00,0.00)。

1.3　设置绘图环境

1.3.1　图形单位设置

一般情况下,图形单位都采用样板文件的默认设置,尤其是机械、建筑等制图标准都是以毫米(mm)为单位的。用户也可以根据需要重新设置图形单位,比如水利和路桥由于工程的体量一般都比较大,往往习惯以厘米(cm)为单位,还有古建筑有其特定的单位。设置图形单位的简单方法是:单击"格式"→"单位",会弹出如图 1-12 所示的"图形单位"设置对话框,对话框中"长度类型"和"角度类型"选项比较好理解,"插入时的缩放单位"(用于缩放插入内容的单位)将在后面应用实例中予以介绍。

图 1-12　"图形单位"设置对话框

1.3.2　图形边界设置

图形边界是绘图的范围或者界限,也是尺规绘图图纸的图幅,AutoCAD 默认的是 A3 图幅(420mm×297mm),用户绘图前应根据图形的复杂程度和尺寸、比例大小设置合适的图幅。设置图幅的方法是:单击"格式"→"图形界限",在十字光标右下角的动态窗口(或者命令行)中分别输入左下角坐标,一般是(0.00,0.00),按 Enter 键后接着输入右上角坐标(A4:297,210;A3:420,297,其他类推)。一般默认以 1∶1 绘图,所以图纸设置要比实际图形尺寸大一些。

1.4　文件管理

本节简单介绍"文件"菜单中最基本的初级文件管理。

1.4.1　新建文件

启动 AutoCAD 后,系统自动新建一个默认名称为 Drawing1 的图形文件。如果在绘图的过程中要新建文件,只要单击标准工具栏的第一个按钮 ▯,会弹出如图 1-13 所示的"选择样板"对话框,在下方的"文件类型"中确定文件类型,然后在上面"查找范围"中确定路径,再在中间大的窗口中选择文件名,最后单击"打开"按钮即可。

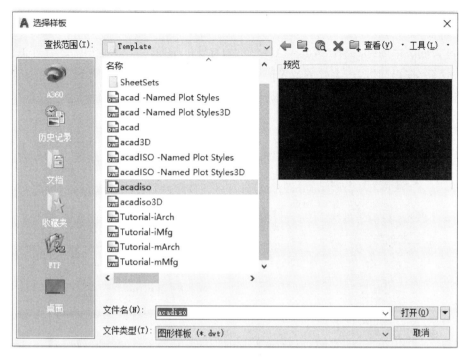

图 1-13　选择样板文件

在"文件类型"的下拉列表中有 3 种格式的图形样板,后缀分别是.dwt、.dwg 和.dws。其中.dwt 是标准的样板文件;.dws 是包含标准图层、标注样式、线型和文字样式的样板文件;.dwg 是普通的样板文件,也是默认的样板文件格式,如果选择.dwg 则可以打开系统之外的任何一个.dwg 的图形文件。

1.4.2　打开文件

(1) 如果还没有启动 AutoCAD,在这种情况下要打开一个文件,可以找到要打开的文件,然后双击该文件,即可启动 AutoCAD 自动打开该文件;或者用鼠标左键按住该文件把它拖到桌面的 AutoCAD 的快捷图标上,也可启动 AutoCAD 自动打开该文件。

(2) 在已经启动 AutoCAD 的情况下要打开一个文件,只要单击标准工具栏的第二个按钮 ,也会弹出类似图 1-13 的对话框,然后选择相应的路径和文件名,最后单击"打开"按钮即可。

在打开文件的对话框中,"文件类型"的下拉列表中多了一个.dxf 类型的文件,这是用文本形式存储的图形文件,能够被其他文件读取,许多第三方应用软件都支持.dxf 文件。

1.4.3　保存文件

当开始绘制图形后,为了防止文件丢失,需要及时保存文件。保存文件最简单的方法是单击标准工具栏的第三个按钮 。但是第一次保存一个新建的文件,则不宜用这个方法,因为第一次保存的文件名和路径都是系统默认的,一旦系统出问题或者退出系统,下次就很难找到该文件了。所以第一次保存一个新建的文件,建议用"文件"→"另存为"命令,在弹出的如图 1-14 所示的对话框中设定自己熟悉的路径和文件名,这里要特别注意的是文件类型,因为目前使用的软件版本比较高,为防止在其他计算机上打不开文件,所以文件类型一定要设置为低版本的,如选择"AutoCAD 2000/LT2000 图形(* . dwg)"。之后再想保存,直接单击"保存"按钮即可,一定要养成及时存盘的习惯。

图 1-14　"图形另存为"对话框

1.5　基本输入操作

在 AutoCAD 中,有一些基本的输入操作方法,这些方法是进行 AutoCAD 绘图的必备基础知识,也是深入学习 AutoCAD 各项功能的前提。

1.5.1　命令输入方式

以画直线为例,有多种命令输入方法。

(1) 在命令行窗口输入命令绘制直线。只要在命令行输入快捷键 L,然后按空格键(或者 Enter 键,很多情况下空格键和 Enter 键的功能相同,现在的键盘,空格键比 Enter 键大很多,而且左手操作按空格键也比按 Enter 键方便)。

这里要注意一个技巧:为了提高绘图速度,初学者一定要养成左手控制键盘,右手控制鼠标的好习惯。

完成命令的输入后,按命令行提示一步一步操作即可。

注意:在命令行输入时,不需要把光标移到命令行,系统默认的命令输入会自动在命令行里。

(2) 单击"绘图"→"直线",亦可发出画直线的命令绘制直线。

(3) 单击"绘图"工具栏的"直线"图标 绘制直线。

(4) 在命令行右击,打开快捷菜单,亦可绘制直线。

如果在前面刚使用过要输入的命令,可以在命令行右击,打开快捷菜单,在"最近使用的命令"的子菜单中选择需要执行的命令,如图 1-15 所示。

图 1-15 命令行的右击快捷菜单

1.5.2 命令的重复、撤销、重做

1) 命令的重复

直接按空格键或者 Enter 键,或者直接在绘图区右击,就可以重复执行上一个命令。

2) 命令的撤销

在命令执行的任何时候都可取消和终止命令的执行。有 4 种方法可以实现命令的撤销操作。

(1) 在命令行输入快捷键 U,再按空格键。

(2) 单击"编辑"→"放弃命令组"。

(3) 单击标准工具栏的"放弃(返回上一次)"按钮 。

(4) 按键盘左上角的 Esc 键。

3) 命令的重做

已经被撤销的命令还可以恢复重做。有 3 种方法可以恢复撤销的最后一个命令。

(1) 单击标准工具栏的按钮 。

(2) 单击"编辑"→"重做"。

(3) 在命令行输入 REDO。

1.5.3 数据的输入方法

(1) 直角坐标法:用点的 X、Y 坐标值表示的坐标。

在 A 点(50,30)和 B 点(100,80)之间画一条直线的方法是:

单击"直线"按钮 。

命令行提示:LINE 指定第一点。输入 50,30,按空格键。此时所输入的坐标是 A 点的绝对坐标。

命令行提示:LINE 指定下一点。输入@50,50,按空格键,此时输入的坐标是相对于前一点的相对坐标值($\Delta x=100-50$,$\Delta y=80-30$),结果如图 1-16 所示。

即理论上直角坐标有两种输入方式:绝对坐标输入法输入 x、y;相对坐标输入法输入 @Δx,Δy。但是从 AutoCAD 2007 版本以后,实际应用就不存在相对坐标输入法的问题,每次命令除了第一点输入的坐标是绝对坐标外,以后默认的运算方法就是相对坐标,即默认前一点的坐标值是(0.00,0.00),下一点只要输入 x、y 的相对增加值即可,也就是说@是可以省略的。

(2) 极坐标法:用长度和角度表示的坐标。

如图 1-17 所示从 A 点到 B 点画直线的方法是:

单击"直线"按钮✏。

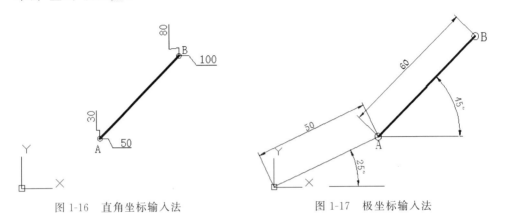

图 1-16　直角坐标输入法　　　　　　　　图 1-17　极坐标输入法

命令行提示:LINE 指定第一点。输入 50<25,按空格键。此时所输入的坐标是绝对极坐标,表示 A 点到坐标原点的距离是 50,它和原点的连线与水平线的夹角是 25°。

命令行提示:LINE 指定下一点。输入@60<45,按空格键,此时输入的坐标是相对于前一点的相对极坐标值(线段的长度是 60,与水平线的夹角是 45°)。

同样道理,极坐标法也有两种输入方式:绝对极坐标输入法输入 $L<\alpha$;相对坐标输入法输入@$L<\alpha$。但是实际应用时,每次命令除了第一点输入的极坐标是绝对坐标外,以后默认的运算方法就是相对坐标,即输入线段的实际长度和与水平线的夹角即可,@也是可以省略的。而且结合"正交"和"极轴"等辅助绘图模式的应用,绘图将更加方便,详见辅助工具栏介绍。

1.6　视图显示

AutoCAD 二维绘图默认的是单一窗口显示视图,现在改变视图显示效果最快捷的方法是利用鼠标滚轮,通过它可以在绘图区放大或者缩小图形显示。

1.6.1　缩放

AutoCAD 有多个缩放工具,常用的有以下几种。

1) 实时缩放

利用实时缩放,用户可以通过垂直向上或者向下移动鼠标的方式对图形进行放大和缩小。启动实时缩放命令的方法如下。

(1) 单击标准工具栏的按钮 🔍 。

(2) 命令行:输入 Z,按空格键(或 Enter 键)。

（3）单击"视图"→"缩放"→"实时"，如图1-18所示。

发出命令后，上下滚动鼠标滚轮（或者按住左键上下拖动），可以放大或者缩小图形。

2）动态缩放

如果打开快速缩放功能，就可以用"动态"缩放功能改变图形显示而不产生重新生成的效果。动态缩放会在当前视区中显示图形的全部。启动"动态"缩放的方法如下。

（1）命令行：输入Z，按空格键→输入D，按空格键。

（2）单击"视图"→"缩放"→"动态"，如图1-18所示。

执行该命令后，系统会弹出一个图框。缩放前的图形区域显示绿色的点线框，重新生成区域的四周有一个蓝色虚线框，如果线框中有一个"×"出现，就可以拖动线框，把它平移到另外一个区域。如果要按放大倍数放大图形，单击一下，"×"就会变成一个箭头，此时左右拖动边界线就可以重新确定视区的大小。

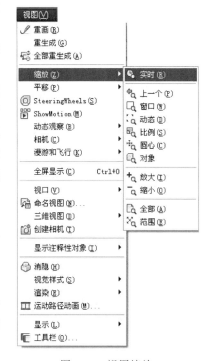

图1-18　视图缩放

3）窗口缩放

单击标准工具栏的按钮，然后在绘图区拉一个矩形，矩形里的图形部分将全屏缩放。

4）全屏缩放

如果要把同一个文件的所有内容都显示在屏幕中，可以在命令行输入Z，按空格键，然后在命令行输入A，按空格键。

另外，比例缩放、圆心缩放、对象缩放、缩放上一个等与动态缩放类似，此处不再赘述。

1.6.2　实时平移

"实时平移"是相对于"缩放"的另一种转换图形显示范围的工具，在绘图过程中使用的频率较高。"实时平移"按钮可以改变图形的显示位置，以便于作图。但是它不改变图形的坐标值。启动"实时平移"的较为简单方法如下。

（1）命令行：输入P后按空格键。

（2）单击标准工具栏的按钮。

执行该命令后，光标变为形状，按住鼠标左键拖动光标，即可平移图形。

1.6.3　屏幕重画

在绘制比较复杂的图形或者频繁删除对象等操作时，在屏幕的绘图区会残留一些光标点，屏幕显示有些杂乱，而且由于这些光标点并不是实体对象，用"擦除"命令还没办法解决，此时可以用"重画"命令，方法如下。

（1）命令行：输入R后按空格键；

（2）单击"视图"→"重画"。

执行该命令后,屏幕上所有的对象都将消失,紧接着会把实体图形又重新显示出来,而那些无用的光标点将自动消失。

1.7 辅助绘图工具

为了准确、快捷地绘制工程图样,AutoCAD 中提供了多种辅助绘图工具,常用的有:"栅格图形显示""捕捉到图形栅格""设置捕捉""正交模式""极轴追踪""设置追踪角度""等轴测草图""选择轴测平面""对象捕捉追踪""对象捕捉""对象捕捉设置""显示/隐藏线宽"等。这些辅助绘图工具位于状态栏中,图标显示为蓝色时表示打开相应功能,显示为灰色则表示关闭该功能,如图 1-19 所示。

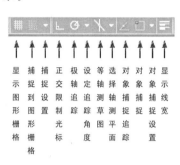

图 1-19 辅助绘图工具

单击这些图标,就可以打开或关闭这些辅助绘图工具。下面介绍常用的辅助绘图工具。

1.7.1 捕捉模式

为了在屏幕上准确地捕捉点,可以使用状态栏中的"捕捉模式"图标,单击此图标或按 F9 键即可打开或关闭"捕捉模式",此时的捕捉是捕捉栅格点。

打开"捕捉模式"后,绘图时光标在绘图区不能随意移动距离,而只能移动一定的间距(栅格之间的距离),即光标能够精确捕捉此间距上的点。在屏幕上显示光标是跳跃着移动的。光标移动的间距可以通过以下方式设置。

(1)单击"工具"→"绘图设置"。

(2)在"捕捉模式"图标上右击并选择"捕捉设置"。

(3)单击"捕捉模式"图标右侧的向下箭头并选择"捕捉设置"。

执行上述命令后,会弹出"草图设置"对话框,选择"捕捉和栅格"选项卡,如图 1-20 所示,在此选项卡中可以打开或关闭"捕捉模式",并设置光标移动的间距。各选项介绍如下。

(1)"启用捕捉"复选框:打开或关闭"捕捉模式"。按 F9 键也可以打开或关闭"捕捉模式"。

(2)"捕捉间距"选项组:在此设置光标沿 X 轴和 Y 轴方向移动的间距。具体根据图形尺寸的特点或规律,设定合适的间距(如 2、3、5 的整数倍),默认间距是 10。

(3)"捕捉类型"选项组:选择"栅格捕捉",则在屏幕上生成一个看不到的捕捉栅格,栅格间距在"捕捉间距"中已设置,光标只能捕捉到这个栅格上的点,即光标只能沿这些栅格间距移动(跳动)。所以,正常绘图时一般不启动该模式。

图 1-20　"草图设置"——捕捉模式

1.7.2　栅格显示

单击状态栏中的"栅格显示"图标▦或按 F7 键,即可打开或关闭"栅格显示"。打开"栅格显示",在绘图区会出现可见的栅格,在栅格上绘图就像在传统的坐标纸上绘图一样,但是栅格不会被打印出来。"栅格显示"参数设置方法如下。

(1) 单击"工具"→"绘图设置"。

(2) 在"栅格显示"图标▦上右击并选择"网格设置"。

(3) 单击"捕捉模式"图标▦右侧的向下箭头并选择"捕捉设置"。

执行上述命令后,打开"草图设置"对话框,选择"捕捉和栅格"选项卡,如图 1-20 所示,在此选项卡中可以打开或关闭"栅格显示",并设置栅格的间距。各选项介绍如下。

(1) "启用栅格"复选框:打开或关闭"栅格显示"。

(2) "栅格间距"选项组:在此设置栅格在 X 轴和 Y 轴方向的间距。

1.7.3　正交模式

使用 AutoCAD 绘制水平或垂直的直线时,可以打开"正交模式",方法是:

(1) 单击状态栏中的"正交模式"图标⊾。

(2) 按 F8 键。

打开"正交模式"后,绘制直线时光标只能沿水平或垂直方向移动,即只能绘制水平或垂直的直线。在绘图过程中可以随时打开或关闭"正交模式"。

1.7.4　极轴追踪

使用 AutoCAD 绘制有确定倾斜角度的斜线时,可以打开"极轴追踪"并设置这个倾斜角度即极轴角。单击状态栏中的"极轴追踪"图标⊘或按 F10 键可以打开或关闭此功能。

"极轴追踪"极轴角参数设置方法如下。

（1）单击"工具"→"绘图设置"。

（2）在"极轴追踪"图标  上右击,选择"正在追踪设置"（或直接设置追踪角度）。

（3）单击"极轴追踪"图标 右侧的向下箭头,选择"正在追踪设置"（或直接设置追踪角度）。

执行上述命令后,打开"草图设置"对话框,选择"极轴追踪"选项卡,如图 1-21 所示,在此选项卡中的参数设置介绍如下：

图 1-21　"极轴追踪"选项卡

（1）"启用极轴追踪"复选框：打开或关闭"极轴追踪"。

（2）"极轴角设置"选项组：在此设置倾斜直线的角度。在"增量角"下拉列表框中选择或输入角度,则可以绘制倾斜 30°、60°、90°、120°等的直线,即光标可以追踪设置的增量角的整数倍的倾斜方向。

例如,从点 $A(100,100)$ 绘制一条长 300mm,与水平线成 30°的直线：

（1）打开"极轴追踪"并设置"增量角"为 30°；

（2）启动"直线"命令,输入第一点 $A(100,100)$；

（3）指定下一点时,移动光标,当光标接近 30°方向时绘图区显示临时的追踪路径并出现该点的信息提示,如图 1-22 所示,此时光标保持不动,直接用键盘在命令行输入 300,按空格键,完成直线的绘制。

1.7.5　对象捕捉

"对象捕捉"是使用 AutoCAD 绘图时最为常用的辅助绘图工具之一。绘制图形时经常需要输入一些特殊的点,如中点、端点、切点、圆心等,但是使用光标很难精确地捕捉到这些点,而使用"对象捕捉"功能后,就能够精确捕捉到图形对象上的这些特殊点。

绘图之前,可以预先设置需要捕捉的一种或多种特殊点,在绘图时光标会自动精确捕捉

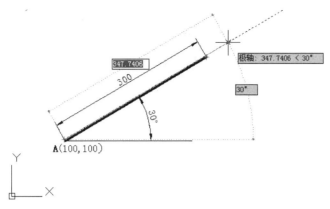

图 1-22 极轴追踪画斜线

这些特殊点,"对象捕捉"设置方法如下。

(1) 单击"工具"→"绘图设置";

(2) 在"状态栏"的"对象捕捉"图标 □ 上右击并选择"设置对象捕捉"。

执行上述命令后,打开"草图设置"对话框,选择"对象捕捉"选项卡,如图 1-23 所示,在此选项卡中的参数设置介绍如下。

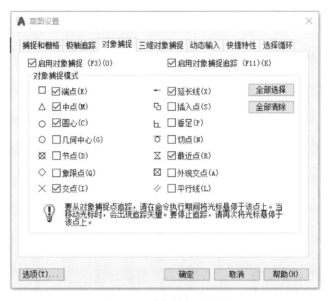

图 1-23 "对象捕捉"选项卡

(1)"启用对象捕捉"复选框:打开或关闭"对象捕捉"。

(2)"对象捕捉模式"选项组:可以在此设置需要捕捉的特殊点,可以只选择一种,也可以选择捕捉全部的特殊点。

启动或关闭"对象捕捉"的方法:单击"状态栏"中的"对象捕捉"图标 □;也可按 F3 键启动"对象捕捉"。

1.7.6　对象捕捉追踪

使用"对象捕捉追踪"时,必须打开"对象捕捉"功能,即"对象捕捉追踪"是以绘图时光标精确捕捉到的特殊点作为追踪路径的基点。

启动或关闭"对象捕捉追踪"命令的方法:

(1) 单击状态栏中的"对象捕捉追踪"图标 ∠ ;

(2) 按 F11 键。

例如,绘制三棱柱的正面投影(三角形)之后,接着绘制水平投影(矩形),为了保证长对正,此时可以打开"对象捕捉"和"对象捕捉追踪"功能,输入绘制矩形命令,矩形的第一个角点应和 A 点长对正,指定矩形的第一点时可以将光标移动到点 A 处,系统自动捕捉到点 A 作为追踪路径的基点,上下移动光标,则出现一条垂直的追踪路径,如图 1-24 所示,此时可以在这个垂直的追踪路径上确定矩形的第一个角点,然后再输入另一个角点的坐标,即可完成矩形的绘制。

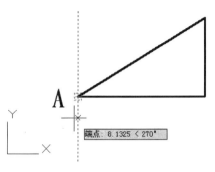

图 1-24　利用"对象捕捉追踪"画图

1.7.7　动态输入

打开"动态输入"功能后,绘图时光标附近会出现一个命令界面,方便绘图。单击状态栏中的"动态输入"按钮 ⊞ ,可以打开或关闭此功能。

1.7.8　显示/隐藏线宽

AutoCAD 中的图线线宽可以显示,也可以不显示,单击状态栏中的"显示/隐藏线宽"按钮 ＋ ,可以在显示和隐藏线宽之间切换。

其他辅助工具相对应用较少,这里不再介绍。用户可以在开启网络的情况下,单击某个命令的按钮,然后再单击"帮助"菜单,系统会弹出关于该命令的用法。

习题 1

1. 掌握设定图纸幅面的方法,并请设定 A4 图幅绘图。

2. AutoCAD 默认的文件扩展名是(　　　)。

　　A. .dws　　　　　　B. .dwt　　　　　　C. .dwg　　　　　　D. .dxf

3. 阐述.dxf 文件的特点。

4. 阐述空格键的功能。

5. 结束一个操作命令的方法有哪些?

6. 重复上次操作命令的方法有哪些?

7. 熟悉直角坐标输入法和极坐标输入法。

8. 发出画直线命令后,第一次输入坐标(30,20),第二次输入坐标(60,60),那么该直线的长度是多少? 第二点的绝对坐标是多少?

9. 发出画直线命令后,第一次输入数值 40<20,第二次输入数值 45<30,那么该直线的长度是多少? 与水平线的夹角是多少度?

10. 执行"实时缩放"命令后,会改变图形的实际大小吗?

11. 执行"实时平移"命令后,会改变图形的相对位置吗?

12. "视图重画"的意思是要求用户重新再描一遍原来的图形吗?

13. 阐述"捕捉模式"和"对象捕捉"的区别。

14. 如果图形的尺寸都是偶数,那么栅格的间距可以设定为多少?

15. 如何保证只画水平线或者铅直线?

16. 如果要分别画 30°、45°、60°、75°的直线,那么"极轴追踪"的"增量角"应设置为多少度?

17. 绘制三视图时,如何保证长对正和高平齐?

第2章

基本绘图命令

绘图
工具1

绘图
工具2

2.1 绘制直线类图形

2.1.1 绘制直线段

直线是 AotuCAD 绘图中最简单、最基本也是使用频率最高的一种图元。尤其是一般建筑的平、立、剖面图几乎都是由直线段构成的。启动"直线"命令的方法有以下几种。

(1) 命令行: 输入 L 后按空格键(或 Enter 键)。

(2) 单击"绘图"工具栏的"直线"图标 ✏。

(3) 单击"绘图"→"直线"命令。

① 使用两点绘制直线的命令执行过程如下:

命令行: 输入 L,按空格键,启动直线命令
命令行提示: LINE 指定第一点:　　　　　　　　　　(输入直线的第一个点)
命令行提示: LINE 指定下一点或[放弃(U)]:　　　　(输入直线的第二个点)
命令行提示: LINE 指定下一点或[放弃(U)]:　　　　(再次输入点可以连续画直线,如只画一条直线,按空格键或 Enter 键结束绘制直线命令,输入 U 放弃前面第二个点的输入)

命令行提示: LINE 指定下一点或[闭合(C)/放弃(U)]:　　(再次输入点继续画直线,输入 C 直接选择第一点使直线闭合并结束命令)

② AutoCAD 中经常使用已知一个点及直线的长度和角度绘制直线,绘制直线过程如下:

命令行: 输入 L,按空格键,启动直线命令
命令行提示: LINE 指定第一点:　　　　　　　　　　(输入直线的第一个点)
命令行提示: LINE 指定下一点或[放弃(U)]:　　　　(如果绘制长度为 20 的水平直线,可以打开"正交模式"用鼠标在屏幕上指定水平方向并输入20)

命令行提示: LINE 指定下一点或[放弃(U)]:　　　　(如果继续绘制长度为 30 的垂直线,在"正交模式"下用鼠标在屏幕上指定垂直方向并输入30)

命令行提示: LINE 指定下一点或[闭合(C)/放弃(U)]:　　(如果继续绘制倾斜角度为 30°,长度为 50 的直线,打开"极轴追踪"模式并设置"增量角"为30°,用鼠标在屏幕上指定 30°方向有−30°方向的虚构选线,输入 50)

命令行提示: LINE 指定下一点或[闭合(C)/放弃(U)]:　　(按 Enter 键结束绘制直线命令或输入 C,直接选择第一点使直线闭合并结束命令)

注意：绘制直线时，经常使用"对象捕捉""正交模式""极轴追踪"等辅助绘图功能，且这些命令都是透明命令，即和 LINE 命令可以同时使用。

例 2-1 绘制如图 2-1 所示的六边形。

分析：该六边形的两个水平线段长度为 50，4 条斜边的长度是 60 且与水平方向都成 60° 的夹角。因此，作图步骤如下：

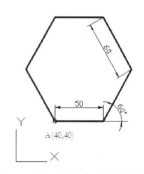

图 2-1 用"直线"命令绘制图形

（1）输入 L，按空格键，启动直线命令。

（2）LINE 指定第一个点：输入 40,40，确定起点 A，同时单击图标 或者按 F8 键，打开"正交模式"命令。

（3）指定下一点或"放弃"：输入 50，确定第一个水平线段长度为 50，按空格键，同时单击图标 或者按 F10 键，启动"极轴追踪"命令。

（4）拖动光标，使其与水平线大约成 60° 时，出现 60° 的虚线提示，此时输入边长 60，完成第二个边长为 60、与水平线成 60° 的线段。

（5）向左上方拖动光标，在大约与水平线成 120° 时，出现 120° 的虚线提示，此时输入边长 60，完成第 3 个边长为 60、与水平线成 120° 的线段。

（6）向左水平拖动光标，在"正交模式"状态下输入 −50，按空格键，完成第四个长度为 50 的水平线段。

（7）向左下方拖动光标，在大约与水平线成 240° 时，出现 240° 的虚线提示，此时输入边长 60，完成第 5 个边长为 60、与水平线成 240° 的线段。

（8）输入 C，按空格键，与起点 A 重合，完成全图。

2.1.2 绘制构造线

构造线是两端都可以无限延长的直线，构造线在 AutoCAD 中主要用作绘图辅助线。"构造线"命令通过以下 3 种方式启动。

（1）命令行：输入 XL，按空格键。

（2）菜单栏："绘图"→"构造线"。

（3）工具栏：单击"绘图"工具栏的"构造线"图标 。

绘制构造线的命令执行过程如下。

命令行：输入 XL，按空格键，启动构造线命令
命令行提示：XLINE 指定点或［水平（H）/垂直　　（输入构造线的起点）
（V）/角度（A）/二等分（B）/偏移（O）］：
命令行提示：XLINE 指定通过点：　　　　　　　　（输入构造线的第二个点即可绘制构造线）
命令行提示：XLINE 指定通过点：　　　　　　　　（输入第三个点，绘制第一个点和第三个点确
　　　　　　　　　　　　　　　　　　　　　　　　定的构造线或者按 Enter 键/Esc 键结束命令）

命令提示后的［水平（H）/垂直（V）/角度（A）/二等分（B）/偏移（O）］各选项含义如下。

（1）水平（H）：该选项命令执行过程如下。

命令行：输入 XL，按空格键，启动构造线命令
命令行提示：XLINE 指定点或［水平（H）/垂直　　（输入 h，按空格键）

(V)/角度(A)/二等分(B)/偏移(O)]：

命令行提示：XLINE 指定通过点：　　　　　(输入点即可绘制过该点的一条平行于 X 轴的构造线)

命令行提示：XLINE 指定通过点：　　　　　(输入第二个点绘制过此点的第二条平行于 X 轴的构造线或者按 Enter 键/Esc 键结束命令)

(2) 垂直(V)：绘制一条或多条平行于 Y 轴的构造线。

(3) 角度(A)：绘制一条或多条指定倾角的构造线。

(4) 二等分(B)：绘制指定的两条相交直线夹角的角平分线(构造线)。

(5) 偏移(O)：绘制平行于已知直线的平行线,且可以指定偏移距离和方向。

2.2　绘制多边形

2.2.1　绘制矩形

"矩形"命令可以通过以下 3 种方式启动。

(1) 命令行：输入 REC,按空格键。

(2) 菜单栏："绘图"→"矩形"。

(3) 工具栏：选择"绘图"工具栏的"矩形"图标 □ 。

例 2-2　绘制如图 2-2 所示的矩形。

(1) 绘制如图 2-2(a)所示的长度为 80,宽度为 60 的直角矩形,命令执行过程如下。

命令行：输入 REC,按空格键,启动矩形命令
命令行提示：RECTANG 指定第一个角点或[倒角　　　(输入矩形的第一个对角点)
(C)/标高(E)/圆角(F)/厚度(T)/宽度(W)]：

命令行提示：RECTANG 指定另一个角点或[面积　　　按空格键,结束绘图(输入矩形的第二个对角
(A)/尺寸(D)/旋转(R)]：@60,80　　　　　　　　点的相对坐标并按 Enter 键即可绘制该矩形,
　　　　　　　　　　　　　　　　　　　　　　　CAD 第一步是按绝对坐标,以后默认的是按
　　　　　　　　　　　　　　　　　　　　　　　相对坐标运算,所以可以输入 60,80,省略@)

(2) 绘制如图 2-2(b)所示的长度为 80,宽度为 60 的带倒角的矩形,命令执行过程如下。

命令行：输入 REC,按空格键,启动矩形命令
命令行：输入 C,按空格键：　　　　　　　　　(按倒角方式画矩形)
命令行提示：RECTANG 指定矩形的第一个倒角
<0.000>：输入 15
命令行提示：RECTANG 指定矩形的第二个倒角
<15.00>：按空格键
命令行提示：RECTANG 指定第一个角点或[倒角　　　(输入矩形的第一个对角点,后面的方法和
(C)/标高(E)/圆角(F)/厚度(T)/宽度(W)]：　　　(1)一样)

(3) 绘制如图 2-2(c)所示的长度为 80,宽度为 60 的带圆角的矩形,命令执行过程如下。

命令行：输入 REC,按空格键,启动矩形命令
命令行：输入 F,按空格键：　　　　　　　　　(按圆角方式画矩形)
命令行提示：RECTANG 指定矩形的圆角半径

<15.000>：输入 20

命令行提示：RECTANG 指定第一个角点或[倒角　(输入矩形的第一个对角点,后面的方法和
(C)/标高(E)/圆角(F)/厚度(T)/宽度(W)]：　(1)一样)

[标高(E)/厚度(T)/宽度(W)]平时很少应用,这里不做介绍,读者可自己尝试。

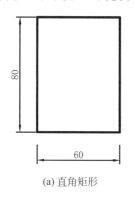 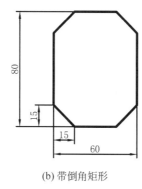 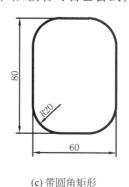

　　(a) 直角矩形　　　　　　　(b) 带倒角矩形　　　　　　(c) 带圆角矩形

图 2-2　绘制矩形

2.2.2　绘制正多边形

"正多边形"命令可以通过以下 3 种方式启动。

(1) 命令行：输入 POL,按空格键。

(2) 菜单栏："绘图"→"正多边形"。

(3) 工具栏：选择"绘图"工具栏的"正多边形"图标 ⬠。

例 2-3　绘制如图 2-3 所示的正五边形,圆的半径是 50,命令执行过程如下。

命令行：输入 POL,按空格键,启动正多边形命令
命令行提示：POLYGON_polygon 输入侧面数　(输入 5,绘制正五边形)
<4>：5
命令行提示：POLYGON 指定正多边形的中心点或　(输入一点作为正多边形的中心点)
[边(E)]：
命令行提示：POLYGON 输入选项[内接于圆(I)/
外切于圆(C)]<I>：

(1) 内接于圆绘制多边形。

命令行：按空格键或者 Enter 键：　(默认选择[内接于圆(I)]方式绘制多边形)
命令行提示：POLYGON 指定圆的半径：50　(输入半径值 50,并且打开"正交模式",完成
　　　　　　　　　　　　　　　　　　　绘制,如图 2-3(a)所示,结果是不显示圆的)

(2) 外切于圆绘制多边形。

命令行：输入 C,按空格键：　(选择[外切于圆(C)]方式绘制多边形)
命令行提示：POLYGON 指定圆的半径：50　(输入半径值 50,并且打开"正交模式",完成
　　　　　　　　　　　　　　　　　　　绘制,如图 2-3(b)所示,也不显示圆)

(3) 边长方式绘制正多边形。

绘制边长为 60 的正五边形,命令执行过程如下。

命令行：输入 POL,按空格键,启动正多边形命令

命令行提示：POLYGON_polygon 输入侧面数 　　　(输入 5,绘制正五边形)
<4>:5

命令行提示：POLYGON 指定正多边形的中心点或 　　(输入 E,选择指定一个边来绘制)
[边(E)]：E

命令行提示：POLYGON 指定边的第一个端点： 　　(输入一个点)

命令行提示：POLYGON 指定边的第二个端点： 　　(输入第二个点的相对极坐标,确定边长为
60,0 　　　　　　　　　　　　　　　　　　　60 的水平直线,以该直线作为一个边绘制正
　　　　　　　　　　　　　　　　　　　　　五边形)

完成作图,如图 2-3(c)所示。

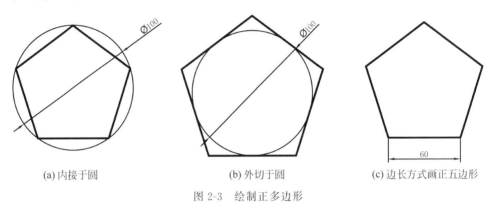

(a) 内接于圆　　　　　　　　　(b) 外切于圆　　　　　　(c) 边长方式画正五边形

图 2-3　绘制正多边形

2.3　绘制规则曲线

2.3.1　绘制圆

"圆"命令可以通过以下 3 种方式启动。

(1) 命令行：输入 C,按空格键。

(2) 菜单栏："绘图"→"圆"→下拉子菜单,如图 2-4 所示。

(3) 工具栏：选择"绘图"工具栏的"圆"图标 ⊙ 。

图 2-4　绘制圆菜单

在这 3 种启动方式中,以菜单方式启动画圆命令的方法最全,共有 6 种方式,分别讲述如下。

(1) 圆心、半径方式绘制圆。

圆心、半径方式绘制圆的命令执行过程如下。

命令行：输入 C,按空格键,启动圆命令

命令行提示：CIRCLE 指定圆的圆心或[三点(3P)/ 　　(输入圆心点)
两点(2P)/相切、相切、半径(T)]：

命令行提示：CIRCLE 指定圆的半径或[直径(D)]：50 　　(输入半径 50,绘制半径为 50 的圆)

(2) 圆心、直径方式绘制圆。

圆心、直径方式绘制圆的命令执行过程如下。

命令行：输入 C，按空格键，启动圆命令

命令行提示：CIRCLE 指定圆的圆心或［三点（3P）/ （输入圆心点）

两点（2P）/相切、相切、半径（T）］：

命令行提示：CIRCLE 指定圆的半径或［直径（D）］ （输入 D 后按空格键或者 Enter 键）

＜50.0000＞：D

命令行提示：CIRCLE 指定圆的半径或［直径（D）］ （输入直径 60，绘制直径 60 的圆；或者直接

＜100.00000＞：60 按空格键，绘制直径为 100 的圆）

（3）三点方式绘制圆。

三点方式就是先指定三个点，绘制通过这三个点的圆，其命令执行过程如下。

命令行：输入 C，按空格键，启动圆命令

命令行提示：CIRCLE 指定圆的圆心或［三点（3P）/ （输入 3P，选择"三点"方式绘制圆）

两点（2P）/相切、相切、半径（T）］：3P

命令行提示：CIRCLE 指定圆上的第一个点： （输入第一个点）

命令行提示：CIRCLE 指定圆上的第二个点： （输入第二个点）

命令行提示：CIRCLE 指定圆上的第三个点： （输入第三个点，绘制出通过这三个点的圆）

（4）两点方式绘制圆。

两点方式就是先指定两个点，然后以这两点确定的线段为直径绘制圆，其命令执行过程如下。

命令行：输入 C，按空格键，启动圆命令

命令行提示：CIRCLE 指定圆的圆心或［三点（3P）/ （输入 2P，选择"两点"方式绘制圆）

两点（2P）/相切、相切、半径（T）］：2P

命令行提示：CIRCLE 指定圆直径的第一个端点： （输入第一个点）

命令行提示：CIRCLE 指定圆直径的第二个端点： （输入第二个点，绘制以这两点确定的线段

为直径的圆）

（5）相切、相切、半径方式绘制圆。

相切、相切、半径方式绘制的圆与两个已知对象相切，并要给出此圆的半径，其命令执行过程如下。

命令行：输入 C，按空格键，启动圆命令

命令行提示：CIRCLE 指定圆的圆心或［三点（3P）/ （输入 T，选择"相切、相切、半径"方式绘制圆）

两点（2P）/相切、相切、半径（T）］：T

命令行提示：CIRCLE 指定对象与圆的第一个 （使用鼠标选择圆与第一个对象的切点）

切点：

命令行提示：CIRCLE 指定对象与圆的第二个 （使用鼠标选择圆与第二个对象的切点）

切点：

命令行提示：CIRCLE 指定圆的半径＜20.0542＞： （输入 22，绘制与两个对象都相切，半径为 22

22 的圆。括号里默认的半径是前一次画圆的

半径，用这个命令画圆，有时候会提示"无

效"，是因为两个切点之间的距离大于所画

圆的直径，导致所画圆无法和两个对象相切）

（6）相切、相切、相切方式绘制圆。

相切、相切、相切方式绘制的圆与 3 个已知对象都相切，此命令只能通过菜单栏中的下拉子菜单执行，执行过程如下。

命令行：输入 C，按空格键，启动圆命令
命令行提示：CIRCLE 指定圆的圆心或[三点(3P)/
两点(2P)/相切、相切、半径(T)]：A
命令行提示：CIRCLE 指定圆上的第一个点：　　　　（使用鼠标选择圆与第一个对象的切点）
_tan 到
命令行提示：CIRCLE 指定圆上的第二个点：　　　　（使用鼠标选择圆与第二个对象的切点）
_tan 到
命令行提示：CIRCLE 指定圆上的第三个点：　　　　（使用鼠标选择圆与第三个对象的切点，绘
_tan 到　　　　　　　　　　　　　　　　　　　　制圆）

2.3.2　绘制圆弧

"圆弧"命令可以通过以下 3 种方式启动。

(1) 命令行：输入 A，按空格键。

(2) 菜单栏："绘图"→"圆弧"→下拉子菜单，如图 2-5 所示。

(3) 工具栏：选择"绘图"工具栏的"圆弧"图标 。

图 2-5　绘制圆弧菜单

启动"圆弧"命令后，在命令行显示：圆弧创建方向：逆时针（按住 Ctrl 键可切换方向）。意思是默认的圆弧方向是逆时针的，按住 Ctrl 键可切换为顺时针方向。

这 3 种启动方式中，以菜单方式启动画圆弧命令的方法最全，共有 10 种方法，下面讲述经常用到的几种方法。

(1) 三点绘制圆弧。

三点绘制圆弧方式先指定 3 个点，然后绘制通过这 3 个点的圆弧，其中第一点是圆弧的起点，第三点是圆弧的终点，命令执行过程如下。

命令行：输入 A，按空格键，启动圆弧命令
命令行提示：ARC 指定圆弧的起点或[圆心(C)]：　　　　　　　（输入圆弧的起始点）
命令行提示：ARC 指定圆弧的第二个点或[圆心(C)/端点(E)]：（输入圆弧通过的第二个点）
命令行提示：ARC 指定圆弧的终点：　　　　　　　　　　　　（输入圆弧的终点，圆弧绘制完成）

(2) 起点、圆心、端点方式绘制圆弧。

起点、圆心、端点方式绘制圆弧的命令执行过程如下。

命令行：输入 A，按空格键，启动圆弧命令
命令行提示：ARC 指定圆弧的起点或[圆心(C)]：C　　　　　　（输入 C，选择"圆心"方式）

命令行提示：ARC 指定圆弧的圆心：　　　　　　　　　　（输入圆弧的圆心点）
命令行提示：ARC 指定圆弧的起点：　　　　　　　　　　（输入圆弧的起始点）
命令行提示：ARC 指定圆弧的终点或［角度(A)/弦长(L)］：　　（输入圆弧的终点，圆弧绘制完成）

（3）起点、圆心、角度方式绘制圆弧。

起点、圆心、角度方式绘制圆弧的命令执行过程如下。

命令行：输入 A,按空格键,启动圆弧命令
命令行提示：ARC 指定圆弧的起点或［圆心(C)］：C　　　（输入 C,选择"圆心"方式）
命令行提示：ARC 指定圆弧的圆心：　　　　　　　　　　（输入圆弧的圆心点）
命令行提示：ARC 指定圆弧的起点：　　　　　　　　　　（输入圆弧的起始点）
命令行提示：ARC 指定圆弧的终点或［角度(A)/弦长(L)］：A　（输入 A 选择角度方式）
命令行提示：ARC 指定包含角：90　　　　　　　　　　　（输入角度值 90,圆弧绘制完成）

指定的包含角是以起点和圆心的连线为起始边的,沿逆时针方向旋转得到的角度值。

2.3.3 绘制椭圆

"椭圆"命令可以通过以下 3 种方式启动。

（1）命令行：输入 EL,按空格键。

（2）菜单栏："绘图"→"椭圆"→下拉子菜单,如图 2-6
所示。

（3）工具栏：选择"绘图"工具栏的"椭圆"图标 ◯ 。

绘制椭圆有两种方式,还有一种方式可以绘制椭圆弧。　　　　图 2-6　绘制椭圆菜单

下面讲述两种绘制椭圆的方式。

（1）圆心方式绘制椭圆。

用圆心方式绘制如图 2-7(a)所示长轴为 100,短轴为 60 的椭圆,命令执行过程如下。

命令行：输入 EL,按空格键,启动椭圆命令
命令行提示：ELLIPSE 指定椭圆的轴端点或［圆弧　　（输入 C,选择"圆心"方式）
(A)/中心点(C)］：C
命令行提示：ELLIPSE 指定椭圆的中心点：　　　　　　（输入椭圆的中心点 O 的坐标）
命令行提示：ELLIPSE 指定轴的端点：50　　　　　　　（打开"正交模式",将鼠标水平移动并输入
　　　　　　　　　　　　　　　　　　　　　　　　　　椭圆长轴的一半长度 50,即指定点 A）
命令行提示：ELLIPSE 指定另一条半轴长度或［旋　　（将鼠标垂直移动并输入椭圆短轴的一半长
转(R)］：30　　　　　　　　　　　　　　　　　　　　度 30,即指定点 B,完成绘制椭圆）

（2）轴、端点方式绘制椭圆。

用轴、端点方式绘制如图 2-7(b)所示的椭圆,椭圆长轴为 100 并倾斜 30°,短轴为 60。
命令执行过程如下。

命令行：输入 EL,按空格键,启动椭圆命令
命令行提示：ELLIPSE 指定椭圆的轴端点或［圆弧　　（输入长轴的一个端点 C 的坐标）
(A)/中心点(C)］：
命令行提示：ELLIPSE 指定轴的另一个端点：100　　　（打开"极轴追踪"并设置"增量角"为 30°,将
　　　　　　　　　　　　　　　　　　　　　　　　　　鼠标移动到 30°方向,输入椭圆长轴长度
　　　　　　　　　　　　　　　　　　　　　　　　　　100,即指定点 D）
命令行提示：ELLIPSE 指定另一条半轴长度或［旋　　（将鼠标移动到 120°方向并输入椭圆短轴的
转(R)］：30　　　　　　　　　　　　　　　　　　　　一半长度 30,即指定点 E,完成绘制椭圆）

在上述两种画椭圆的方法中,都有一个[旋转(R)]的选项,这个选项的意思是把以相应数值为半径的水平圆旋转到与水平面成一定角度而成为椭圆,如图 2-7(c)所示,是分别把半径为 50 的水平圆旋转 30°和 60°的情况。

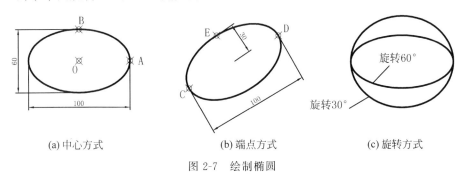

(a) 中心方式　　　　　　(b) 端点方式　　　　　　(c) 旋转方式

图 2-7　绘制椭圆

2.4　绘制点

2.4.1　设置点的样式

AutoCAD 系统默认的点是没有样式和大小的黑色圆点,在绘图区很难看到。因此,在实际绘图时,可以根据绘图需要设置点的样式和大小,使其清楚可见。

设置点的样式和大小的命令通过以下两种方式调用。

(1) 命令行:输入 DDP,按空格键;

(2) 菜单栏:"格式"→"点样式"。

执行该命令后,打开如图 2-8 所示的"点样式"对话框,在此对话框中可以设置点的样式和大小。

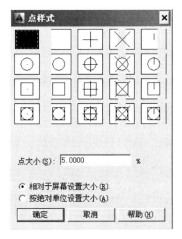

图 2-8　"点样式"对话框

2.4.2　绘制点

"点"命令通过以下 3 种方式调用。

(1) 命令行:输入 PO,按空格键。

(2) 菜单栏:"绘图"→"点"→"单点"。

(3) 工具栏:选择"绘图"工具栏的"点"图标 。

执行命令后,使用光标在绘图区指定一点,或在命令行输入点的坐标,即可以在指定的位置连续绘制点,按 Esc 键可结束绘制点命令。

2.4.3　绘制定数等分点

绘制定数等分点,就是将对象按指定的数目等分,每段长度相等。此命令通过以下两种方式调用。

(1) 命令行:输入 DIV,按空格键。

(2) 菜单栏:"绘图"→"点"→"定数等分"。

如将图 2-9 中的圆弧 5 等分,命令执行过程如下。

命令行:输入 DIV,按空格键,启动定数等分命令
命令行提示:DIVIDE 选择要定数等分的对象:　　　　(选择要定数等分的圆弧)
命令行提示:DIVIDE 输入线段数目或[块(B)]:5　　　(输入等分的数目 5,按 Enter 键结束命令)

在图 2-9 中的圆弧上绘制了 4 个点,把圆弧进行了 5 等分。

2.4.4　绘制定距等分点

绘制定距等分点,就是在对象上按指定的距离(长度)绘制等分点,对象上最后一段的长度不一定与前几段的长度相等。此命令通过以下两种方式调用。

(1)命令行:输入 ME,按空格键。

(2)菜单栏:"绘图"→"点"→"定距等分"。

如将图 2-10 中的直线按照距离 55 进行等分,命令执行过程如下。

命令行:输入 ME,按空格键,启动定距等分命令
命令行提示:MEASURE 选择要定距等分的对象:　　　(选择要定距等分的直线)
命令行提示:MEASURE 指定线段或[块(B)]:55　　　(输入等分的距离 55,按 Enter 键结束命令)

图 2-9　定数等分点

图 2-10　定距等分点

在图 2-10 中的直线上绘制了 6 个点,直线的前 6 段长度都是 55,等距,而最后一段长度与前 6 段不相等。

注意:这里的问题是从直线的哪一端开始定距等分? 系统默认的是,单击的位置偏于线段的哪一端就从哪一端开始定距等分。

例 2-4　完成如图 2-11 所示熊猫图案的绘制。

分析:该图案主要用到"圆""圆弧""椭圆"等绘图工具。

作图步骤如下:

(1)输入 C,按空格键,启动圆命令。

(2)输入 C,按空格键,选择"圆心"方式画圆。

(3)输入 200,200(输入圆心的绝对坐标)。

(4)输入 10(输入圆的半径),连续按两次空格键,在完成左边耳朵的同时,继续画右边的耳朵,如图 2-12(a)所示。

(5)启用"正交模式"和"极轴追踪",把光标捕捉到刚才所画圆的圆心(不按键)并且向右推出一条追踪的虚线。

(6)输入 60,按两次空格键表示两个圆的圆心距是 60,默认半径是 10,完成右耳朵,如图 2-12(b)所示。

例 2-4

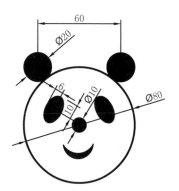

图 2-11　熊猫图案

(7) 再按空格键,并输入 T,选择以[相切、相切、半径]的方式画圆。

(8) 打开"对象捕捉"并右击,在弹出的快捷菜单中选择"切点",如图 2-13 所示,然后分别在左侧小圆的右下方和右侧小圆的左下方的圆周上单击,同时输入 40,完成直径为 80 的圆,如图 2-12(c)所示。

图 2-12 熊猫图案的画图步骤   图 2-13 "对象捕捉"的快捷菜单

(9) 单击"绘图"工具栏的"椭圆"图标 ◯,在适当位置单击以确定左眼的下方,同时打开"极轴追踪"并且设置"增量角"为 60°,移动鼠标,当显示 60°的虚线时输入 20 作为椭圆的长轴,再移动鼠标,当显示 120°的虚线时输入 6 作为椭圆的短轴的一半,完成左眼的绘制,如图 2-12(d)所示。

(10) 同样方法画右侧眼睛,也可以借用"编辑"工具栏的"镜像"命令(图标 ▲),选择左眼,打开"正交模式",捕捉大圆的圆心,然后以过圆心的铅直线为对称线镜像右边的眼睛,如图 2-12(e)所示。

(11) 再启动"圆"命令,输入 C,按空格键,捕捉大圆的圆心并输入 5,画半径为 5 的鼻子,如图 2-12(f)所示。

(12) 启动"圆弧"命令,画两个圆弧构成月牙形的嘴巴,如图 2-12(g)、(h)所示。

(13) 启动"图案填充"命令,在弹出的对话框中"类型和图案"组中选择 SOLID 图案,在"边界"组中单击"添加:拾取点"左边的按钮,然后在耳朵、眼睛、鼻子、嘴巴里单击,按空格键,再在对话框中单击"确定"按钮,完成全图,如图 2-12(i)所示。

关于"图案填充"的方法将在第 7 章中详细介绍。

例 2-5 绘制如图 2-14 所示坐便器的图样。

分析:该坐便器由椭圆弧、直线及带圆角的矩形构成,作图步骤如下。

(1) 单击"绘图"工具栏的"椭圆弧"图标 ⌒。

(2) 输入 C,按空格键,选择以"圆心"方式画椭圆。

例 2-5

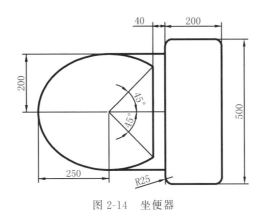

图 2-14 坐便器

（3）指定一点 O 作为椭圆的圆心，打开"正交模式"，向右水平拖动光标，输入 250 作为椭圆长轴的半径。

（4）输入 200 作为椭圆短轴的半径。

（5）输入 45 作为起始角度（确定 A 点）。

（6）输入 315（$360°-45°=315°$）作为椭圆弧所包含的角度，确定 B 点，完成椭圆弧的绘制，如图 2-15（a）所示。

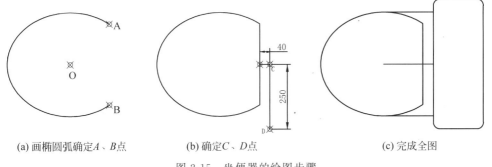

(a) 画椭圆弧确定 A、B 点　　　　(b) 确定 C、D 点　　　　(c) 完成全图

图 2-15 坐便器的绘图步骤

（7）输入 L，按空格键，启动"直线"命令。

（8）连接 AB 成直线，同时打开"对象捕捉"，过 AB 中点画水平线，输入 40 确定 C 点，再向下画直线，输入 250，确定 D 点，如图 2-15（b）所示。

（9）单击"矩形"图标 □，启动"矩形"命令，同时输入 F，选择"圆角"方式画矩形。

（10）输入 25，作为圆角的半径。

（11）捕捉 D 点作为矩形的第一点，输入 200,500 作为矩形对角线的另一个端点，完成 200×500 的水箱。

（12）过椭圆短轴的两个端点画水平线与矩形垂直相交，完成全图，如图 2-15（c）所示。

习题 2

1. 用直线命令绘制下列图形，不标注尺寸。

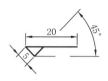 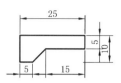

2. 用"矩形""多边形""圆弧"命令绘制下列图形,不标注尺寸。

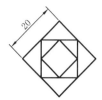

3. 用"直线""点""圆弧""圆""椭圆"等命令绘制下列图形,不标注尺寸。

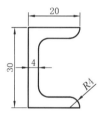  

4. 用"多边形""椭圆"等命令绘制下列图形,不标注尺寸。

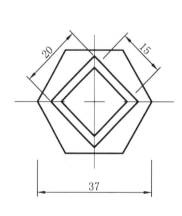 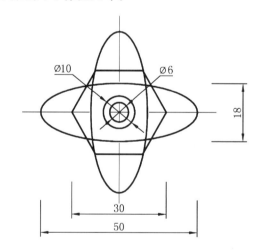

第3章

常用编辑命令

3.1　目标的选择

编辑
工具1

编辑
工具2

AutoCAD 2018 提供以下几种选择对象的方法。

（1）先选择一个编辑命令，然后选择对象，按 Enter 键（或空格键），即可结束选择。

技巧：很多情况下 Enter 键和空格键的功能是相同的，建议使用空格键，方便快捷。

（2）使用 SELECT 命令。在命令行输入"SELECT"，按 Enter 键，提示选择对象，按 Enter 键结束选择。

（3）利用定点设备选择对象，然后调用编辑命令。

（4）定义对象组。

在这几种方法下，AutoCAD 2018 将提示用户选择对象，并且光标的形状由十字光标变为拾取框。下面就以"SELECT"命令为例介绍操作方法。

在命令行输入 SELECT，命令行提示如下。

SELECT 选择对象：（等待用户以某种方式选择对象）
AutoCAD2018 提供多种选择方式，可以输入"？"，按 Enter 键查看.命令行显示：
需要点或 窗口(W)/上一个(L)/窗交(C)/框(BOX)/全部(ALL)/栏选(F)/圈围(WP)/圈交(CP)/编组(G)/添加(A)/删除(R)/多个(M)/前一个(P)/放弃(U)/自动(AU)/单个(SI)/子对象(SU)/对象(O)

SELECT 选择对象部分选项含义如下。

（1）点（选）：用户直接单击单个对象来逐一选择它们，该对象呈高亮显示（对象上出现"靶点"），则表示它被选中如图 3-1 所示，可以对其进行编辑，这种方式可以选择一个对象，也可逐个选择多个对象。在 AutoCAD 中，用户可以执行"工具"→"选项"，打开"选项"对话框，切换到"选择集"选项卡，在其中设置拾取框大小，一般可采用默认设置。

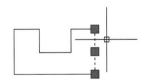

图 3-1　点取选择对象

（2）窗口（W）：用户可以按住鼠标左键从左到右拖出一个任意形状的窗口来选择位于其范围内的所有图形对象。窗口的边线为实线，窗口中显示为蓝色，所有封闭在矩形窗口内的对象将被选中，不在该窗口内或部分不在窗口内的对象则不被选中，如图 3-2 所示。

（3）窗交（C）：该方法与"窗口"选择对象方法相似。区别在于它不但选中窗口内部的对象，也选中与窗口边界相交的对象。可以从右向左拖动光标确定窗口范围，窗口边线为虚

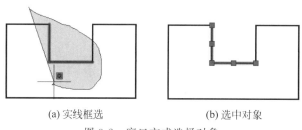

(a) 实线框选　　　　　　　　　(b) 选中对象

图 3-2　窗口方式选择对象

线,被透明绿色填充,这时全部位于窗口之内或者与窗口边界相交的对象都将被选中,如图 3-3 所示。

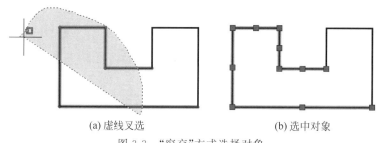

(a) 虚线叉选　　　　　　　　　(b) 选中对象

图 3-3　"窗交"方式选择对象

注:先在空白处左击一下,然后就可用矩形窗口实现"窗口(w)"和"窗交(c)"选择。

(4) 上一个(L):选择最后绘制的对象。

(5) 框(BOX):使用框时,系统根据用户在绘图区指定的两个对角点自动启用"窗口"或"窗交"方式。从左到右指定两个对角顶点,为"窗口"方式;反之,为"窗交"方式。

(6) 全部(ALL):选择绘图区中的所有对象。

(7) 栏选(F):用户临时绘制一些直线,这些直线(围栏)不必构成封闭图形,凡是与这些直线相交的对象均被选中。

(8) 圈围(WP):使用一个不规则的多边形来选择对象,与"窗口"方式相似,封闭在不规则多边形窗口内的全部对象将被选中。

(9) 圈交(CP):使用一个不规则的多边形来选择对象,与"窗交"方式相似,这时封闭在不规则多边形窗口内或窗口边界相交的对象都将被选中。

(10) 编组(G):使用预先定义的对象组作为选择集。事先将若干个对象编组命名,用组名引用。

其余几个选项的含义与上面选项含义类似,这里不再赘述。

在绘图过程中,编辑对象在执行"修改"菜单中的图形编辑命令时,必须选择对象。AutoCAD 中选择对象是一项常用且很有技巧的命令,针对不同的情况选用适当的选择方法,能有效地提高绘图效率。

3.2　图形的删除

用"删除"命令可以删除绘图过程中不需要的图形。启用"删除"命令可以通过以下几种方式。

（1）命令行输入：ERASE 或 E,按"空格"键。

（2）菜单栏："修改"→"删除"。

（3）工具栏：选择"修改"工具栏的"删除"图标 ✐ 。

启动上述命令后,命令行提示如下。

ERASE 选择对象：　　　　　（选择要删除的对象）

ERASE 选择对象：　　　　　（可继续选择对象,也可按 Enter 或空格键结束选择）

按提示选择要删除的对象后,按 Enter 或空格键,即可将选中对象删除。

（4）选择对象后,按键盘的 Delete 键,这是最快的一种删除方法(推荐使用)。

3.3　图形的复制

3.3.1　复制

复制命令将图形复制到指定位置,可以多次复制。

启用"复制"命令可以通过以下 3 种方式：

（1）命令行输入：COPY 或 CO 或 CP,按"空格"键。

（2）菜单栏："修改"→"复制"。

（3）工具栏：选择"修改"工具栏的"复制"图标 ☜ 。

启动上述命令后,命令行提示如下。

COPY 选择对象：　　　　　（选择要复制的对象）

COPY 选择对象：　　　　　（可继续选择对象,也可按 Enter 键或空格键结束选择）

COPY 指定基点或[位移(D)/模式(O)]<位移>：　　　（指定基点或输入基点坐标）

各选项含义如下。

（1）基点：需要编辑的图形的参照点,在图形窗口中拾取一个点或者输入一个绝对坐标值将激活此选项,命令行提示如下。

COPY 指定第二个点或[阵列(A)]<使用第一个点作为位移>：(再次拾取或输入点后便定义了一个矢量,指示复制的对象将由基点到第二点指定的距离和方向复制副本,若在上述提示下直接键入回车键,则应"使用第一个点作为位移",即按坐标原点到基点的距离和方向视为相对位移。)

（2）位移：输入矢量坐标,坐标值指定相对距离和方向。这里输入的坐标默认表示相对坐标,无需之前加"@"符号。

（3）模式：输入 O,启动"模式",命令行提示如下。

COPY 输入复制模式选项[单个(S)/多个(M)]<多个>：(选择复制多个或单个副本)

注意：在"COPY 指定基点或[位移（D）/模式（O）]<位移>："提示时,默认为多重复制。

例 3-1　绘制如图 3-4 所示的书桌。

分析：该书桌可由"矩形"绘制桌面、桌子支撑板和柜子的轮廓,然后绘制其中一个抽屉,再用"复制"命令绘制其他两个抽屉。作图步骤如下。

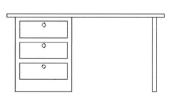

图 3-4　书桌

（1）命令行输入"REC"，按适当的位置绘制如图 3-5(a)所示矩形组合。

（2）命令行输入 CO，按空格键，启动"复制"命令。

（3）在提示下拖动光标选择要复制的对象，使用窗口选择方式选择抽屉，如图 3-5(b)所示。选择完毕后按 Enter 键或空格键或右击结束选择。

（4）指定基点，恰当地选择基点能够提高绘图准确性和效率，该书桌抽屉在选择基点时选在如图 3-5(c)所示的光标所在位置上。

(a)绘制抽屉　　　　　　　　　(b)选择抽屉　　　　　　　　　(c)捕捉基点

图 3-5　绘制书桌

（5）将抽屉复制到相应位置，基点与所选图形的相对位置不变的情况下，插入点捕捉到光标所在位置（启动"极轴追踪"和"正交模式"，捕捉到过第一个抽屉的下边线的水平线与过基点的垂直线的交点），并依次复制多个对象，完成书桌的绘制（图 3-6）。

图 3-6　复制抽屉

3.3.2　镜像

"镜像"命令对创建对称的对象非常有用，可以先绘制半个对象，然后输入两点指定临时镜像线，以镜像线为轴翻转对象创建镜像图像。所以"镜像"就是一种对称复制。

启动"镜像"命令可以通过以下 3 种方式：

（1）命令行输入：MIRROR 或 MI，按空格键。

（2）菜单栏："修改"→"镜像"。

（3）工具栏：选择"修改"工具栏的"镜像"图标 ⚏ 。

启动上述命令后，命令行提示如下。

MIRROR 选择对象：	（按 3.1 节中所述多种选择方式选择要镜像的对象）
MIRROR 选择对象：	（可继续选择对象，也可按空格键，结束选择）
MIRROR 指定镜像线的第一点：	（指定镜像线的起点）
MIRROR 选择对象：	（指定镜像线的第二点，即指定镜像线的终点即创建镜像线，镜像线是临时的辅助线，并不显示）
MIRROR 要删除源对象吗？[是(Y)/否(N)]<N>：	（直接按 Enter 键默认不删除源对象，删除源对象输入"Y"后按 Enter 键确认）

【**例 3-2**】　绘制如图 3-7 所示的办公桌。

作图步骤如下。

（1）使用"矩形"命令绘制如图 3-8 所示的矩形组合。

（2）命令行输入"MI"，按空格键，启动"镜像"命令。

（3）在提示下拖动光标选择要镜像的对象，使用窗口选择方式选择图示对象，如图 3-9 所示。选择完毕后按 Enter 键或右击结束选择。

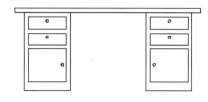

图 3-7　办公桌

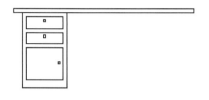

图 3-8　绘制矩形

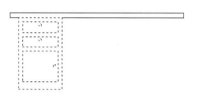

图 3-9　选择对象

（4）通过确定两端点来确定镜像线，使用"对象捕捉"功能捕捉到桌面矩形的长边中点作为镜像线的第一点，在"正交模式"下垂直方向确定一点作为镜像线的第二点，如图 3-10 所示。

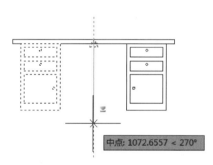

图 3-10　确定镜像线

（5）命令行提示"要删除源对象吗？［是（Y）/否（N）］＜N＞："按空格键选择默认选项"N"，完成办公桌的绘制。

3.3.3　偏移

偏移是根据确定的距离和位置，创建一个与选择的对象相似并且平行的新对象。所以"偏移"就是一种平行复制。可偏移的对象包括直线、平面曲线、圆弧、圆、多边形、椭圆等。

启动"偏移"命令可以通过以下 3 种方式：

（1）命令行输入：OFFSET 或 O，按空格键。

（2）菜单栏："修改"→"偏移"。

（3）工具栏：选择"修改"工具栏的"偏移"图标 。

启动命令后,命令行提示如下。

OFFSET 当前设置:删除源=否 图层=源 OFFSETGAPTYPE=0
指定偏移距离或[通过(T)/删除(E)/图层(L)]<通过>:　　　　(指定偏移距离值)

各选项意义如下。

(1) 指定偏移距离:输入一个距离值,或回车使用当前的距离值,系统把该距离值作为偏移距离,如图 3-11 所示。

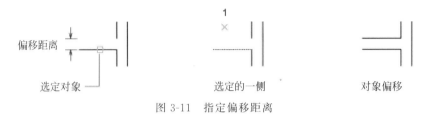

图 3-11　指定偏移距离

(2) 通过:利用指定通过点的方式进行偏移。

(3) 删除:设置偏移后是否删除源对象。用户输入"E"表示删除源对象。

(4) 图层:确定将偏移对象创建在当前图层上还是源对象所在图层上。

选择要偏移的对象,或[退出(E)/放弃(U)]<退出>:　　　　(选择要偏移的对象)
指定要偏移的那一侧上的点,或[退出(E)/多个(M)/放弃　　(指定偏移方向)
(U)]<退出>:

各选项意义如下。

(1) 退出:输入 E 可退出当前命令,也可以直接回车退出当前命令。

(2) 多个:输入 M 表示使用当前偏移距离重复进行偏移操作。

(3) 放弃:输入 U 表示恢复前一个偏移。

注意:只能以直接拾取的方式选择单个要偏移的对象。

3.3.4　阵列

阵列是指多重复制选择对象,并把这些副本按照一定的规律排列。所以"阵列"就是一种有规律的复制。在 AutoCAD 2018 中。根据阵列生成对象的分布情况,可以分为矩形阵列、路径阵列及环形阵列 3 种。

启动"阵列"命令可以通过以下 3 种方式:

(1) 命令行输入:ARRAY 或 AR,按空格键。

(2) 菜单栏:"修改"→"阵列"→"矩形阵列"/"路径阵列"/"环形阵列"。

(3) 工具栏:选择"修改"工具栏的"矩形阵列"图标 ⊞、"路径阵列"图标 ⋰、"环形阵列"图标 ⊞。

1) 矩形阵列

矩形阵列是将选定对象的副本分布到行数、列数和层数的任意组合。选择该选项后出现以下提示。

ARRAYRECT 选择对象:(选择要阵列的对象,如图 3-12 所示,按空格键,结束选择,默认显示的是 3 行 4 列)。

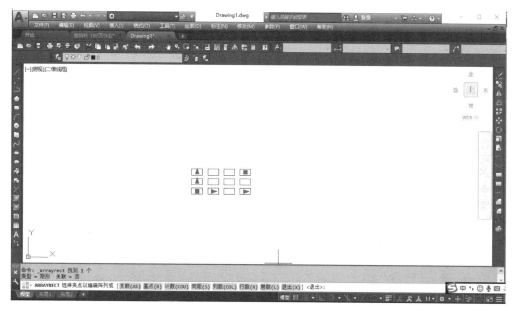

图 3-12 选择对象

命令行提示如下。

ARRAYRECT 选择夹点以编辑阵列或[关联(AS) 基点(B) 计数(COU) 间距(S) 列数(COL) 行数(R) 层数(L) 退出(X)]<退出>：

(通过控制夹点调整阵列间距、行数、列数和层数；也可以分别选择各选项设置阵列对象，如图 3-13 所示)

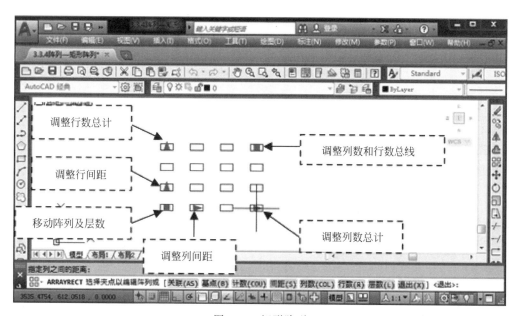

图 3-13 矩形阵列

各选项含义如下：

(1) 关联(AS)：指定是否在阵列中创建项目作为关联(整体)阵列对象，或作为独立对象。

(2) 基点(B)：指定用于在阵列中放置项目的基点。

(3) 计数(COU)：指定行数和列数并使用户在移动光标时可以动态观察结果，是一种比"行和列"选项更快捷的方法。

(4) 间距(S)：指定行间距和列间距并使用户在移动光标时可以动态观察结果。

(5) 列数(COL)：编辑阵列中的列数和列间距。

(6) 行数(R)：编辑阵列中的行数和行间距，以及他们之间的增量标高。其中增量标高是指设置每个后续行的增大或减小的标高。

(7) 层数(L)：指定三维阵列的层数和层间距。

用户还可以设置阵列角度，在阵列行和列的基本参数设置完成后，选择阵列对象，光标悬停在夹点上时出现设置轴角度选项，如图 3-14 所示。图中虚线框内为其余夹点悬停状态时的选项按钮，单击轴角度按钮以设置角度。

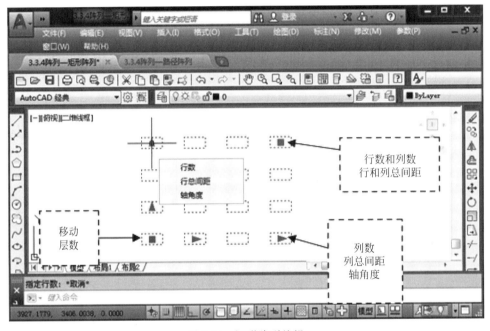

图 3-14 矩形阵列编辑

2) 路径阵列

路径阵列是沿路径或部分路径均匀分布选定对象的副本，路径可以是直线、多段线、三维多段线、样条曲线、螺旋、圆弧、圆或椭圆。选择该选项后，命令行提示如下：ARRAYPATH 选择对象：（选择要阵列的对象，按空格键，结束选择，如图 3-15 所示）。

图 3-15 选择路径阵列对象

ARRAYPATH 选择路径曲线:(选择选定的图形对象要分布的路径曲线,如图 3-16 所示)。

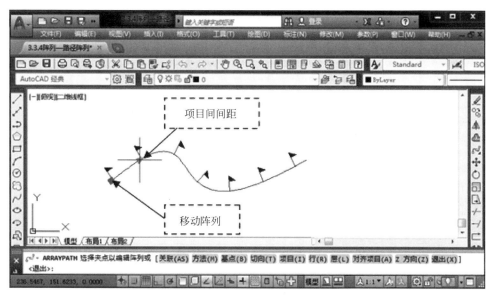

图 3-16 选择路径曲线

ARRAYPATH 选择夹点以编辑阵列或[关联(AS) 方法(M) 基点(B) 切向(T) 项目(I) 行(R) 层(L) 对齐项目(A) Z 方向(Z) 退出(X)]<退出>:(通过控制夹点调整图形对象副本的个数及间距;也可以分别选择各选项设置阵列对象).

各选项含义如下:

(1) 关联(AS):指定是否在阵列中创建项目作为关联阵列对象,或作为独立对象。

(2) 方法(M):选择沿路径分布项目的方式,有定数等分和定距等分两种方式。

(3) 基点(B):指定用于在相对于路径曲线起点的阵列中放置项目的基点。

(4) 切向(T):指定阵列中的项目相对于路径的起始方向对齐。

(5) 项目(I):根据"方法"设置,指定项目之间的距离和项目数,默认情况下,使用最大项目数填充阵列,这些项目使用输入的距离填充路径。用户可以指定一个更小的项目数。也可以启用"填充整个路径",以便在路径长度更改时调整项目数。比如将图 3-16 中的阵列对象在整个路径曲线中均匀布置 10 个,绘图过程命令行提示如下:

ARRAYPATH 选择夹点以编辑阵列或[关联(AS) 方法(M) 基点(B) 切向(T) 项目(I) 行(R) 层(L) 对齐项目(A) Z 方向(Z) 退出(X)]<退出>: M
ARRAYPATH 输入路径方法 [定数等分(D)/定距等分(M)]<定距等分>: D
ARRAYPATH 选择夹点以编辑阵列或[关联(AS) 方法(M) 基点(B) 切向(T) 项目(I) 行(R) 层(L) 对齐项目(A) Z 方向(Z) 退出(X)]<退出>: I
ARRAYPATH 输入沿路径的项目数或 [表达式(E)] <13>: 10
ARRAYPATH 选择夹点以编辑阵列或[关联(AS) 方法(M) 基点(B) 切向(T) 项目(I) 行(R) 层(L) 对齐项目(A) Z 方向(Z) 退出(X)]<退出>: A
ARRAYPATH 是否将阵列项目与路径对齐?[是(Y)/否(N)] <否>: Y
ARRAYPATH 选择夹点以编辑阵列或[关联(AS) 方法(M) 基点(B) 切向(T) 项目(I) 行(R) 层(L) 对齐项目(A) Z 方向(Z) 退出(X)]<退出>: (按空格键退出,完成如图 3-17 所示图形).

(6) 行(R):指定阵列中的行数和行之间的距离以及行之间的增量标高。

(7) 层(L):指定三维阵列的层数和层间距。

(8) 对齐项目(A)：指定是否对齐每个项目以与路径的方向相切。对齐相对于第一个项目的方向。

(9) Z方向(Z)：控制是否保持项目的原始Z方向或沿三维路径自然倾斜项目。

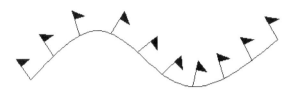

图 3-17　路径阵列

3) 环形阵列

环形阵列是指把对象绕阵列中心等角度均匀分布,阵列后的图形呈环形。选择该选项后,命令行提示如下：

ARRAYPOLAR 选择对象：	(选择要阵列的对象,按"空格键"结束选择)
ARRAYPOLAR 指定阵列的中心点或[基点(B) 旋转轴(A)]：	(指定分布阵列项目所围绕的点)
ARRAYPOLAR 选择夹点以编辑阵列或[关联(AS) 基点(B) 项目(I) 项目间角度(A) 填充角度(A) 行(ROW) 层(L) 旋转项目(ROT) 退出(X)] <退出>：	(通过控制夹点调整角度和填充角度；也可以分别选择各选项输入数值)

【例3-3】　绘制如图3-18所示餐桌椅。

分析：该图形由餐桌和餐椅两部分组成,首先绘制餐椅并创建成图块,然后用"圆"命令绘制餐桌,最后对餐椅使用"环形阵列"命令围绕餐桌。

作图步骤如下：

(1) 使用"直线""圆弧""偏移"等命令绘制餐椅,并创建成图块。

(2) 使用"圆"命令绘制餐桌,绘圆时利用"对象捕捉追踪"透明命令,将餐椅与餐桌放置如图3-19(a)所示位置。

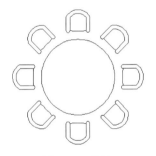

图 3-18　餐椅

(3) 使用"环形阵列"绘制阵列餐椅。执行过程如下：

命令：_arraypolar
命令行提示：ARRAYPOLAR 选择对象：(选择餐椅为对象,如图3-19(b)所示,按空格键结束选择)
命令行提示：ARRAYPOLAR 指定阵列的中心点或[基点(B) /旋转轴(A)]：(捕捉单击餐桌圆心为阵列的中心点,如图3-19(c)所示)
命令行提示：ARRAYPOLAR 选择夹点以编辑阵列或[关联(AS) /基点(B)/项目(I)/项目间角度(A)/填充角度(F) /行(ROW)/层(L)/旋转项目(ROT)/退出(X)] <退出>：F
命令行提示：ARRAYPOLAR 指定填充角度(+=逆时针,-=顺时针)或[表达式(EX)] <360>：(按空格键取默认值360)
命令行提示：ARRAYPOLAR 选择夹点以编辑阵列或[关联(AS) /基点(B)/项目(I)/项目间角度(A)/填充角度(F) /行(ROW)/层(L)/旋转项目(ROT)/退出(X)] <退出>：I
命令行提示：ARRAYPOLAR 输入阵列中的项目数或[表达式(E)] <6>：8 (按空格键确认,绘图区如图3-20所示)
命令行提示：ARRAYPOLAR 选择夹点以编辑阵列或[关联(AS) /基点(B)/项目(I)/项目间角度

（A)/填充角度(F) /行(ROW)/层(L)/旋转项目(ROT)/退出(X)]＜退出＞: x(X 或按空格键退出，图形绘制完成)

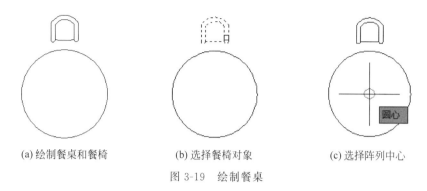

(a) 绘制餐桌和餐椅　　　(b) 选择餐椅对象　　　(c) 选择阵列中心

图 3-19　绘制餐桌

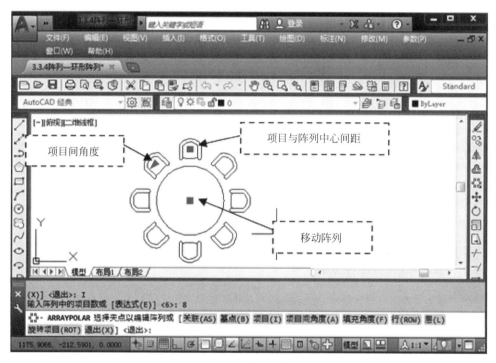

图 3-20　阵列餐椅

3.4　改变图形的位置和大小

在绘制二维图形时，有时会遇到图形方向、大小、尺寸等不合理的状况，这时就需要利用移动、旋转、缩放等命令来改变图形的位置和大小。

3.4.1　移动

移动图形是指在不改变对象大小和方向的情况下，从当前位置移动到新的位置。

启动"移动"命令可以通过以下 3 种方式：

（1）命令行输入：MOVE 或 M，按空格键。

（2）菜单栏："修改"→"移动"。

（3）工具栏：选择"修改"工具栏的"移动"图标 ✛。

启动上述命令后，命令行提示如下。

MOVE 选择对象：	（选择要移动的图形对象，按空格键结束选择）
MOVE 指定基点或[位移(D)]<位移>：	（移动有通过指定两点移动和通过指定位移移动两种方式）

（1）指定基点，命令行提示如下。

MOVE 指定第二个点或<使用第一个点作为位移>：	（指定第二点，选定的对象将移动到由第一点和第二点间的方向与距离确定的新位置）

（2）选择位移移动，命令行提示如下。

MOVE 指定位移 <0.0000, 0.0000, 0.0000>：	（输入坐标值，按 Enter 键确认。坐标值将用作相对坐标，使选定对象以输入的相对坐标值移动）

移动命令的各选项与复制命令基本一样，只是移动命令不复制图形对象。

3.4.2　旋转

旋转命令是将选择的图形按照指定的点进行旋转或旋转复制。用户通过指定一个基点和一个相对或绝对的旋转角来对选择对象进行旋转。启动"旋转"命令可以通过以下 3 种方式：

（1）命令行输入：ROTATE，按空格键。

（2）菜单栏："修改"→"旋转"。

（3）工具栏：选择"修改"工具栏的"旋转"图标 ↻。

将如图 3-21 所示图形旋转到竖直位置放置。

启动上述命令后，命令行提示如下。

图 3-21　需旋转的图形对象

UCS 当前的正角方向：　ANGDIR=逆时针　ANGBASE=0	
ROTATE 选择对象：	（选择要旋转的图形对象，按空格键结束选择）
ROTATE 指定基点：	（指定一点作为旋转图形对象的中心点，指定如图 3-22 所示光标所在端点为基点）
ROTATE 指定旋转角度，或[复制(C) 参照(R)]<0>：90	（指定旋转角度或其他选项如图 3-23 所示，按空格键确认）

操作完成后，对象被旋转至指定的角度位置。

图 3-22　指定旋转基点

图 3-23　旋转对象

其他各选项含义如下：

（1）复制（C）：选择该项，旋转对象的同时，保留原对象。

（2）参照（R）：采用参照方式旋转对象时，系统提示如下。

指定参照角＜0＞：　　　　　　　（指定要参考的角度，默认值为 0）
指定新角度：　　　　　　　　　（输入旋转后的角度值）

3.4.3　缩放

缩放命令是将选择的图形对象按照一定的比例来进行放大或缩小，从而改变图形的尺寸。启动"缩放"命令可以通过以下 3 种方式：

（1）命令行输入：SCALE，按空格键。

（2）菜单栏："修改"→"缩放"。

（3）工具栏：选择"修改"工具栏的"缩放"图标 。

启动上述命令后，命令行提示如下。

SCALE 选择对象：　　　　　　　　　　（选择要缩放的图形对象，按空格键结束选择）
SCALE 指定基点：　　　　　　　　　　（指定一点作为缩放图形对象的基点）
SCALE 指定比例因子或［复制（C）参照（R）］：

各选项含义如下。

（1）指定比例因子：输入的比例因子大于 1，则当前图形被放大；输入的比例因子小于 1，当前图形被缩小。

（2）复制（C）：选择该项，缩放对象的同时，保留原对象。

（3）参照（R）：采用参考方式缩放对象时，系统提示如下。

SCALE 指定参照长度 ＜1.0000＞：　　　　（指定参考长度值——捕捉原线段的两个端点）
SCALE 指定新的长度或 ［点（P）］＜1.0000＞：　（指定新长度值——捕捉新线段的两个端点）

如果新的长度值大于参考长度值，则放大对象；否则，缩小对象。

3.5　改变图形的形状

这一类命令在对指定的对象进行编辑后，使编辑对象的几何形状发生改变。包括拉伸、修剪、延伸、倒角和圆角。

3.5.1　拉伸

拉伸对象是将对象沿指定的方向和距离进行延伸，拉伸后的源对象只是长度发生改变。该命令常用于修改非闭合的直线、多段线、样条曲线、圆弧、椭圆弧等对象的长度。启动"拉伸"命令可以通过以下 3 种方式：

（1）命令行输入：STRETCH 或 S，按空格键。

（2）菜单栏："修改"→"拉伸"。

（3）工具栏：选择"修改"工具栏的"拉伸"图标 。

将如图 3-24（a）所示图形进行拉伸，启动上述命令后，命令行提示如下。

STRETCH 选择对象：	(以交叉窗口或交叉多边形选择要拉伸的对象,如图 3-24(a)所示选择范围)
STRETCH 指定基点或[位移(D)]<位移>：	(指定一点作为拉伸基点)
STRETCH 指定第二个点或<使用第一个点作为位移>：	(输入拉伸长度和角度或者用鼠标选择拉伸长度和角度,拉伸完成如图 3-24(b)所示)

此时,若指定第二个点,系统将根据这两点决定矢量拉伸对象。若直接按 Enter 键,系统会把第一个点作为 X 轴和 Y 轴的分量值。

STRETCH 命令仅移动位于交叉窗口内对象,不更改那些位于交叉选择外的对象,如图 3-25 所示的矩形的左边边线没有被选中,所以保持不变,右边边线和圆被窗口包围,产生移动但是不变形,矩形的上下两条边线被窗口相交而发生变形。即包含在交叉窗口内的对象产生移动,被交叉窗口相交的部分将被拉伸。

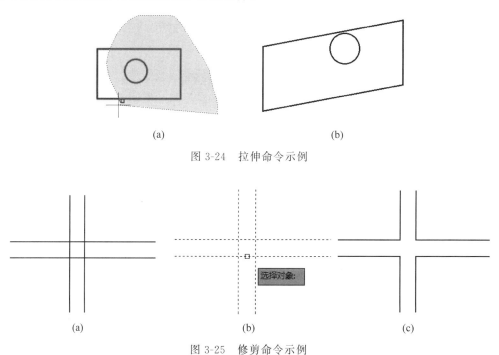

(a)　　　　　　　　　　(b)

图 3-24　拉伸命令示例

(a)　　　　　　　(b)　　　　　　(c)

图 3-25　修剪命令示例

3.5.2　修剪

修剪是使线段在一条参考线的边界终止。修剪的对象可以是直线、多线段、样条曲线等。启动"修剪"命令可以通过以下 3 种方式：

(1) 命令行输入：TRIM 或 TR,按空格键。

(2) 菜单栏："修改"→"修剪"。

(3) 工具栏：选择"修改"工具栏的"修剪"图标＋。

修剪如图 3-25(a)所示图形,启动上述命令后,命令行提示如下。

选择剪切边…

TRIM 选择对象或<全部选择>：(选择用作修剪边界的对象,选择如图 3-25(b)所示作为修剪边界,按空格键结束对象选择)

选择要修剪的对象,或按住 Shift 键选择要延伸的对象,或［栏选(F)/窗交(C)/投影(P)/边(E)/删除(R)/放弃(U)］:(选择要修剪或延伸的对象或选择其他选项,拾取框点选图 3-25(b)所示位置,即将其修剪为图 3-25(c)所示图形)

各选项含义如下:

(1) 按住 Shift 键:在选择对象时,如果按住 Shift 键,系统自动将"修剪"命令转换成"延伸"命令,"延伸"命令将在下一小节介绍。

(2) 栏选(F):以栏选方式选择要修剪的对象。

(3) 窗交(C):以窗交方式选择要修剪的对象。

(4) 投影(P):该选项很少用。

(5) 边(E):指定隐含边界延伸模式。输入"E"执行选项,命令行提示如下。

TRIM 输入隐含边延伸模式［延伸(E) 不延伸(N)］<不延伸>:(选择"延伸"选项,若剪切边界没有与被剪切对象相交,会假设将剪切边界延伸,然后进行修剪;选择"不延伸"选项,则按实际情况修剪,若剪切边与被剪切对象不相交,则不进行剪切)

3.5.3　延伸

延伸命令是指将要延伸的对象延伸至另一个对象指定的边界线。该命令可以延伸直线、开放的二维和三维多段线、射线、圆弧和椭圆弧等。启动"延伸"命令可以通过以下 3 种方式:

(1) 命令行输入:EXTEND 或 EX,按空格键。

(2) 菜单栏:"修改"→"延伸"。

(3) 工具栏:选择"修改"工具栏的"延伸"图标 ┈╱。

启动上述命令后,命令行提示如下。

选择边界的边 …
EXTEND 选择对象或<全部选择>:
选择要延伸的对象,或按住 Shift 键选择要修剪的对象,或
EXTEND［栏选(F)/窗交(C)/投影(P)/边(E)/删除(R)/放弃(U)］:

各选项含义如下。

(1) 按住 Shift 键:在选择对象时,如果按住 Shift 键,系统自动将"延伸"命令转换成"修剪"命令,"修剪"命令上一小节已介绍。

(2) 栏选(F):以"栏选"方式选择要延伸的对象。

(3) 窗交(C):以"窗交"方式选择要延伸的对象。

(4) 边(E):指定"隐含边界延伸"模式。输入"E"执行选项,命令行提示如下。

EXTEND 输入隐含边延伸模式［延伸(E) 不延伸(N)］<不延伸>:(选择延伸选项,若延伸边界没有与被延伸对象相交,则会假设将延伸边界延伸,然后进行延伸;选择不延伸选项,则按实际情况延伸,若延伸边界与被延伸对象不相交,则不进行延伸)

提示:AutoCAD 2018 中,"延伸"命令可以对多线进行操作,如图 3-26(a)所示多线,选择水平方向多线为延伸边界如图 3-26(b)后,会出现 3 个选项如图 3-26(c)所示。选择"开放"按钮即完成如图 3-26(d)所示图形绘制。

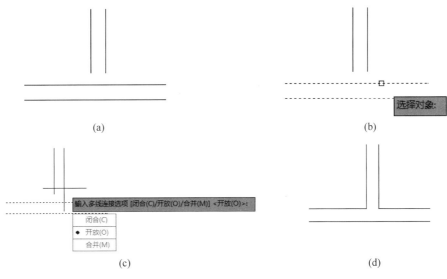

图 3-26　延伸多线操作

3.5.4　倒斜角

倒斜角命令是通过延伸(或修剪)用斜线连接两个不平行的线型对象。可以用倒角连接直线段、构造线、射线和多段线等。启动"倒斜角"命令可以通过以下 3 种方式：

（1）命令行输入：CHAMFER 或 CHA,按空格键。

（2）菜单栏："修改"→"倒斜角"。

（3）工具栏：选择"修改"工具栏的"倒斜角"图标 ⟋ 。

系统采用两种方法确定连接两个线型对象的斜线：

（1）指定两个斜线距离。斜线距离是指从被连接的对象与斜线的交点到被连接的两个对象可能的交点之间的距离,如图 3-27 所示。

（2）指定斜线角度和一个斜线距离。采用这种方法用斜线连接对象时,需要输入两个参数：斜线与一个对象的斜线距离和斜线与另一个对象的夹角,如图 3-28 所示。

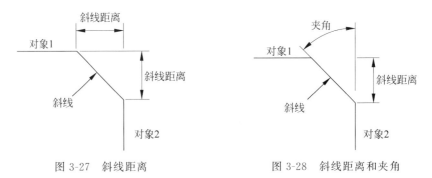

图 3-27　斜线距离　　　　　　　　图 3-28　斜线距离和夹角

启动上述命令后,命令行提示如下。

（"修剪"模式）当前倒角距离 1 = 0.0000,距离 2 = 0.0000

CHAMFER 选择第一条直线或［放弃（U）/多段线（P）/距离（D）/角度（A）/修剪（T）/方式（E）/多个

(M)]:(选择第一条直线或其他选项)

选择第二条直线,或按住 Shift 键选择直线以应用角点或 [距离(D)/角度(A)/方法(M)]:(选择第二条直线)

各选项的含义如下。

(1) 多段线(P):对多段线的各个交叉点进行倒角。

(2) 距离(D):确定倒角的两个斜线距离。

(3) 角度(A):选择第一条直线的斜线距离和第二条直线的倒角角度。

(4) 修剪(T):用来确定倒角时是否对相应的倒角边进行修剪。

(5) 方式(E):用来确定是按照"距离(D)"方式还是按照"角度(A)"方式进行倒角。

(6) 多个(M):同时对多个对象进行倒角编辑。

注意:

1. 若设置的倒角距离太大或倒角角度无效,系统会给出错误提示信息。

2. 当两个倒角距离均为零时,倒角命令会使选定对象相交,但不产生倒角。

【例 3-4】 绘制如图 3-29 所示连接件图形。

分析:首先执行"矩形"命令或"直线"命令,绘制零件底座和板,然后画圆在板上开洞口,最后使用"倒斜角"命令对矩形板两边倒角完成作图。

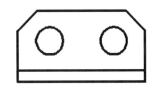

图 3-29　连接件

作图步骤如下:

(1) 使用"直线""矩形"等命令绘制基本部件,如图 3-30 所示。

(2) 使用"圆"命令绘制板面上的洞口轮廓线,绘圆时可先画左圆,然后通过镜像命令添加右圆如图 3-31 所示。执行过程如下:

命令行:_mirror
命令行提示:
MIRROR 选择对象:(选择要镜像的左圆,按空格键确认)
MIRROR 选择对象:指定镜像线的第一点:指定镜像线的第二点:(按提示步骤确定镜像线)
MIRROR 要删除源对象吗?[是(Y)/否(N)] <N>:(按空格键默认不删除源对象,即完成镜像)

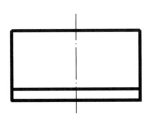

图 3-30　底座和板

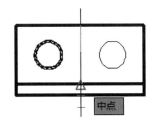

图 3-31　镜像板上洞口

(3) 使用"倒斜角"命令编辑图形。执行过程如下。

命令行:_chamfer
命令行提示:
("修剪"模式) 当前倒角距离 1 = 0.0000,距离 2 = 0.0000

CHAMFER 选择第一条直线或［放弃(U)/多段线
(P)/距离(D)/角度(A)/修剪(T)/方式(E)/多个
(M)］: d

（输入 d,按空格键设置倒角距离）

CHAMFER 选择第一条直线或［放弃(U)/多段线
(P)/距离(D)/角度(A)/修剪(T)/方式(E)/多个
(M)］: d 指定第一个倒角距离＜0.0000＞:15

（按空格键执行下一步） 指定第二个倒角
距离＜15.0000＞：（直接按空格键完成倒
角距离设置）

CHAMFER 选择第一条直线或［放弃(U)/多段线
(P)/距离(D)/角度(A)/修剪(T)/方式(E)/多个
(M)］:

（选择倒角的第一条直线）

CHAMFER 选择第二条直线,或按住 Shift 键选择
直线以应用角点或［距离(D)/角度(A)/方法
(M)］:

（选择如图 3-32 所示拾取框所指第二条直
线,即完成左侧倒角,同样方法完成右侧倒
角,绘图完成）

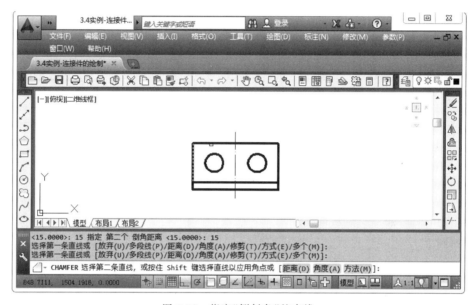

图 3-32　指定"倒斜角"的直线

3.5.5　倒圆角

圆角是指用指定半径决定的一段平滑的圆弧来连接两个对象。系统规定可以圆角连接
一对直线段、非圆弧的多段线段、样条曲线、双向无限长线、射线、圆、圆弧和椭圆。可以在任
何时刻圆角连接非圆弧多段线的每个节点。启动"倒圆角"命令可以通过以下 3 种方式：

（1）命令行输入：FILLET 或 F,按空格键。

（2）菜单栏："修改"→"圆角"。

（3）工具栏：选择"修改"工具栏的"圆角"图标 。

将如图 3-33 所示图形绘制圆角,启动上述命令后,命令行提示如下。

当前设置：模式 = 修剪,半径 = 0.0000

FILLET 选择第一个对象或［放弃(U)/多段线(P)/
半径(R)/修剪(T)/多个(M)］:r

（输入 r,设置圆角半径）

指定圆角半径 ＜0.0000＞:10

（输入圆角半径为"10"）

FILLET 选择第一个对象或［放弃(U)/多段线(P)/

（选择第一个对象）

半径(R)/修剪(T)/多个(M)]:

FILLET 选择第二个对象,或按住 Shift 键选择对象 (选择第二个对象,完成倒圆角绘制)
以应用角点或 [半径(R)]:

各选项的含义如下:

(1) 多段线(P):在二维多段线两段直线段的节点处插入圆弧。选择"多段线"后系统会根据指定的圆弧半径把多段线各顶点用圆弧平滑连接起来。

(2) 半径(R):定义圆弧的当前半径值。

(3) 修剪(T):用来控制执行"圆角"命令时是否将选定的边修剪到圆角的端点。

(4) 多个(M):同时对多个对象进行圆角编辑。

注意:

(1) 若设置的倒角距离太大或倒角角度无效,系统会给出错误提示信息。

(2) 当两个倒角距离均为零时,倒角命令会使选定对象相交,但不产生倒角。

(3) 如果将圆角半径设置为 0,AutoCAD 将自动延伸或修剪两条直线使它们相交于同一点。

AutoCAD 中可以对两条平行直线倒圆角,此时不需要设置圆角半径。如图 3-34 所示。

图 3-33 圆角命令示例   图 3-34 两平行直线倒圆角

3.6 夹点编辑

AutoCAD 在图形对象上定义了一些特殊点,称为夹点,利用夹点可以灵活地控制对象。从外观上看,夹点是一些带有填充颜色的小方格,图形对象不同,夹点分布也不相同,如图 3-35 所示。

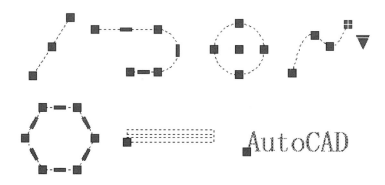

图 3-35 各种对象的夹点分布

　　要使用夹点编辑功能,必须打开夹点显示,打开方法为:"工具"→"选项"→"选择集"选项卡,在"夹点"选项组中勾选"显示夹点"。还可以对夹点的颜色和大小进行设置。打开夹点功能后,当使用鼠标指定对象时,对象关键点上将出现夹点。单击、拖动夹点时可以直接而快速地编辑指定对象。

　　按使用中的状态不同,夹点可分为 3 种:未选中状态、选中状态、悬停状态。以图 3-36(a)为例,夹点未选中状态。单击夹点可将其激活,变为选中状态,如图 3-36(b)所示改变颜色。如果将十字光标悬停在某夹点上,将出现第三种状态如图 3-36(c)所示。

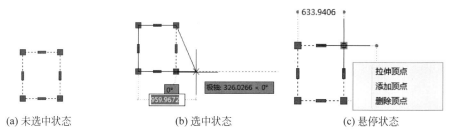

(a) 未选中状态　　　　　　　　(b) 选中状态　　　　　　　　(c) 悬停状态

图 3-36　夹点的 3 种状态

　　对于上图 3-36(b)所示图形对象,选中夹点状态下,命令行显示如下:

** 拉伸 **
指定拉伸点或［基点(B)/复制(C)/放弃(U)/退出(X)］:(可指定新的顶点位置)

　　用户也可以右击打开如图 3-37 所示快捷菜单,可以对图形对象进行拉伸顶点、添加顶点、删除顶点、移动、复制、旋转、缩放、镜像的操作。对于不同的图形对象夹点的功能也不相同。

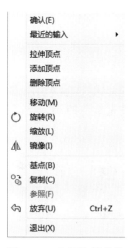

图 3-37　右键快捷菜单

习题 3

综合应用各种绘图与编辑工具绘制下列图形(不注尺寸)。

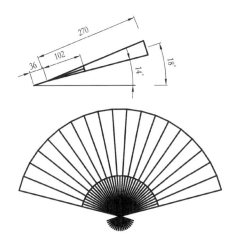

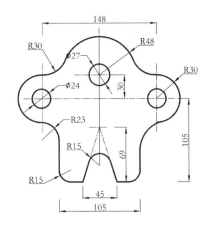

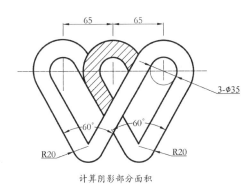

计算阴影部分面积

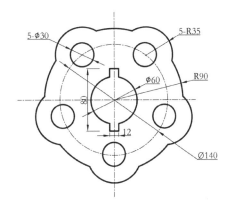

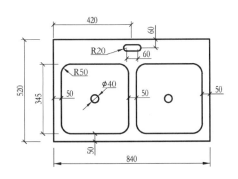

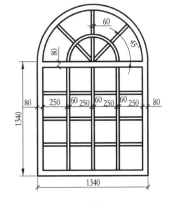

第4章

图层与属性

4.1　图层概述

图层是绘图中一个重要的概念,AutoCAD中的图层是一个管理图形对象的工具。根据图层对图形对象、文字、标注等进行归类处理,不仅能使图形的各种信息清晰、有序,而且也给图形的显示、编辑、修改和输出带来很大的便利。

在使用AutoCAD软件制图时,图形的线型、线宽的设置很重要。不同的线型、线宽绘制出来的线段具有不同的表达意义。在AutoCAD软件中,经常用图层命令对复杂的图形进行分层统一管理,使图形易于编辑。我们可以将"层"设想为若干张无厚度的透明胶片重叠在一起,这些胶片完全对齐,即同一坐标点相互对齐。每一层上的对象具有各自的颜色、线型和线宽,从而赋予该层上的对象相同的特性。在绘制图形的时候,将图形对象创建在当前图层上。AutoCAD中图层的数量是不受限制的,每个图层都有自己的名称。

4.2　图层特性管理器

4.2.1　启动和关闭"图层特性管理器"对话框

"图层特性管理器"对话框用于创建和管理图层。用户可以在这里进行图层的添加、删除和重命名,并修改图层特性、添加说明等。

通常采用如下方式打开"图层特性管理器"对话框。

(1) 命令行输入:LAYER或LA,按空格键。

(2) 菜单栏:"格式"→"图层"。

(3) 工具栏:选择"图层"工具栏的图标 （推荐使用）。

打开"图层特性管理器"对话框,如图4-1所示,包括两个面板:树状视图(左侧)和列表视图(右侧)。树状视图的功能是显示图层和过滤器的结构层次,列表视图则体现图层过滤器的特性。完成图层的设置和修改后,单击"确定"按钮就可以关闭该对话框。

4.2.2　创建图层

用户可以单击"图层特性管理器"对话框上的"新建图层"按钮 ,也可使用快捷方式Alt+N组合键新建图层。在对话框的列表视图区中将会增加一个亮显的"图层1",该图层继承"0 图层"的属性,如图 4-1 所示。在创建图层中,光标一直在"名称"栏中闪烁,表示此时可以更改图层的名称。用户可以连续单击"新建图层"添加图层,也可以连续按 Enter 键来添加图层,然后再逐个修改图层名、颜色和线型。创建图层是建立图形的重要组成部分。用户可以在模板中创建并保存图层。这样当开始绘制同类图样时,可直接使用模板中所定义的图层,无须再重新定义。

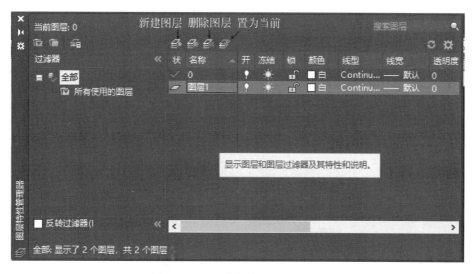

图 4-1 "图层特性管理器"对话框

4.2.3 管理图层

1. 改变图层名称

用户可以随时更改图层的名称,更改图层名称时,在"图层特性管理器"对话框中单击欲修改的图层名称后,按 F2 键。当该图层的名称显亮后,输入新名称。或者先单击一次欲修改图层的名称,再单击图层名称时该名称显亮,此时可输入新名称,即完成更改图层名称。

2. 打开或关闭图层

单击"开"列中对应的灯泡图标 ,可以打开或关闭图层。打开状态下,灯泡显示为亮色 ,该图层上的图形可以在绘图区显示,用户可以编辑该图层上的内容;关闭状态下,灯泡显示为灰色 ,该图层内容不可见,但当重新生成图形时,该图层也会一同生成。

3. 冻结或解冻图层

如果图层被冻结,"冻结"属性显示为 ,则该图层上的图形对象不能被显示出来,不能被编辑,而且也不参与重新生成计算;单击 图标后,属性显示为 ,图层被解冻。冻结图层会减少系统重新生成图形的时间,如果绘制大型图纸时,为了节省时间,可以冻结某些不需要重新生成的图层。另外,用户不能冻结当前图层,也不能将冻结图层设为当前图层。

4. 锁定或解锁图层

如果图层被锁定,"锁定"属性显示为 。锁定状态下,图层上的图形对象可见,可以捕捉,但不能编辑,还可以在锁定的图层中绘制新图层对象。单击 图标后,属性显示为 ,

图层被解锁。对于无须修改但在编辑其他图层时又须参考的图层,建议将其设置为锁定状态。

5. 设置图层颜色

用户在绘图时,为了方便区分不同的图层对象,通常将不同图层设置为不同的颜色。可通过"图层特性管理器"的"颜色"参数进行设定。将如图 4-1 所示"图层 1"的图层颜色改为红色,其操作步骤如下。

(1)单击"图层 1"中的颜色图标 ■,打开"选择颜色"对话框,如图 4-2 所示。

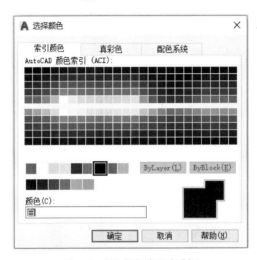

图 4-2　"选择颜色"对话框

(2)在对话框中选择合适的颜色,这里选择颜色为红色,单击"确定"按钮,返回"图层特性管理器"对话框。用同样的方法可以为其他图层设置颜色。

6. 设置图层线型

在默认情况下,图层的线型通常为连续实线(Continuous)。用户可以根据工程制图的规定,选择虚线、单点画线、波浪线等其他线型。如需改变图层线型,可通过"图层特性管理器"的"线型"参数进行设定,其操作步骤如下。

(1)单击"图层 1"中的 **Continuous** 参数,打开"选择线型"对话框,如图 4-3 所示。

图 4-3　"选择线型"对话框

（2）单击"加载"按钮，弹出"加载或重载线型"对话框，选择需要的线型样式，如图 4-4 所示。

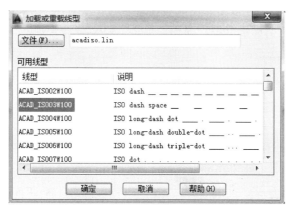

图 4-4　"加载或重载线型"对话框

（3）单击"确定"按钮，返回"选择线型"对话框，如图 4-5 所示，在"已加载的线型"列表框中，选择 ACAD_IS003W100 的线型，然后单击"确定"按钮，完成当前线型的设置。

图 4-5　设置图层新线型

7. 设置图层线宽

用户同样可以根据工程制图的相关规定设置图层的线宽。如需改变图层的线宽，可通过"图层特性管理器"的"线宽"参数进行设定，其操作步骤如下。

（1）单击"图层 1"中的"线宽"参数，弹出"线宽"对话框，如图 4-6 所示。

（2）在对话框中选择所需的线宽值，这里选择 0.50mm，然后单击"确定"按钮，即可更改该图层的线宽属性。

4.2.4　创建当前图层

当前图层就是当前绘图的图层，如果希望在某个图

图 4-6　"线宽"对话框

层上绘图,就需要设置当前图层。设置当前图层的方法有以下两种:

(1) 在"图层特性管理器"对话框中操作。选中某个图层,然后单击"置为当前"按钮 ✔ 就可以将该图层置为当前,或双击该图层也能够将该图层置为当前。

(2) 在"图层"快捷工具栏上进行操作。单击"图层"特性管理器工具栏上编辑栏右侧的黑色三角,弹出下拉列表,选中所需的图层即可,如图 4-7 所示。

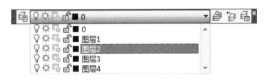

图 4-7　创建当前图层

4.2.5　删除图层

用户可以在绘图过程中随时删除多余的图层,删除图层的步骤如下。

在"图层特性管理器"对话框的图层列表中选择要删除的图层,然后单击"删除图层"图标 ✖,就可以将选择的图层删除。但是,当前图层、0 图层、定义点层以及包含图形对象的图层不能被删除。

4.3　特性编辑

在 AutoCAD 中绘制的每个对象都有其特性,有的特性是基本特性,适用于大多数对象,如图层、颜色、线型及打印样式等;有的特性则是专用于某一个对象的,如圆的特性包括半径和面积。对于基本特性,可以在对象特性工具栏中进行编辑,而专属特性,则要在"特性"选项板中进行编辑。

4.3.1　对象特性工具栏

对象特性工具栏包括"颜色控制""线型控制""线宽控制""打印样式控制"。在没有对象被选中的情况下,该工具栏列出的是当前图层的颜色、线型、线宽以及打印样式,如图 4-8 所示。

图 4-8　对象特性工具栏

1. 颜色控制

"颜色控制"列表可以查看选定对象的颜色、改变对象的颜色和设置当前颜色。"颜色控制"列表中有 ByLayer(随层)、ByBlock(随块)、7 种标准颜色和"选择颜色…"选项,如图 4-9(a)所示。

2. 线型控制

"线型控制"列表可以查看选定对象的线型、修改对象的线型和设置当前线型。"线型控制"列表如图 4-9(b)所示,有 ByLayer(随层)、ByBlock(随块)、Continuous(连续实线)和"其他…"选项。"其他…"选项可以访问"线型管理器"对话框。

3. 线宽控制

"线宽控制"列表可以查看选定对象的线宽、修改对象的线宽和设置当前线宽。"线宽控制"列表如图 4-9(c)所示，包含有 ByLayer(随层)、ByBlock(随块)、"默认"和可供选择的线宽。

(a)　　　　　　　　(b)　　　　　　　　(c)

图 4-9　特性编辑

4.3.2　特性选项板

启动"特性"选项板的方式有以下几种。

(1) 命令行输入：PROPERTIES，按空格键。

(2) 菜单栏："工具"→"选项板"→"特性"。

(3) 工具栏：选择标准工具栏的"特性"图标 ▣ 。

(4) 选中对象后右击，在快捷菜单中选择"特性"(推荐使用)。

用户可以先选择需要编辑特性的图形对象，再打开"特性"选项板，或者先打开"特性"选项板，再选择对象。如图 4-10 所示，选择图中圆，右击，弹出快捷菜单，单击"特性"选项，打开"特性"面板，该面板中所显示的参数为图形当前的设置，用户可在面板中对各个参数进行修改。

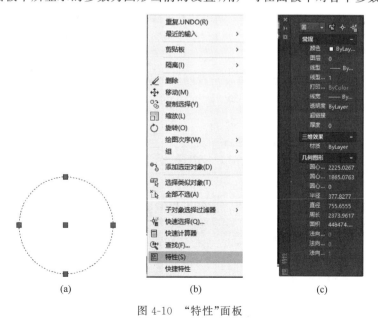

(a)　　　　　(b)　　　　　(c)

图 4-10　"特性"面板

4.3.3　实体特性的编辑

在 AutoCAD 中绘制图形对象具有不同的颜色、线型和线宽等特性,就是对象特性。观察和修改对象特性的方式主要有以下两种。

第一种:修改对象所在图层。图形对象绘制在哪个图层上,这些图形对象就可以直接使用该图层的图层特性,这种特性就是对象的随层特性。默认情况下,AutoCAD 中绘制的图形对象都使用随层特性。但是,当图形绘制在错误的图层上时,则使用图层工具栏中的编辑框,可以方便地将包含一个或多个对象的图层修改为另一个图层。

修改对象所在图层的操作步骤如下:

(1) 选中欲修改图层的对象,如图 4-11 所示选中左侧窗户。

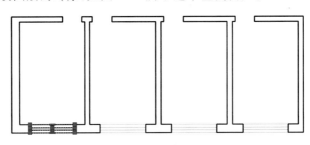

图 4-11　修改选定窗户所在图层

(2) 单击如图 4-12 所示图层工具栏中的编辑框右侧的小黑三角,下拉列表显示所有图层,选中"门窗"图层,即将选中部分修改为"门窗"图层。

图 4-12　图层工具栏

第二种:单独给图形对象指定颜色、线型和线宽等特性。用户可以使用"特性"工具栏和"特性"选项板对图形对象的特性进行编辑(不推荐使用)。

4.3.4　设置特性匹配

特性匹配就是将一个对象的某些或所有的特性复制到其他对象上。可以复制的特性类型包括颜色、图层、线型、线型比例、线宽、厚度、打印样式、标注、文字、图案填充、多线段、视口、表格、材质、阴影显示和多重引线等。

启动"特性匹配"的方式有以下 3 种。

(1) 命令行输入:MATCHPROP 或 PAINTER,按空格键。

(2) 菜单栏:"修改"→"特性匹配"。

(3) 工具栏:选择标准工具栏的"特性匹配"图标 🖌。

命令行提示如下。

MATCHPROP 现在源对象:　　　　　　　　(如选择图 4-13(a)所示的圆对象,按空格键)
MATCHPROP 选择目标对象或[设置(S)]:　(选择要复制其特征的对象,如果此时选择图 4-13(a)右侧的矩形,那么,矩形的颜色、线型、粗细等属性都将和左侧的圆一样;如果输入 S,按空格键,那么将弹

出图 4-13(b)所示的窗口,用户可以设置要匹配的特性选项(一般不用))

(a) 选择匹配对象　　　　　(b) 设置匹配对象特性

图 4-13　特性匹配

习题 4

1. 如何理解图层在 AutoCAD 中的作用？如何合理地设置图层？
2. 如何修改图层特性？图层特性包括哪些特性？
3. 图形特性修改的方法有哪几种？各有何特点？
4. "特性"选项板的功能是什么？如何调用？
5. 在图形文件中创建以下图层。

图　　层	颜　　色	线　　型	线宽
中轴线	红色	ACAD_ISO04W100	0.25
外轮廓线	白色	Continuous	0.5
内轮廓线	白色	Continuous	0.5
填充	灰色 252	Continuous	默认
标注	绿色	Continuous	默认

第5章

文字、表格与尺寸标注

5.1 文字标注

AutoCAD 中的文字对象分为两类：一类是单行文字，适用于比较简短的文字项目，如标题栏信息、尺寸标注说明、图名等；另一类是多行文字，适用于文字内容多、往往带有段落格式的信息，如建筑设计说明、技术条件与要求等。

5.1.1 文字样式

使用 AutoCAD 标注文字时，一般要经过两个步骤：首先应根据图形的需要创建文字样式；然后使用文字标注命令，在指定位置书写文字。

1. 创建文字样式

在 AutoCAD 中，系统默认使用 Standard 文字样式作为标注文字样式，这种样式不符合国家制图标准对文字的规定，因此需要先创建符合国家制图标准规定的文字样式。

AutoCAD 提供了"文字样式"对话框来创建文字样式。该对话框可以通过以下 3 种方式调用。

（1）命令行：输入 ST，按空格键。

（2）菜单栏："格式"→"文字样式"。

（3）工具栏：选择"格式"工具栏的"文字样式"图标 。

执行上述命令后，打开"文字样式"对话框，如图 5-1 所示。

土建工程图样中通常需要创建两种文字样式，一种用于标注土建工程图中的汉字（国标规定用仿宋体，但一般设计院习惯使用大字体），一种用于标注土建工程图中的数字和字母。

下面以创建这两种文字样式为例，说明创建文字样式的操作方法。

1）创建仿宋体文字样式

（1）打开"文字样式"对话框。

（2）单击"新建"按钮，弹出"新建文字样式"对话框，如图 5-2 所示。在"样式名"文本框中输入"仿宋字"，单击"确定"按钮，返回"文字样式"对话框，如图 5-3 所示，"样式"列表框中显示"仿宋字"样式，完成仿宋体文字样式名称的设置。

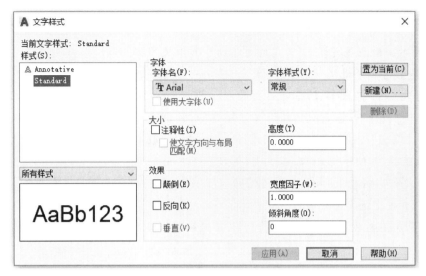

图 5-1 "文字样式"对话框

图 5-2 "新建文字样式"对话框

（3）设置仿宋体的文字样式，如图 5-3 所示。在"字体"组的"字体名"下拉列表框中选择"华文仿宋"；在"字体样式"样式下拉列表框中选择"常规"样式。在"大小"组"高度"文本框中取默认值 0.0000（系统实际默认值是 2.5）。在"宽度因子"文本框中输入 0.7000。其他选项使用默认设置。

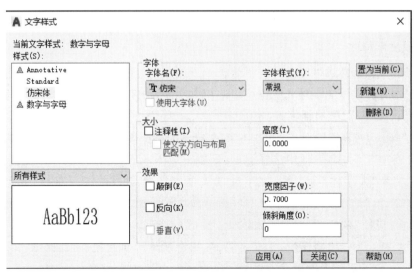

图 5-3 "仿宋字"文字样式设置

（4）单击"应用"按钮，完成仿宋体文字样式设置。

注意："字体名"的下拉列表框中的中文字体有两组：上面一组是字头向左书写样式；下面一组是字头向上书写样式，常用的是下面一组中文字体。

2）创建数字和字母文字样式

（1）打开"文字样式"对话框。

（2）单击"新建"按钮，弹出"新建文字样式"对话框，在"样式名"文本框中输入"数字和字母"，单击"确定"按钮，返回"文字样式"对话框，进行"数字和字母"文字样式的设置。

（3）设置数字和字母的文字样式，如图 5-4 所示。在"字体"的下拉列表框中选择 gbenor.shx 字体，启动"使用大字体"复选框，"字体"下拉列表框变为"大字体"列表框，在"大字体"列表框中选择 bigfont.shx 字体。在"大小"组"高度"文本框中取默认值 0.0000（系统实际默认值是 2.5）。在"宽度因子"文本框中输入 0.7000。其他选项使用默认设置。

图 5-4 "数字和字母"文字样式设置

（4）单击"应用"按钮，完成数字和字母文字样式设置。

2. 修改文字样式

已经创建的文字样式可以随时进行修改。下面介绍修改文字样式的操作方法。

如已创建的仿宋体文字样式中也可以使用大字体，仿宋体文字样式修改过程如下。

（1）打开"文字样式"对话框。

（2）在"样式"列表框中单击选中"仿宋字"样式，对仿宋体文字样式进行修改。

（3）在"字体"下拉列表框中选择 gbenor.shx 字体，启用"使用大字体"复选框，"字体"下拉列表框变为"大字体"列表框，在下拉列表框中选择 gbcbig.shx 字体，其他使用默认设置。

（4）单击"应用"按钮，完成对仿宋体文字样式的修改。

注意：大字体是一种单线体，没有起笔、落笔和字体的粗细问题，因此它可以提高机器的运算速度，在打开图纸时加载速度较快。

3. 删除文字样式

在"文字样式"列表框中选中一个文字样式,然后单击"删除"按钮,把选中的文字样式删除。

注意:系统默认的 Standard 文字样式和当前文字样式不能被删除。

4. 文字样式重命名

在"样式"列表框中,用鼠标连续击 3 次需要重命名的文字样式,此时文字样式名变为文本框的形式,可以给文字样式重命名。

5. 文字样式置为当前

设置好文字样式之后,就可以在图样中进行文字标注。当图样中所标注的文字是汉字时,把"仿宋字"样式置为当前;当图样中所标注的文字是数字或字母时,把"数字和字母"文字样式置为当前。把文字样式置为当前的方法有两种。

(1)如图 5-5 所示,单击"文字"工具栏的"文字样式"图标 ,打开"文字样式"对话框,在"样式"列表框中单击要置为当前的文字样式,再单击"置为当前"按钮 置为当前(C) ,就可把该文字样式置为当前。

图 5-5　文字工具

(2)打开"格式"菜单→"文字样式"对话框,其余同上。

5.1.2　文字标注

1. 单行文字标注

1)单行文字标注

单行文字标注可以创建一行或多个指定位置的单行文字,每行文字都是一个独立的对象。单行文字的标注通过以下两种方式调用。

(1)命令行:输入 DT,按空格键。

(2)菜单栏:"绘图"→"文字"→"单行文字"。

标注单行文字的过程如下。

命令行:输入 DT,按空格键
当前文字样式:仿宋字;文字高度:2.5;注释性:否
命令行提示:TEXT 指定文字的起点或[对正(J)/样式(S)]:J
指定文字的起点或[对正(J)/样式(S)]:　　　(输入一点作为文字的起点,将从该点向右书写文字)
命令行提示:TEXT 指定高度<2.5000>:5　(输入 5,指定标注的文字字高是 5)
命令行提示:TEXT 指定文字的旋转角度<0>:　　(按 Enter 键选择默认旋转角度为 0)

此时,在绘图区中已经指定的文字起点处出现闪动光标,可以输入文字。输入一行文字后按空格键,可以继续输入另外一行文字,按两次空格键则结束单行文字的输入。

2)设置文字对齐方式

标注单行文字时可以设置文字的对齐方式,设置过程如下。

命令行:输入 DT,按空格键
当前文字样式:仿宋字;文字高度:2.5000;注释性:否
命令行提示:TEXT 指定文字的起点或[对正(J)/　　(输入 J 后按空格键,选择"对正"选项设置文

样式(S)]：J　　　　　　　　　　　　　　　　　　本对齐方式)

命令行提示：TEXT 输入选项或[左(L)/居中(C) /
右(R) /对齐(A)/中间(M)/布满(F) /左上(TL)/
中上(TC)/右上(TR)/左中(ML)/正中(MC)/右中
(MR)/左下(BL)/中下(BC)/右下(BR)]：

AutoCAD 提供了 15 种文字对齐方式,系统默认的对齐方式是"左对齐"。下面介绍常用的文字对齐方式。

居中(C)：指定文字中心点、高度和旋转角度,系统将输入文字的中心点放在该指定点。

中间(M)：指定文字的中心点、高度和旋转角度,系统将输入的文字中心和高度中心放在该指定点。

右(R)：指定文字的右端点、高度和旋转角度,系统将输入文字的右侧放在该指定点,即将文字右对齐。

正中(MC)：指定文字的中央中心点、高度和旋转角度,系统将输入文字的中央中心点放在该指定点。

2. 多行文字标注

多行文字标注是在指定的区域内以段落的方式标注文字。不管有多少个段落,使用"多行文字"命令标注的文字都是一个对象。多行文字的标注可以通过以下 3 种方式调用。

(1) 命令行：输入 T,按空格键。

(2) 菜单栏："绘图"→"文字"→"多行文字…"。

(3) 工具栏：选择"绘图"工具栏的"多行文字"图标 **A**。

执行"多行文字"命令后,命令行提示如下。

命令行：_mtext　当前文字样式：仿宋字；文字高度：22；注释性：否

命令行提示：MTEXT 指定第一角点：　　　　　　(输入一个点作为标注多行文字区域的第一个对角点位置)

命令行提示：MTEXT 指定对角点或[高度(H)/对
正(J)/行距(L)/旋转(R)/样式(S)/宽度(W)/
栏(C)]：　　　　　　　　　　　　　　　　　　(输入一个点作为标注多行文字区域的另一个对角点位置)

AutoCAD 将在指定的这两个对角点确定的矩形区域标注多行文字。绘图区打开一个"文字格式"对话框和多行文字编辑器,如图 5-6 所示,在多行文字编辑器里可以输入文字内容,设置文字字体、字号,以及段落格式等。

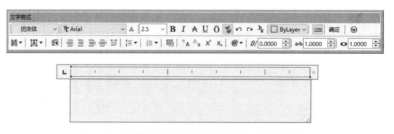

图 5-6　"文字格式"对话框和多行文字编辑器

命令行中"指定对角点"之后的其他选项一般不在命令行中设置,而是在执行完"指定对角点"选项后弹出的"文字格式"对话框和多行文字编辑器中设置,这样更为方便。

下面介绍"文字格式"对话框和多行文字编辑器。

如图 5-6 所示，"文字格式"对话框可以设置多行文字的字体及大小。由于这个"文字格式"对话框和多行文字编辑器与 Word 的界面类似，有些功能用户已经非常熟悉，所以下面只介绍"文字格式"对话框和多行文字编辑器中常用选项的功能。

(1)"样式"下拉列表框：指定多行文字的文字样式。从下拉列表框中选择已经设置好的文字样式。

(2)"字体"下拉列表框：指定多行文字的字体。

(3)"字高"下拉列表框：指定多行文字的字高。

(4)"堆叠"按钮：用于标注分数。工程图样中有时需要标注一些分数，这些分数不能从键盘上直接输入，AutoCAD 中提供了 3 种分数形式的输入方法。以分数 1/100 的输入为例介绍如下。

第一种：输入 1/100，输入后选中 1/100 并单击"堆叠"按钮，则显示为 $\frac{1}{100}$。

第二种：输入 1♯100，输入后选中 1♯100 并单击"堆叠"按钮，则显示为 $\frac{1}{100}$。

第三种：输入 1^100，输入后选中 1^100 并单击"堆叠"按钮，则显示为 $\frac{1}{100}$，这种形式，主要用于机械工程图样中极限偏差的标注。

(5)"符号"按钮：用于输入各种符号。单击"符号"按钮，显示符号列表，可以选择符号列表中的符号输入到多行文字，如图 5-7 所示。

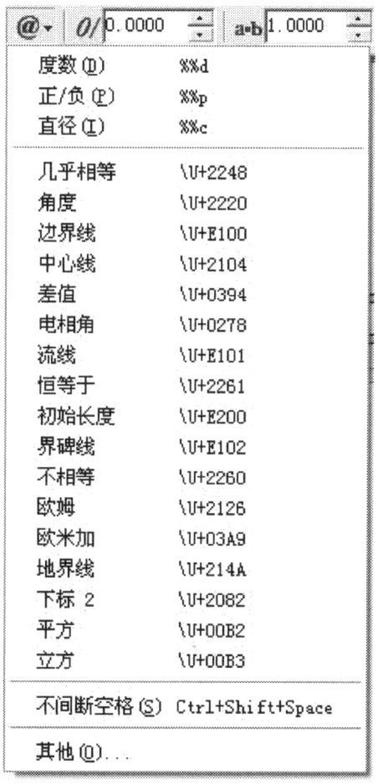

3．特殊字符的标注

图形当中除了标注文字、数字和字母外，有时还需要标注一些特殊符号，如直径符号、角度符号、正负号等，这些特殊字符一般不能从键盘直接输入。

多行文字标注时，可以使用"文字格式"对话框中的"符号"按钮，如图 5-7 所示，选择符号列表中的特殊符号即可。

单行文字标注时，AutoCAD 提供了一些控制码用来输入这些特殊符号，如表 5-1 所示。

度数(D)	%%d
正/负(P)	%%p
直径(I)	%%c
几乎相等	\U+2248
角度	\U+2220
边界线	\U+E100
中心线	\U+2104
差值	\U+0394
电相角	\U+0278
流线	\U+E101
恒等于	\U+2261
初始长度	\U+E200
界碑线	\U+E102
不相等	\U+2260
欧姆	\U+2126
欧米加	\U+03A9
地界线	\U+214A
下标 2	\U+2082
平方	\U+00B2
立方	\U+00B3
不间断空格(S)	Ctrl+Shift+Space
其他(O)...	

图 5-7　符号列表

表 5-1　AutoCAD 常用的控制码

控　制　码	说　　明	特殊符号示例
%%d	生成角度符号	0
%%c	生成直径符号	φ
%%%	生成百分比符号	%
%%p	生成正负符号	±
%%o	生成上画线	$\overline{123}$
%%u	生成下画线	$\underline{123}$

5.1.3　文字编辑

1. 编辑文字内容

只需要修改文字内容时,可使用下面两种方法。

第一种方法,调用编辑文字命令。

(1) 命令行:输入 DDEDIT,按空格键。

(2) 菜单栏:"修改"→"对象"→"文字"→"编辑…"。

执行命令后,光标变为拾取框,用拾取框单击需要修改的文字对象即可修改文字内容。

第二种方法,直接双击需要修改的文字对象,这种方法更为简便和常用。

2. 编辑文字特性

如果需要修改除文字内容之外的其他文字特性,如样式、文字高度等,可以使用 4.3 节中所讲的对象特性工具栏来修改文字特性。

例 5-1

例 5-1　在扇面上完成"风华正茂"的输入和编辑,如图 5-8 所示。

解　步骤如下:

(1) 单击菜单"格式"→"文字样式"。

(2) 在弹出如图 5-1 所示的对话框中,单击"新建"按钮,弹出如图 5-2 所示的对话框,输入"样式名"为"隶书"。

(3) 返回"文字样式"对话框,选择"隶书"文字样式并对它进行设置:"字体名"选择"华文隶书","字体样式"选择"常规","高度"设定为 8,"宽度因子"设为 1.2。

图 5-8　输入与编辑文字

(4) 单击"置为当前"→"关闭"。

(5) 在绘图区拉一个矩形框,在框中输入"风华正茂"4 个字,单击"确定"按钮。

(6) 复制 3 个"风华正茂",如图 5-9(a)所示。

(7) 自上而下分别双击"风""华""正""茂"进行编辑,每一行分别只留一个字"风""华""正""茂",如图 5-9(b)所示(因为文本不能分解,也不能整体进行弧形变形,只能一个一个地单独旋转)。

(8) 分别把"风""华""正""茂"4 个字移动到合适的位置,如图 5-9(c)所示(移动时不要开启"对象捕捉")。

(a) 输入文字　　　(b) 编辑文字　　　(c) 移动文字

图 5-9　输入与编辑文字步骤

(9) 分别以每个字的大概中点为旋转中心(旋转时不要开启"对象捕捉"),对每个字进行旋转,"风":60°、"华":30°、"正":−30°、"茂":−60°。完成全图,如图 5-8 所示。

尺寸标注

5.2 尺寸标注

尺寸是各种工程图样中的重要组成部分,使用 AutoCAD 绘制各种工程图样时,必须进行正确的尺寸标注。

5.2.1 创建尺寸标注样式

正确标注尺寸,就是要使标注的尺寸符合国家制图标准的规定,因此在对图样进行尺寸标注之前,要创建尺寸标注样式并对其进行设置。

1. 创建尺寸标注样式

使用 AutoCAD 中的"标注样式管理器"对话框,可以方便地创建尺寸标注样式并进行设置。"标注样式管理器"对话框可以通过以下 3 种方式调用。

（1）命令行：输入 D,按空格键。

（2）菜单栏："格式"→"标注样式…"。

（3）工具栏：单击样式工具栏的"标注样式"图标 ✍ 。

执行上述命令后,打开"标注样式管理器"对话框,如图 5-10 所示。

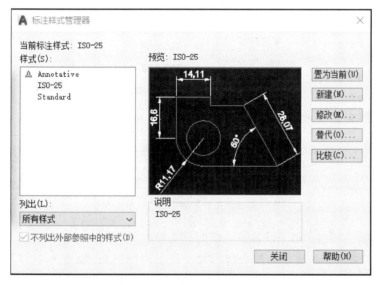

图 5-10 "标注样式管理器"对话框

下面以创建土建工程图样中使用的尺寸标注样式为例,说明创建尺寸标注样式的操作方法。

（1）打开"标注样式管理器"对话框,单击"新建"按钮,打开"创建新标注样式"对话框,如图 5-11 所示。在"新样式名"文本框中输入"建筑","基础样式"下拉列表框中选择 ISO-25,"用于"下拉列表框中选择"所有标注"。

（2）单击"继续"按钮,弹出"新标注样式：建筑"对话框,单击"线"标签,进入"线"选项卡设置"尺寸线"和"尺寸界线",如图 5-12 所示。

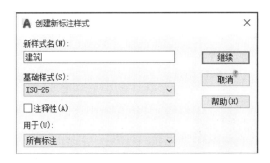

图 5-11 "创建新标注样式"对话框

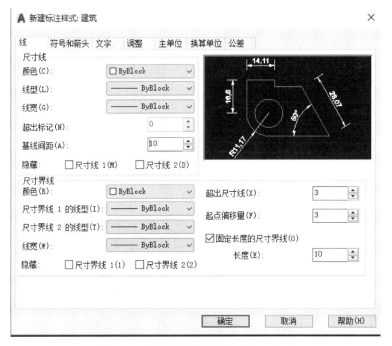

图 5-12 设置"尺寸线"和"尺寸界线"

① "尺寸线"选项组：用于设置尺寸线的有关参数。

"基线间距"微调框：用于设置平行的尺寸线之间的间距，设置为 10；其余"颜色""线型"等选项都为默认设置。

② "尺寸界线"选项组：设置尺寸界线的有关参数。

"超出尺寸线"微调框：用于设置尺寸界线超出尺寸线的距离，设置为 3；"起点偏移量"微调框：用于设置尺寸界线的实际起点相对于标注时指定的起点偏移的距离，设置为 3；"固定长度的尺寸界线"复选框：用于设置尺寸界线的长度值。选中"固定长度的尺寸界线"复选框，在"长度"微调框中设置尺寸界线的长度值为 10，这样设置标注出来的尺寸界线比较整齐，都是长 10mm；其余"颜色""线宽"等选项都为默认设置。

（3）单击"符号和箭头"标签，进入"符号和箭头"选项卡设置尺寸起止符号，如图 5-13 所示。

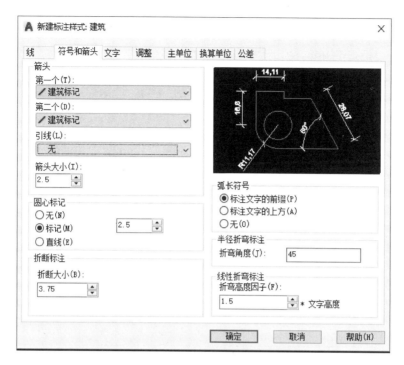

图 5-13　设置尺寸起止符号

① "箭头"选项组：设置尺寸起止符号的形式。"第一个"下拉列表框设置第一个尺寸起止符号的形式，选择"建筑标记"；"第二个"下拉列表框设置第二个尺寸起止符号的形式，自动变为"建筑标记"；"引线"下拉列表框设置使用引线标注时的尺寸起止符号的形式，选择"无"；"箭头大小"微调框设置尺寸起止符号大小，默认设置为 2.5。

② 其余选项都为默认设置。

（4）单击"文字"标签，进入"文字"选项卡设置尺寸数字，如图 5-14 所示。

① "文字外观"选项组：设置尺寸数字的文字样式、高度等。

"文字样式"下拉列表框：设置尺寸数字的文字样式，选择"数字和字母"；"文字高度"微调框：设置尺寸数字的高度，默认设置为 2.5；其余选项都为默认设置。

② "文字位置"选项组：设置尺寸数字的位置，各选项都为默认设置。

③ "文字对齐"选项组：设置尺寸数字的字头方向。默认选择是"与尺寸线对齐"单选按钮，即尺寸数字与尺寸线平行。

（5）"调整""主单位""换算单位""公差"选项卡，暂时都采用默认设置，即不需要设置（在"第 8 章 AutoCAD 应用实例"将介绍"调整""主单位"等相关内容）。设置完成后，单击"确定"按钮，返回"标注样式管理器"对话框。从预览框中可以看到，设置后的线性尺寸标注符合国家标准 GB/T 50001—2017《房屋建筑制图统一标准》的规定，而直径、半径和角度尺寸标注不符合国家标准规定，还需要继续设置。

（6）在"标注样式管理器"对话框中，单击"新建"按钮，弹出"创建新标注样式"对话框，如图 5-15 所示。"基础样式"下拉列表框中选择"建筑"。在"用于"下拉列表框中选择"直径标注"。

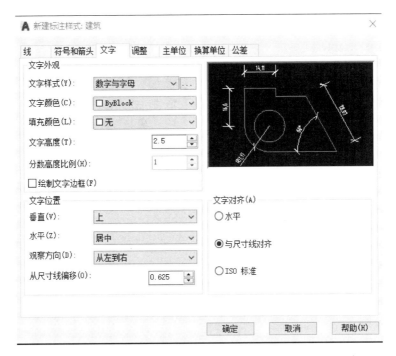

图 5-14 设置文字

　　(7) 单击"继续"按钮,打开"新标注样式:建筑:直径"对话框。与下述半径、角度等为同一种窗口形式,只是标题名称和各选项设置不同而已,这里为节省幅面不一一展示,请读者打开软件,对照文字操作即可。对于直径,只需要在"符号和箭头"选项卡中设置"箭头"选项组。

图 5-15 "创建新标注样式"对话框

　　"第一个"从下拉列表框中选择"实心闭合";"第二个"自动变为"实心闭合"。

　　(8) 单击"确定"按钮,返回"标注样式管理器"对话框。单击"新建"按钮,弹出"创建新标注样式"对话框,在"基础样式"下拉列表框中选择"建筑",在"用于"下拉列表框中选择"半径标注"(设置方法同直径标注,图略)。

　　(9) 单击"继续"按钮,打开"新标注样式:建筑:半径"对话框,单击"符号和箭头"标签,进入"符号和箭头"选项卡设置尺寸起止符号(设置方法同直径标注,图略)。

　　"箭头"选项组:"第二个"从下拉列表框中选择"实心闭合"("第一个"失效)。

　　(10) 单击"确定"按钮,返回"标注样式管理器"对话框。单击"新建"按钮,弹出"创建新标注样式"对话框,在"基础样式"下拉列表框中选择"建筑",在"用于"下拉列表框中选择"角度标注"。

　　(11) 单击"继续"按钮,弹出"新标注样式:建筑:角度"对话框,如图 5-16 所示。角度标注需要设置两个选项卡:先单击"符号和箭头"标签,进入"符号和箭头"选项卡设置尺寸起止符号,设置方法同直径标注(图略)。再单击"文字"标签,进入"文字"选项卡设置尺寸数字,如图 5-16 所示,"文字对齐"组选择"水平"单选按钮。在右上方的简图中可以看到尺寸(60°)的字头是向上的(因为国标规定:对于任何角度,字头一律向上)。

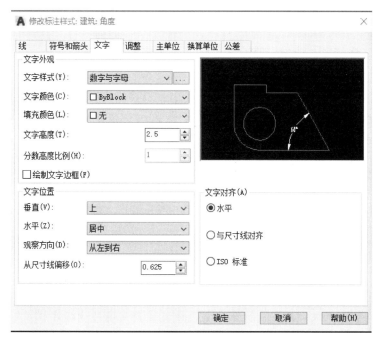

图 5-16 设置角度标注的文字方向

(12)设置完成,单击"确定"按钮,返回"标注样式管理器"对话框,在"样式"列表框中单击"建筑",从预览框中看到,所有标注设置都符合国家标准的规定,如图 5-17 所示。单击"关闭"按钮,设置完成。

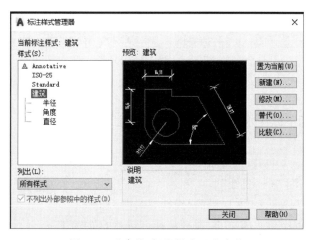

图 5-17 "建筑"标注样式置为当前

2. 尺寸标注样式置为当前

标注尺寸之前,应把"建筑"尺寸样式置为当前。把尺寸标注样式置为当前的方法有两种。

第一种：打开"标注样式管理器"对话框，在"样式"列表框中单击"建筑"尺寸标注样式，再单击"置为当前"按钮，就把该尺寸样式置为当前，如图5-17所示。

图5-18 "建筑"样式置为当前

第二种：在"样式"工具栏的"标注样式控制器"下拉列表框中单击"建筑"尺寸标注样式即可，如图5-18所示。这种方法操作比较简便。

3. 修改尺寸标注样式

尺寸标注样式可以在创建时进行设置，也可以在创建完成之后修改。方法如下：

单击"标注"→"标注样式"，在弹出的"标注样式管理器"对话框的"样式"列表中选择需要修改的尺寸标注样式，单击"修改"按钮，打开"修改标注样式"对话框，该对话框与"新建标注样式"对话框的设置方法完全相同，在该对话框中对选中的尺寸标注样式进行修改即可。

4. 删除尺寸标注样式

删除尺寸标注样式的方法如下：

打开"标注样式管理器"对话框，在"样式"列表中要删除的尺寸标注样式上右击，在弹出的快捷菜单中选择"删除"命令即可。

注意：置为当前的尺寸标注样式和当前图形正在使用的尺寸标注样式不能删除。

5.2.2 尺寸标注

设置好建筑尺寸标注样式并把它置为当前之后，可以在图样中进行尺寸标注。AutoCAD默认的工作界面上没有"标注"工具栏，调用工具栏的方法是：将鼠标移到任一工具栏，右击，弹出工具栏菜单，单击要调用的"标注"工具栏即可，"标注"工具栏如图5-19所示，可以任意调整这个工具栏的放置位置。

图5-19 "标注"工具栏

1. 线性标注

线性标注主要用于标注水平或垂直方向的尺寸。"线性"标注命令通过以下3种方式调用。

(1) 命令行：输入DIML，按空格键。

(2) 菜单栏："标注"→"线性"。

(3) 工具栏：选择"标注"工具栏的"线性"标注图标 ⊢ 。

标注图5-20中直线AB的尺寸，线性标注的操作过程如下。

单击"标注"工具栏的"线性"标注图标 ⊢ ，启动"线性"标注命令，命令行提示如下。

DIMLINEAR指定第一个尺寸界线原点或＜选择 　　　(捕捉图形的一个端点A)
对象＞：
DIMLINEAR指定第二个尺寸界线原点： 　　　(捕捉图形的另一个端点B)

DIMLINEAR 指定尺寸线位置或[多行文字(M)/文字(T)/角度(A)/水平(H)/垂直(V)/旋转(R)]：　（移动鼠标指定合适的尺寸线位置后单击，完成尺寸标注）

命令行中出现的各选项含义如下。

多行文字(M)：执行该选项，弹出多行文字编辑器，可以在此指定尺寸数字。

文字(T)：执行该选项，可以在命令行中直接输入尺寸数字。

角度(A)：执行该选项，可以指定尺寸数字的旋转角度。

水平(H)：执行该选项，始终标注两点之间的水平方向尺寸。

垂直(V)：执行该选项，始终标注两点之间的垂直方向尺寸。

旋转(R)：执行该选项，可以指定尺寸线的旋转角度。

2. 对齐标注

对齐标注用于标注倾斜方向的尺寸。"对齐"标注命令通过以下 3 种方式调用。

（1）命令行：输入 DIMA，按空格键。

（2）菜单栏："标注"→"对齐"。

（3）工具栏：选择"标注"工具栏的"对齐"标注图标 ↖。

标注图 5-20 中斜线 AD 的尺寸，对齐标注的操作过程如下。

单击"标注"工具栏的"对齐"标注图标 ↖，启动"对齐"标注命令，命令行提示如下。

DIMALIGNED 指定第一条延伸线原点或＜选择对象＞：　（捕捉斜线的一个端点 A）
DIMALIGNED 指定第二条延伸线原点：　（捕捉斜线的另一个端点 D）
DIMALIGNED 指定尺寸线位置或[多行文字(M)/文字(T)/角度(A)]：　（移动鼠标指定合适的尺寸线位置后单击，完成尺寸标注）

命令行中出现的各选项含义同"线性"标注。

3. 角度标注

"角度"标注命令通过以下 3 种方式调用。

（1）命令行：输入 DIMAN，按空格键。

（2）菜单栏："标注"→"角度"。

（3）工具栏：选择"标注"工具栏的"角度"标注图标 △。

标注图 5-20 中直线 AB 和 AD 的夹角，角度标注的操作过程如下。

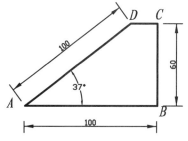

图 5-20　线性标注与对齐标注

单击"标注"工具栏的"角度"标注图标 △，启动"角度"标注命令，命令行提示如下。

DIMANGULAR 选择圆弧、圆、直线或＜指定顶点＞：　（选择直线 AB）
DIMANGULAR 选择第二条直线：　（选择直线 AD）
DIMANGULAR 指定标注弧线位置或[多行文字(M)/文字(T)/角度(A)/象限点(Q)]：　（移动鼠标指定合适的尺寸线位置后单击，完成尺寸标注）

命令行中出现的各选项含义同"线性"标注。

4. 半径标注

"半径"标注命令通过以下 3 种方式调用。

(1) 命令行：输入 DIMR,按空格键。

(2) 菜单栏："标注"→"半径"。

(3) 工具栏：选择"标注"工具栏的"半径"标注图标 ⊚ 。

半径标注的操作过程如下。

单击"标注"工具栏的"半径"标注图标 ⊚ ,启动"半径"标注命令,命令行提示如下。

DIMRADIUS 选择圆弧或圆：	(用鼠标选择要标注半径的圆弧)
标注文字＝…	(视圆弧半径的具体大小出现相应的数值)
DIMRADIUS 指定尺寸线位置或[多行文字(M)/文字(T)/角度(A)]：	(移动鼠标指定合适的尺寸线位置后单击,完成尺寸标注)

命令行中出现的各选项含义同"线性"标注。

5. 直径标注

"直径"标注命令通过以下 3 种方式调用。

(1) 命令行：输入 DIMD,按空格键。

(2) 菜单栏："标注"→"直径"。

(3) 工具栏：选择"标注"工具栏的"直径"标注图标 ⊘ 。

直径标注的操作过程和半径标注相似,此处不再详细介绍。

6. 基线标注

基线标注是标注尺寸时使用同一条尺寸界线作为基准线进行标注。使用基线标注之前,必须先进行线性、对齐或角度标注。"基线"标注命令通过以下 3 种方式调用。

(1) 命令行：输入 DIMB,按空格键。

(2) 菜单栏："标注"→"基线"。

(3) 工具栏：选择"标注"工具栏的"基线"标注图标 ⊨ 。

标注如图 5-21 所示的图形尺寸,先使用线性标注 AC 尺寸 10,再进行基线标注。基线标注的操作过程如下。

基线标注

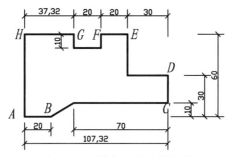

图 5-21　基线标注与连续标注

单击"标注"工具栏的"基线"标注图标 ⊨ ,启动"基线"标注命令,命令行提示如下。

DIMBASELINE 指定第二条延伸线原点或[放弃(U)/选择(S)]＜选择＞：	(捕捉点 D)
DIMBASELINE 标注文字＝30	(以 A 为基准线,标注 AD 的垂直尺寸)
DIMBASELINE 指定第二条延伸线原点或[放弃(U)/选择(S)]＜选择＞：	(捕捉点 E 的垂直尺寸)
DIMBASELINE 标注文字＝60	(以 A 为基准线,标注 AE 的垂直尺寸)

7. 连续标注

连续标注是标注一系列首尾相连的连续尺寸。使用连续标注之前,必须先进行线性、对齐或角度标注。"连续"标注命令通过以下3种方式调用。

(1) 命令行：输入DIMC,按空格键。

(2) 菜单栏："标注"→"连续"。

(3) 工具栏：选择"标注"工具栏的"连续"标注图标 ⊢⊢。

标注如图5-21所示的图形尺寸,先使用线性标注DE的水平尺寸30,再进行连续标注。连续标注的操作过程如下。

单击"标注"工具栏的"连续"标注图标 ⊢⊢,启动"连续"标注命令,命令行提示如下。

DIMCONTINUE 指定第二条延伸线原点或[放弃(U)/选择(S)]	(捕捉点 F)
＜选择＞:	
DIMCONTINUE 标注文字＝20	(标注 EF)
DIMCONTINUE 指定第二条延伸线原点或[放弃(U)/选择(S)]	(捕捉点 G)
＜选择＞:	
DIMCONTINUE 标注文字＝20	(标注 FG)
DIMCONTINUE 指定第二条延伸线原点或[放弃(U)/选择(S)]	(捕捉点 H)
＜选择＞:	
DIMCONTINUE 标注文字＝37.32	(标注 GH)

例 5-2　试对如图5-22(a)所示图形进行标注。

解　标注的步骤如下：

(1) 启动"标注样式管理器",将"建筑"标注样式置为当前。

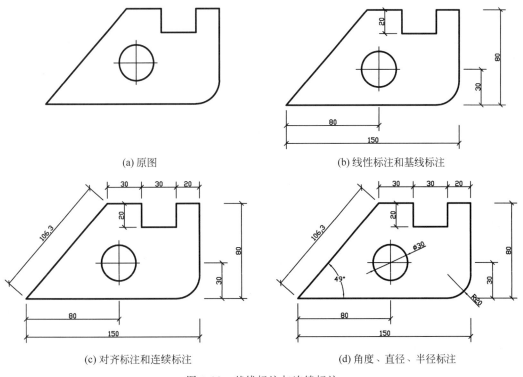

(a) 原图　　(b) 线性标注和基线标注

(c) 对齐标注和连续标注　　(d) 角度、直径、半径标注

图 5-22　基线标注与连续标注

（2）打开"标注"工具栏。

（3）执行"线性"标注和"基线"标注命令，如图 5-22(b)所示。

（4）执行"对齐"标注和"连续"标注命令，如图 5-22(c)所示。

（5）标注角度、直径和半径，完成全图，如图 5-22(d)所示。

5.2.3　尺寸标注的编辑

对已经标注好的尺寸进行编辑，包括修改尺寸数字、编辑尺寸数字的位置等。

1. 使用修改尺寸样式编辑尺寸标注

当需要批量修改某一类型尺寸时，可以选择修改尺寸标注样式的方法进行修改。例如，使用建筑标注的尺寸，如果需要修改所有标注尺寸的数字大小和位置等，可以通过"标注样式管理器"对话框中的"修改"按钮来进行，修改方法前面已经讲过。

2. 使用标注编辑命令修改尺寸标注

标注的编辑命令有两个：一个是编辑标注，一个是编辑标注文字。

1）编辑标注

"编辑标注"命令可以修改尺寸数字和尺寸界线。其命令通过以下两种方式调用。

（1）命令行：输入 DIME，按空格键。

（2）工具栏：选择"标注"工具栏的"编辑标注"图标 ⊭ 。

如将图 5-23(a)中的尺寸数字前面加上直径符号，编辑标注的操作过程如下。

单击"标注"工具栏的"编辑标注"图标 ⊭ ，启动编辑标注命令，命令行提示如下。

DIMEDIT 输入标注编辑类型[默认(H)/新建(N)/旋转(R)/倾斜(O)]<默认>：输入 N	（选择新建选项，绘图区弹出多行文字编辑器，<>表示系统自动测量的尺寸数值，在<>前输入"％％c"，然后单击"确定"按钮）
DIMEDIT 选择对象：找到 1 个	（在绘图区选择要加直径符号的尺寸，如水平尺寸 20）
DIMEDIT 选择对象：找到 1 个，总计 2 个	（继续选择铅直尺寸 30）2
DIMEDIT 选择对象：	（按空格键或 Enter 键结束命令，尺寸数字编辑效果如图 5-23(b)所示）

也可以先选择某个尺寸，然后单击图标 ⊭ ，选择"新建"选项，在弹出的窗口中光标拖过显示的原数值（以 0 显示）并输入新的尺寸，就可以改变尺寸的大小。请读者自己尝试。

选择命令行提示中的相应选项，即可修改不同的尺寸标注：

选择"旋转"选项，则将尺寸数字旋转指定的角度，如图 5-23(c)所示下方的 18 字头方向旋转了 30°。

图 5-23(c)所示的斜线是用"对齐"方式标注的，其尺寸界线与轮廓线垂直，对于轴测图而言就显得生硬、不协调，可以选择"倾斜"选项，则将尺寸界线旋转指定的角度，如图 5-23(d)所示是将图 5-23(c)的上、下两个尺寸界线分别倾斜 30°和 −30°的结果。

选择默认选项，则将被旋转或移动过的尺寸数字恢复到尺寸标注样式中设置的默认位置和方向。

2）编辑标注文字

"编辑标注文字"命令可以修改尺寸数字的位置。其命令通过以下两种方式调用。

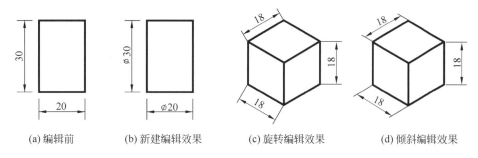

(a) 编辑前　　　　(b) 新建编辑效果　　　(c) 旋转编辑效果　　　(d) 倾斜编辑效果

图 5-23　"编辑标注"命令

（1）命令行：输入 DIMT，按空格键。

（2）工具栏：选择"标注"工具栏的"编辑标注文字"图标 。

编辑标注文字的操作过程如下。

单击"编辑标注文字"图标 ，启动"编辑标注文字"命令，命令行提示如下。

DIMTRDIT 选择标注：	（选择需要修改的尺寸标注）
DIMTRDIT 为标注文字指定新位置或[左对齐(L)/右对齐(R)/居中(C)/默认(H)/角度(A)]：	（选择命令行中的 6 个相应的选项，即可修改尺寸数字的位置）

5.3　表格

利用"表格"功能，可以快速建立标题栏及建筑图上的门窗表和机械图上的材料表等。

5.3.1　定义表格样式

和文字样式一样，所有 AutoCAD 图形中的表格也都有对应的表格样式。有 3 种方法启动"表格"功能。

（1）命令行：输入 TABLE，按空格键。

（2）单击"绘图"菜单→"表格"。

（3）单击"绘图"工具栏的"表格"图标 。

执行上述命令后，系统会弹出如图 5-24 所示"插入表格"对话框。在对话框的"预览"区显示了默认的表格样式，如果这个样式合适，就可以根据需要在右侧的"列和行设置"组分别设置"列数"与相应的"列宽"、"数据行数"与相应的"行高"以及"设置单元样式"等参数和选项。

一般来说，不同的专业甚至不同的设计单位都有不同的格式和习惯，因此往往需要创建具有各自特色的表格样式，那么就要对默认的表格进行编辑。启动"表格编辑器"的方法有两种。

（1）在启动图 5-24 的基础上单击"表格样式"图标 。

（2）单击"样式"工具栏的"表格样式"图标 。

执行上述操作后，会弹出如图 5-25 所示的"表格样式"对话框，如要创建新的表格样式，那么就单击"新建"按钮，弹出如图 5-26 所示的"创建新的表格样式"对话框，在"新样式名"的数据框内输入新表格的名称，如"标题栏"，"基础样式"根据需要选择合适的样式，单击"继

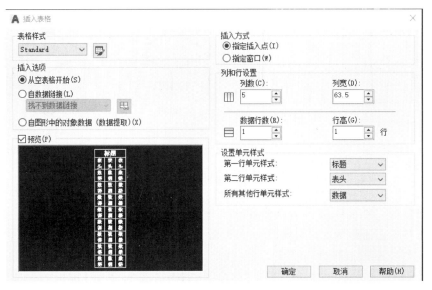

图 5-24 "插入表格"对话框

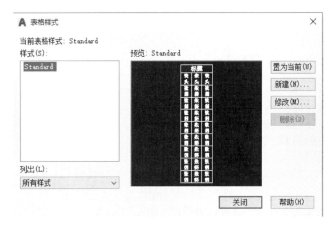

图 5-25 "表格样式"对话框

续"按钮,系统会弹出如图 5-27 所示"新建表格样式:标题栏"的对话框,左边部分可以按默认设置,在右边部分的"单元样式"选项框中选择"数据";"常规"选项也可按默认设置,"文字"选项可根据需要事前设置"文字样式",这里默认设置样式 Standard,如果不合适,就单击其右侧的"…"按钮,弹出图 5-28 的"文字样式"对话框,对其中的"字体名""字体样式""高度"

图 5-26 "创建新的表格样式"对话框

等选项进行重新设置。甚至可以新建文字样式,参见文字部分内容,此处不再赘述。

单击"置为当前"→"关闭",返回到图 5-29 的"插入表格"对话框,在"表格样式"栏中显示的就是"标题栏",对相关选项设置如下。

(1)"插入选项"和"插入方式"按默认设置。

(2)"列和行设置"如图 5-29 所示,其中"列数"按需要设置,"列宽"单位是 mm,"数据行

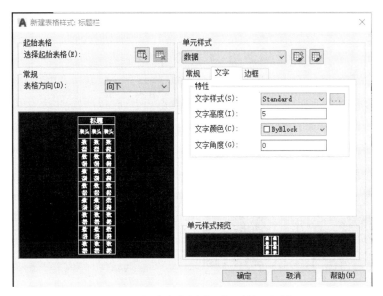

图 5-27　"新建表格样式：标题栏"对话框

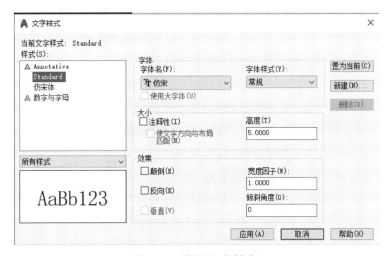

图 5-28　设置"文字样式"

数"也根据实际需要设置，"行高"单位是 cm，并且只能是整数。

（3）"设置单元样式"中的 3 个选项全部选择"数据"。

（4）设置完成，单击"确定"按钮。

5.3.2　创建表格

返回到绘图区，单击插入点，系统自动退出表格和文字输入窗口，暂时不输入文字，直接单击"确定"按钮，会生成图 5-30 的表格。

如图 5-30 所示表格并不是所需要的格式，必须进行调整：交叉窗口选择表格左上方的 2 行 5 列共 10 个单元，右击，弹出图 5-31 所示的快捷菜单，在该菜单中选择"合并"→"全部"，结果改变为图 5-32 的样式。同样方法叉选右下角的 2 行 4 列进行合并，生成图 5-33 所示的表格。

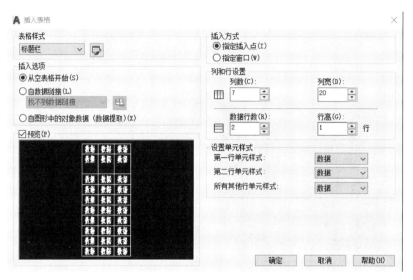

图 5-29 "插入表格"对话框

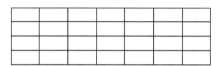

图 5-30 生成的表格

图 5-31 右键快捷菜单

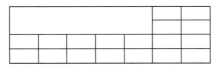

图 5-32　合并单元格

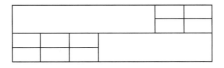

图 5-33　完成表格绘制

5.3.3 表格文字编辑

在表格中输入与编辑文字有 3 种方法。

(1) 命令行：输入 TAB,按空格键。

(2) 在图 5-31 所示的快捷菜单中选择"编辑文字"。

(3) 在表格单元内双击。

执行上述命令后,系统弹出图 5-34 所示的多行文字编辑器,在各个单元内输入相应的文字,完成标题栏的全部绘制,如图 5-35 所示。

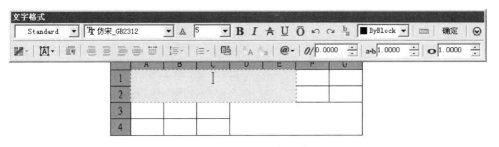

图 5-34　输入与编辑文字

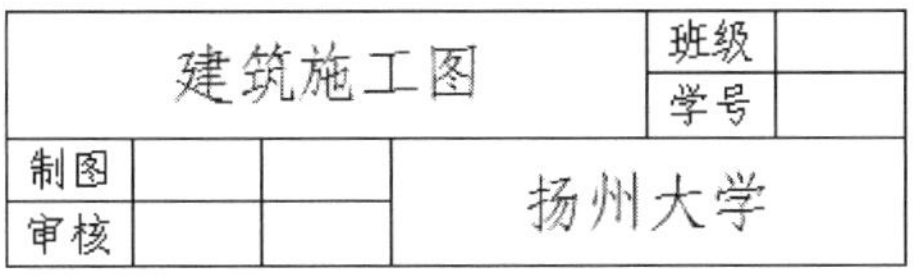

图 5-35　完成标题栏绘制

习题 5

在 A3 图幅上完成下页图(包括图框、标题栏和尺寸标注)的绘制。标题栏按尺寸大小绘制后,紧贴于图框的右下角,不注尺寸。

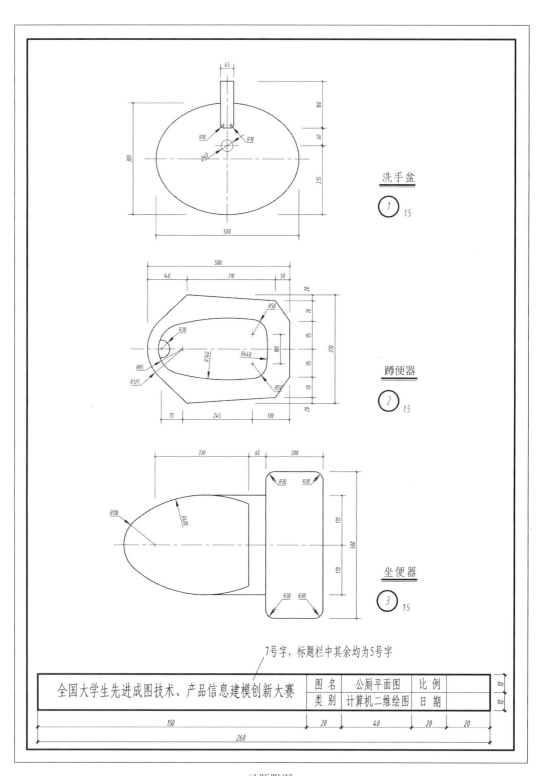

习题附图

第6章

图块与属性

在设计绘图过程中，经常会遇到一些重复出现的图形，如定位轴线圆、指北针、标高符号、建筑图例符号等，可以将这些常用的图形创建为图块，使用时直接插入图块即可，这样可以加快绘图速度。

6.1 图块操作

6.1.1 创建图块

将一个或多个图形对象组合并命名，形成新的单个对象就是图块。图块分为内部图块和外部图块。下面分别讲述创建内部图块和外部图块的操作方法。

1. 创建内部图块

内部图块保存在某个图形文件内部，只能在该文件中使用，不能在其他图形文件中使用。创建内部图块的命令通过以下 3 种方式调用。

（1）命令行：输入 B，按空格键。

（2）菜单栏："绘图"→"块"→"创建"。

（3）工具栏：选择"绘图"工具栏的"创建块"图标 ⊡ 。

执行"创建块"命令后，打开"块定义"对话框，如图 6-1 所示，下面以创建标高图块为例，介绍创建内部图块的操作过程。

（1）绘制如图 6-2 所示的标高。

（2）调用创建内部图块命令，打开"块定义"对话框，在该对话框中进行以下设置，如图 6-1 所示。

① "名称"文本框：指定块的名称为"标高"。

② "基点"选项组：设置块插入时的基点，单击"拾取点"按钮返回绘图区，在绘图区选择标高符号最下面的点。

③ "对象"选项组：选择需要定义为图块的对象，单击"选择对象"按钮返回绘图区，在绘图区选择已绘制的标高。选择"转换为块"选项框，创建图块后绘图区中选择的标高转换为图块对象（默认设置为"保留"原图形，选择"转换为块"可以减小文件量）。

④ "方式"选项组：设置定义块的方式。选择"允许分解"复选框，插入图块后，可以将

图 6-1 "块定义"对话框

图块对象分解。

⑤"块单位"下拉列表框：设置图块插入图形时的单位，选择"毫米"。

图 6-2 标高符号

（3）单击"确定"按钮完成内部块的创建。

2. 创建外部图块

外部图块以图形文件(.dwg)的形式保存，可以在任意图形文件中使用。

创建外部图块命令的调用方式如下。

命令行：输入 W，按空格键。命令执行后，打开"写块"对话框，如图 6-3 所示，继续以创建图 6-2 中的标高图块为例，介绍创建外部图块的操作过程。

（1）在打开的"写块"对话框中设置。"源"选项组：选择需要定义为外部图块的对象。

"块"单选按钮：选择内部图块重新定义为外部图块，从下拉列表框中选择内部图块"标高"。

"整个图形"单选按钮：将当前图形中的所有对象定义为外部图块。

"对象"单选按钮：在当前图形中选择图形对象定义为外部图块，操作步骤同创建内部图块。

（2）"目标"选项组：设置外部图块的存放位置和名称。在"文件名和路径"中指定外部图块保存的文件名和路径。"插入单位"设置为"毫米"。

（3）单击"确定"按钮完成外部块的创建。

图 6-3 "写块"对话框

6.1.2　插入图块

创建图块后,在绘图过程中可以根据需要随时将创建的图块插入图形文件中。

插入图块的命令通过以下 3 种方式调用。

(1) 命令行:输入 I,按空格键。

(2) 菜单栏:"插入"→"块"。

(3) 工具栏:选择"绘图"工具栏的"插入块"图标 ⊡ 。

执行上述命令后,打开"插入"对话框,如图 6-4 所示,该对话框中各选项功能如下。

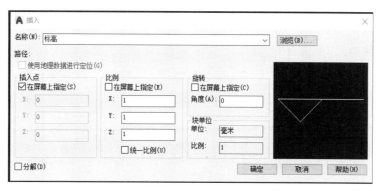

图 6-4　"插入"对话框

"名称"下拉列表框:选择要插入的内部或外部图块的名称。在下拉列表框中选择内部图块;单击"浏览"按钮,选择已经创建的外部图块(查找路径和文件名)。

"插入点"选项组:设置图块的插入点。选中"在屏幕上指定"复选框,则插入图块时命令行提示会提示:在绘图区指定图块插入点的位置,也可以选择输入插入点的坐标。

"比例"选项组:设置图块的插入比例。可以在 X、Y、Z 文本框中指定插入比例;或选择"统一比例"复选框,将图块进行等比例缩放;选中"在屏幕上指定"复选框,插入图块时,在命令行提示下指定插入图块的比例。

"旋转"选项组:设置插入图块的旋转角度。可以在"角度"文本框中指定插入图块的旋转角度;选中"在屏幕上指定"复选框,插入图块时,在命令行提示下指定插入图块的旋转角度。

6.1.3　编辑图块

插入的图块是一个整体对象,如果需要对组成图块的各个组成对象进行编辑,必须先将图块分解为各个组成对象,然后再用编辑命令进行编辑修改。

插入标高图块后,要将标高数字±0.000 修改为 3.000,操作过程如下:调用"分解"命令,然后选择要分解的标高图块;分解后,数字±0.000 是一个文本对象,使用文字编辑命令把±0.000 修改为 3.000 即可。

6.2　属性操作

6.2.1　创建带属性的图块

图块属性是与图块相关联的文字信息,它依赖于图块存在,用于表达图块的文字信息,如在建筑图中经常绘制的标高、定位轴线等符号,这些图形符号带有数值,而数值又经常需要改变,可以将这些数值定义为图块的属性,这样在插入图块时可以更改这些数值。

创建带属性的图块通过以下两种方式调用。

(1) 命令行:输入 ATT,按空格键。

(2) 菜单栏:"绘图"→"块"→"定义属性"。

执行上述命令后,系统打开"属性定义"对话框,如图 6-5 所示。

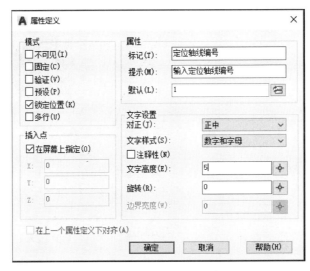

图 6-5　"属性定义"对话框

下面以创建带属性的定位轴线图块为例,介绍创建带属性的图块的操作过程。

(1) 绘制一个定位轴线圆,直径为 8mm,如图 6-6(a)所示。

(2) 调用定义属性命令,打开"属性定义"对话框。

(3) 在"属性定义"对话框中进行设置,如图 6-5 所示。

① "属性"选项组:设置图块的属性。

"标记"文本框:输入"定位轴线编号";

"提示"文本框:输入"定位轴线编号";

"默认"文本框:输入 1。

② "文字设置"选项组:设置属性文字。

"对正"下拉列表框:选择"左中"选项(该选项的意思是插入点在文字的方位);

"文字样式"下拉列表框:选择"数字和字母";

"文字高度"文本框:输入 5。

③ "插入点"选项组:选择"在屏幕上指定"复选框。

④ 单击"确定"按钮返回绘图区,选择定位轴线圆的圆心作为属性的插入点,如图 6-6(a)所示,完成之后如图 6-6(b)所示。

定位轴线编号 　　　定位轴线编号 　　　

(a) 选择插入点 　　　　(b) 设置属性的效果 　　　　(c) 带属性的图块

图 6-6 定义属性块

(5) 执行创建图块命令,打开"块定义"对话框。

"名称"文本框:输入定位轴线;

"基点"选项组:选择定位轴线圆的圆心作为图块的插入点;

"对象"选项组:选择圆和属性文字作为图块对象。

(6) 单击"确定"按钮,打开"编辑属性"对话框,单击"确定"按钮,完成带属性的定位轴线图块的创建,如图 6-6(c)所示。

6.2.2 插入带属性的图块

插入带属性的图块操作过程和插入图块的操作过程基本相同。插入图块时指定插入点即可;插入带属性的图块时在指定插入点之后,还要指定属性值即输入定位轴线的编号,例如,输入 2,则定位轴线圆里面的数字显示是 2(即默认值 1 变成了 2)。

6.2.3 编辑带属性的图块

在图形文件中插入带属性的图块之后,还可以对属性进行编辑。编辑属性命令通过以下两种方式调用。

(1) 命令行:输入 EA,按空格键。

(2) 菜单栏:"修改"→"对象"→"属性"→"单个"。

执行上述编辑属性命令后命令行提示:EATTEDIT 选择块:选择要编辑属性的图块,打开"增强属性编辑器"对话框,如图 6-7 所示,在其中即可对图块的属性进行更改。

选择"属性"选项卡,可以修改属性值,如图 6-7(a)所示;

选择"文字选项"选项卡,如图 6-7(b)所示,可以修改属性值的文字样式、高度、对正方式等;

选择"特性"选项卡,可以修改图层、线型等特性。

例 6-1 试制作如图 6-8 所示的熊猫卡通图案。

解 这是例 2-4 经过变形处理的图形,方法如下:

(1) 打开图 2-11 所示熊猫图案(读者可按例 2-4 所介绍的步骤自己绘制)。

(2) 启动"创建块"命令,输入"熊猫"作为块的名称,拾取大圆的中心点为插入点,选择对象为整个图像。

(3) 启动"插入块"命令,勾选"插入点""比例""旋转角度"3 个选项,然后分别插入 3 次。其中图 6-8(a):x 方向比例=1,y 方向比例=0.5,旋转角度=0°;图 6-8(b):x 方向比例=0.5,y 方向比例=1,旋转角度=0°;图 6-8(c):x 方向比例=1,y 方向比例=1,旋转角度=45°。

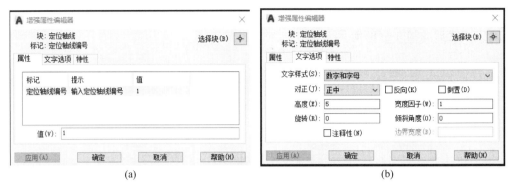

图 6-7 "增强属性编辑器"对话框

(a) 改变 y 方向比例　　　(b) 改变 x 方向比例　　　(c) 旋转角度

图 6-8 熊猫卡通图案

习题 6

试完成下图所示建筑立面图的绘制,其中定位轴线编号和标高符号用定义属性块的方法制作。

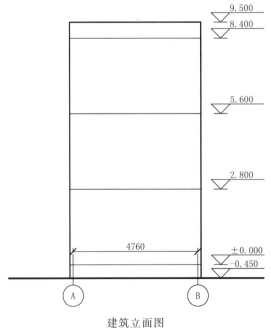

建筑立面图

第7章

复杂对象的绘制与应用

7.1 多段线

7.1.1 绘制多段线

多段线是由宽度相同或不同的直线或圆弧等多条线段组合而成的特殊线段,这些线段所组成的多段线是一个整体对象,具有以下特点。

(1) 能够设定多段线中线段及圆弧的宽度。

(2) 可以利用有宽度的多段线形成实心圆、圆环或者带锥度的粗线等。

(3) 可以在指定的线段交点处或对整个多段线进行倒圆角、倒斜角处理。

多段线命令通过以下 3 种方式调用。

(1) 命令行:输入 PL,按空格键。

(2) 菜单栏:"绘图"→"多段线"。

(3) 工具栏:单击"绘图"工具栏的"多段线"图标 。

现以绘制图 7-1 多段线为例,介绍"多段线"命令的操作过程。

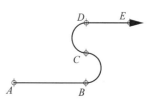

图 7-1　绘制多段线

启动"多段线"绘图命令后,命令行提示如下。

命令行: pline

(1) PLINE 指定起点:　　　　　　　　　　　　　　　　　　(输入点 A)

　　当前线宽为 0.0000　　　　　　　　　　　　　　　　　(实际按图层设置线宽执行)

(2) PLINE 指定下一个点或[圆弧(A)/半宽(H)/长度(L)/放弃　(先打开"正交模式",光标
　　(U)/宽度(W)]: 50　　　　　　　　　　　　　　　　　向右拉水平线,输入 50,确
　　　　　　　　　　　　　　　　　　　　　　　　　　　　定点 B)

(3) LINE 指定下一点或[圆弧(A)/闭合(C)/半宽(H)/长度(L)/放　(选择"圆弧"选项)
　　弃(U)/宽度(W)]: A

(4) PLINE[角度(A)/圆心(CE)/闭合(CL)/方向(D)/半宽(H)/直　(选择"角度"选项)
　　线(L)/半径(R)/第二个点(S)/放弃(U)/宽度(W)]: A

(5) PLINE 指定包含角: 180　　　　　　　　　　　　　　　(输入包含角度)

(6) PLINE 指定圆弧的端点[圆心(CE)/半径(R)]: R　　　　　(选择"半径"选项)

(7) PLINE 指定圆弧的半径: 10　　　　　　　　　　　　　　(输入半径)

(8) PLINE 指定圆弧的弦方向<0>: 光标沿铅直方向向上单击　(确定 C 点)

(9)～(13) 重复(4)～(8),其中角度输入−180　　　　　　　(确定 D 点)

(14) PLINE[角度(A)/圆心(CE)/闭合(CL)/方向(D)/半宽(H)/直   (选择"直线"选项)
线(L)/半径(R)/第二个点(S)/放弃(U)/宽度(W)]：L

(15) PLINE 指定下一点或[圆弧(A)/闭合(C)/半宽(H)/长度(L)/   (输入水平线段长 30,确定
放弃(U)/宽度(W)]：30   E 点)

(16) PLINE 指定下一点或[圆弧(A)/闭合(C)/半宽(H)/长度(L)/   (选择"线宽"选项)
放弃(U)/宽度(W)]：W

(17) PLINE 指定起点宽度＜0.000＞：5   (输入起点宽5)

(18) PLINE 指定端点宽度＜5.000＞：0   (输入端点宽 0)

(19) PLINE 指定下一点或[圆弧(A)/闭合(C)/半宽(H)/长度(L)/   (选择"长度"选项)
放弃(U)/宽度(W)]：L

(20) PLINE 指定直线的长度：8   (确定箭头的长度)

(21) 按空格键或者 Enter 键结束命令

7.1.2 多段线的编辑与应用

通过编辑多段线,可以把多个独立的非多段线对象合并成整体对象,从而提高作图效率。

例 7-1 作如图 7-2(a)所示的围墙,并计算其内部面积。

分析 该图形由规则的矩形和半圆构成,因此可以先用"矩形""圆""分解""修剪"等命令绘制与编辑该图形,然后再通过执行"编辑多段线""偏移""查询"等命令完成题目的要求。具体步骤如下。

例 7-1

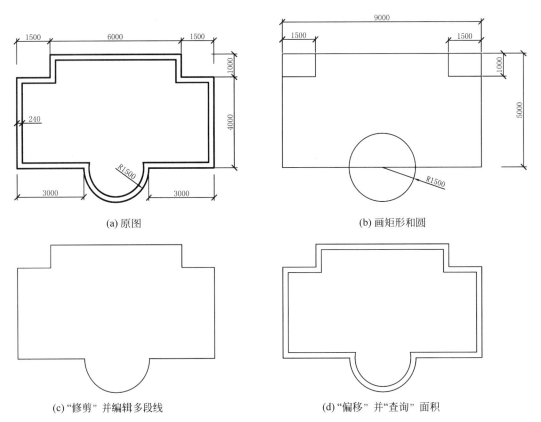

(a) 原图   (b) 画矩形和圆

(c) "修剪"并编辑多段线   (d) "偏移"并"查询"面积

图 7-2 多段线的编辑与应用

（1）画 3 个矩形：9000×5000，1500×1000，1500×1000 和 1 个圆：$R = 1500$，如图 7-2(b) 所示。

（2）分解与修剪多余线段，并把图 7-2(c) 所示图形转换为多段线：

单击菜单"修改"→"对象"→"多段线"，启动"编辑多段线"命令。

```
命令行：_pedit
PEDIT 选择多段线或[多条(M)]：                    (任意单击一条线)
命令行提示：选定的对象不是多段线
PEDIT 是否将其转换为多段线?<Y>                   (按空格键默认)
PEDIT 输入选项[闭合(C)/合并(J)/宽度(W)/编辑顶点(E)/    (选择"合并"选项)
拟合(F)/样条曲线(S)/非曲线化(D)/线型生成(L)/反转(R)/
放弃(U)]：J
PEDIT 选择对象：                                 (叉选所有对象)
PEDIT 输入选项[闭合(C)/合并(J)/宽度(W)/编辑顶点(E)/    (按空格键结束操作)
拟合(F)/样条曲线(S)/非曲线化(D)/线型生成(L)/反转(R)/
放弃(U)]：
```

（3）启动"偏移"命令，输入距离 240，完成图形绘制，如图 7-2(d) 所示。

（4）单击"工具"→"查询"→"面积"，启动面积查询工具。

```
命令行：MEASUREGEOM
MEASUREGEOM 输入选项[距离(D)/半径(R)/角度(A)/面
积(AR)/体积(V)]<距离>：AR
MEASUREGEOM 指定第一角点或[对象(O)/增加面积(A)/     (选择"对象"选项)
减少面积(S)/退出(X)]<对象(O)>：O
MEASUREGEOM 选择对象：                           (点选内轮廓线)
命令行显示：区域=38605319mm²,周长=280.4749mm
MEASUREGEOM 输入选项[距离(D)/半径(R)/角度(A)/面     (按空格键结束操作)
积(AR)/体积(V)/退出(X)]<面积>：
```

注意：对于由多个单独线段（直线和曲线）围成的平面图形，直接查询其面积非常麻烦，传统的方法是将其转换为多段线，然后只要像圆、矩形、正多边形等整体对象一样，单击该对象的轮廓线即可。一个更加简便的方法是对该闭合图形填充图案，然后采用查询该图案对象的面积的方法，可以得到同样的结果。

7.2　多线的绘制与编辑

多线是一组由多条平行线组合而成的组合图形对象。多线是 AutoCAD 中设置项目最多、应用最复杂的图形对象之一。多线主要用于绘制土建工程图中的墙线等平行线对象。

7.2.1　设置多线样式

单击菜单栏中的"格式"→"多线样式"，打开"多线样式"对话框，如图 7-3 所示，可以对多线样式进行设置。

下面以设置土建工程图中绘制墙线用的名为"墙"的多线样式为例，介绍"多线样式"

图 7-3　"多线样式"对话框

设置过程。

（1）打开"多线样式"对话框，如图 7-3 所示，单击"新建"按钮。

（2）打开"创建新的多线样式"对话框，如图 7-4 所示，在"新样式名"文本框中输入"墙"，然后单击"继续"按钮。

图 7-4　"创建新的多线样式"对话框

（3）打开"新建多线样式：墙"对话框，如图 7-5 所示，设置如下。

"封口"选项组："起点"和"端点"一般以"直线"封口。

"填充"选项组："填充颜色"设置为"无"。

"图元"选项组：设置平行线的间距、数目和线型。两条平行直线"偏移"默认设置分别为 0.5、−0.5，其余"颜色""线型"都是默认选项。

设置完成后，单击"确定"按钮，返回"多线样式"对话框。

（4）在"多线样式"对话框中，在"样式"列表框中选择"墙"，单击"置为当前"按钮，将"墙"设置为当前多线样式，如图 7-6 所示，单击"确定"按钮完成设置。

此时，"多线样式"对话框中的选项含义如下。

"修改"按钮：单击该按钮，可以修改选择的多线样式。

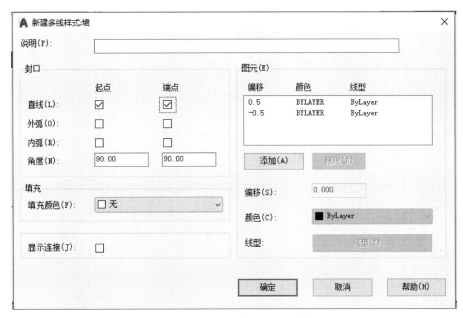

图 7-5　"新建多线样式：墙"对话框

图 7-6　"多线样式"对话框

"重命名"按钮：单击该按钮，可以给选择的多线样式重新命名。

"删除"按钮：单击该按钮，可以删除选择的多线样式（如果有已经用该样式绘制的对象，则不能删除）。

7.2.2　绘制多线

设置完成多线样式并将其置为当前之后,可以绘制该样式的多线。"多线"命令通过以下两种方式调用。

(1) 命令行:输入 ML,按空格键。

(2) 菜单栏:"绘图"→"多线"。

以绘制图 7-7 所示墙线为例,介绍绘制多线的操作过程。

(1) 把轴线图层置为当前,绘制定位轴线,如图 7-7(a)所示。

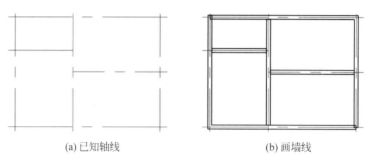

(a) 已知轴线　　　　　　　　　　(b) 画墙线

图 7-7　画建筑平面图的墙线

(2) 把粗实线图层置为当前,启动"多线"命令绘制墙线,命令行提示如下。

命令行: _mline
MLINE 当前设置:对正＝上,比例＝ 20.00,样式＝墙
MLINE 指定起点或[对正(J)/比例(S)/样式(ST)]: J　　　(选择"对正"选项)
MLINE 输入对正类型[上(T)/无(Z)/下(B)]＜上＞: Z　　　(选择"无",即绘制多线时,多线的中心线随光标移动;如选择"上",则多线最上端的线随光标移动;如选择"下",则多线最下端的线随光标移动)
MLINE 指定起点或[对正(J)/比例(S)/样式(ST)]: S　　　(选择"比例"选项)
MLINE 输入多线比例＜20.00＞: 240　　　(输入 240,即绘制厚度 240 的墙)
MLINE 指定起点或[对正(J)/比例(S)/样式(ST)]:　　　(打开"对象捕捉",任意确定一墙角交点为起点)
MLINE 指定下一点:　　　(捕捉各墙线交点,为了便于修改墙线,每条多线最多只能拐弯一次)

重复多次"多线"命令,每画完一条墙线,连续按两次空格键,就继续画下一条墙线,直至最后一次按空格键结束,完成如图 7-7(b)所示的图样。

很显然,这是一个非常不规范的图样,两个墙相交处不符合标准规定,必须进行编辑修改。

7.2.3　多线编辑

启动多线编辑命令的方法如下。

(1) 单击菜单"修改"→"对象"→"多线"。

(2) 双击图形上的多线(墙线),该方法简单快捷,推荐使用。

执行上述命令后,弹出如图 7-8 所示的"多线编辑工具"对话框,在该对话框中,根据需要选择合适的多线编辑工具,对各个相交的墙线做相应的处理,同一种样式可以连续操作。

处理结果如图7-9(a)所示,最后再插入门,如图7-9(b)所示。

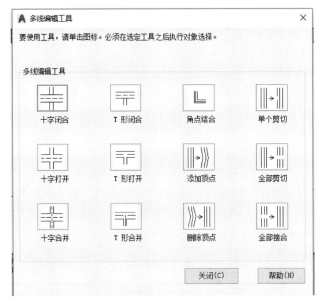

图7-8 "多线编辑工具"对话框

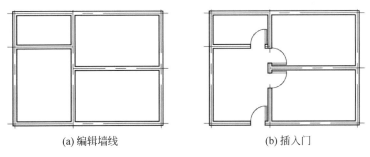

(a) 编辑墙线　　　　　　　　　　　　　(b) 插入门

图7-9 编辑墙线

注意:对于T形相交的墙线,处理时必须先选择T形竖墙线,然后选择横墙线。

图7-9只插入了门,请读者自己插入窗,建议窗也用"多线"画,窗的样式是4条平行线,对于240的墙,其4条平行线的间距设为80,具体在"多线"中偏移的间距可以分别是:1.2、0.4、-0.4、-1.2。绘制多线的比例S为100,图层为细线。其他设置同墙线。

7.3 样条曲线的绘制与编辑

7.3.1 样条曲线

样条曲线是通过一组给定点拟合的光滑曲线。使用该命令可以绘制不规则曲线,如土木工程图样中的等高线。

"样条曲线"命令通过以下3种方式调用。

(1) 命令行:输入SPL,按空格键。

（2）菜单栏："绘图"→"样条曲线"。

（3）工具栏：单击"绘图"工具栏的"样条曲线"图标 $\sim$ 。

"样条曲线"命令执行后，系统将提示指定样条曲线通过的点，输入这些点就可以绘制出样条曲线。"样条曲线"命令的执行过程如下。

```
命令行：_spline
SPLINE 指定第一个点或[(方式 M)/节点(K)/对象(O)]：        (输入一个点作为样条曲线的起点)
SPLINE 输入下一个点或[起点切向(T)/公差(L)]：            (输入样条曲线的下一个点)
SPLINE 输入下一个点或[端点切向(T)/公差(L)/放弃          (继续输入样条曲线的下一个点)
(U)/闭合(C)]：
SPLINE 输入下一个点或[端点切向(T)/公差(L)/放弃          (输入样条曲线的结束点)
(U)/闭合(C)]：
SPLINE 输入下一个点或[端点切向(T)/公差(L)/放弃          (按空格键,结束操作)
(U)/闭合(C)]：
```

选项"起点切向""端点切向""公差""放弃""闭合"等按需要选择。

7.3.2　面域

面域不是具体对象，而是具有边界的平面区域，这个区域可以是矩形、正多边形、圆、椭圆、封闭的二维多段线、封闭的样条曲线等，也可以是由直线、圆弧、二维多段线、样条曲线等构成的封闭区域。其作用是把这些对象转换为在一个平面上的整体（实际上还是各自独立，只是相当于三维图形而言，它们是在一个平面上的），从而有利于编辑对象。

1. 创建面域

启动"面域"的方法有 3 种。

（1）命令行：输入 REG，按空格键。

（2）单击菜单"绘图"→"面域"。

（3）单击"绘图"工具栏中的"面域"按钮 $\boxed{\text{o}}$ 。

执行上述命令后，根据命令行提示选择对象，系统自动将所选择的对象转换成面域。

2. 面域的布尔运算

在 AutoCAD 中运用布尔运算能够极大地提高绘图效率。但是布尔运算的对象必须是实体或者是共面的面域，对普通的线条图形不能操作。

布尔运算有并集、交集和差集 3 种形式，启动布尔运算的方法有 3 种。

（1）命令行：输入 UNI（并集）或 INT（交集）、SU（差集）。

（2）单击菜单"修改"→"实体编辑"→"并集"（"交集""差集"）。

（3）单击"实体编辑"工具栏的相应按钮（"并集" $\textcircled{\textcircled{}}$ 、"交集" $\textcircled{\textcircled{}}$ 、"差集" $\textcircled{\textcircled{}}$ ）。

执行上述命令后，系统会根据不同的命令提出相应的提示和要求，以图 7-10（a）所示面域为例。

启动"并集"或"交集"命令，按系统提示选择该面域后，系统自动进行布尔运算，结果分别如图 7-10（b）、（c）所示。

启动"差集"命令首先要求选择主体对象，然后选择参照体对象，前后次序不一样，结果就不一样：图 7-10（d）是三角形为主体，圆为参照体的差集 1；图 7-10（e）则是圆为主体，三角形为参照体的差集 2。

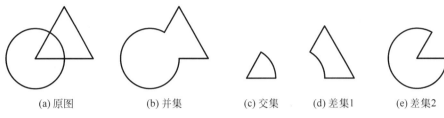

(a) 原图　　　(b) 并集　　　(c) 交集　　(d) 差集1　　(e) 差集2

图 7-10　面域的布尔运算

从运算结果不难看出："并集"的意思就是两个图形进行合并,把重叠的部分去掉;"交集"的意思就是只保留两个图形相交的部分;"差集"的意思就是在一个图形上减去被另一个图形相交的部分。

例 7-2　试作如图 7-11 所示的图形。

分析　这是一个工业用扳手,利用"面域"命令和布尔运算操作将非常方便,具体步骤如下。

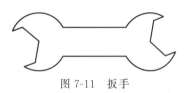

(1) 画一矩形,如图 7-12(a)所示。

(2) 以矩形的两个短边的中点为圆心画两个圆,如图 7-12(b)所示。

图 7-11　扳手

(3) 画两个正六边形,顶点通过圆心,如图 7-12(c)所示。

(4) 启动"面域"命令,将所有图形转换为面域。

(5) 启动"并集"命令,分别选择矩形和两个圆,布尔运算结果如图 7-12(d)所示。

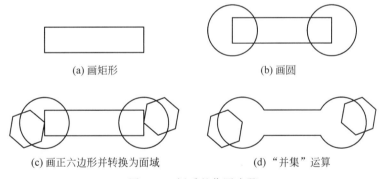

(a) 画矩形　　　　　　　　　　(b) 画圆

(c) 画正六边形并转换为面域　　　　(d) "并集"运算

图 7-12　扳手的作图步骤

(6) 启动"差集"命令,先选择"并集"后的面域,再选择两个正六边形,即可得到图 7-11 所示的图形。

7.4　图案填充

AutoCAD 中使用"图案填充"命令,可以在图形中指定的断面区域绘制出建筑材料图例。

7.4.1　图案填充方式

"图案填充"命令通过以下 3 种方式调用。

（1）命令行：输入 BH，按空格键。

（2）菜单栏：“绘图”→“图案填充”。

（3）工具栏：单击“绘图”工具栏的“图案填充”图标 📄 。

“图案填充”命令执行后，打开“图案填充和渐变色”对话框，如图 7-13 所示。该对话框包含“图案填充”和“渐变色”两个选项卡，默认的是“图案填充”选项卡。这里重点介绍“图案填充”选项卡。

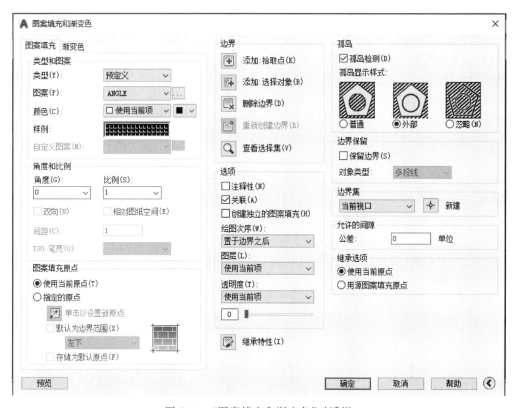

图 7-13　“图案填充和渐变色”对话框

（1）“类型和图案”选项组。

“类型”选项中有“预定义”“用户定义”“自定义”3 个选项，初学者用“预定义”即可。

“图案”选项中有许多系统预定义的图案，不熟悉英文的读者可以单击右侧的 … 按钮，弹出如图 7-14 所示的“填充图案选项板”对话框，在该对话框中单击不同的选项卡，将显示众多的图案，选择合适的图案后，单击“确定”按钮，返回到图 7-13 所示的对话框。

“颜色”：设置所填充图案的颜色，根据需要选择。

“样例”：上述所选图案的形状。

（2）“角度和比例”选项组。

“角度”：调整所填充图案的角度。

“比例”：根据填充效果，调整合适的比例。一般来说，填充以后先单击左下角的“预览”按钮，查看填充效果。如果在填充的区域内什么也没有，说明比例太大；如果显示的是一片白（或黑），则说明比例太小。

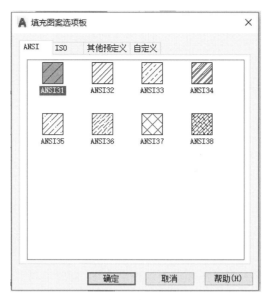

图 7-14 "填充图案选项板"对话框

（3）"图案填充原点"选项组。

一般都按默认设置。

（4）"边界"选项组。

添加:拾取点(K)适用于所有闭合的图形区域，单击该按钮，然后根据命令行提示，在需要填充的闭合图形的区域内单击即可。

添加:选择对象(B)适用于矩形、正多边形、圆、椭圆、闭合的二维多段线和样条曲线等整体图形，单击该按钮，然后根据命令行提示，在需要填充的闭合图形的边界上单击即可。

（5）"选项"选项组。

"关联"：设置填充图案与边界是否关联。选择关联后，则填充边界改变大小时填充图案随边界而改变大小，即图案仍然填满边界。

"创建独立的图案填充"：当指定几个独立的边界时，系统创建多个独立的图案填充对象。

（6）"孤岛"选项组（默认的方式是隐藏的，按帮助右侧的箭头可以展开和收起）。

孤岛的含义是指在一个大的区域内小的闭合图形，就好像大海中的小岛一样。该选项中显示了3种样式。

"普通"方式：该方式从边界开始，由每条填充线或每个填充符号的两端向内画（填充），遇到内部孤岛与之相交时，填充线或符号自动断开，直到遇到下一次相交时再继续画。采用这种方式时，要避免填充线或符号与内部孤岛的相交次数为奇数。

"外部"方式：该方式从边界内画填充图案，只要在边界内部与孤岛相交，图案就此断开，不再继续填充。该方式是系统默认的模式。

"忽略"方式：该方式忽略边界内的孤岛，所有内部结构都被图案覆盖。

（7）"边界保留"选项组。

适用于边界类型是多段线或面域的情况，使用情况较少，因此系统默认是不勾选的。其他选项均按默认设置。

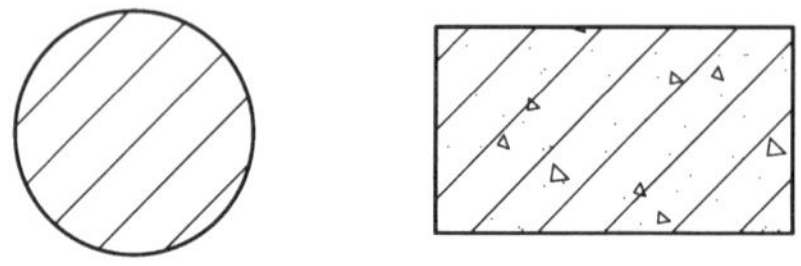

下面以普通砖和钢筋混凝土图例为例,如图 7-15 所示,介绍使用"图案填充"绘制建筑材料图例的过程。

(a) 普通砖   (b) 钢筋混凝土

图 7-15   图案填充

1) 绘制普通砖图例

(1) 单击"绘图"工具栏的按钮 ⧓ ,启动"图案填充"命令,在弹出的图 7-13 所示的对话框中设置"类型和图案"选项组,设置填充图案。

"类型":设置填充图案的类型,在下拉列表框中选择"预定义",其中包含很多 AutoCAD 提供的填充图案。

"图案":设置填充图案。单击其右侧的图标按钮 ... ,打开"填充图案选项板"对话框,如图 7-14 所示,在该对话框中选择 ANSI 选项卡中的 ANSI31 即普通砖的图例,单击"确定"按钮。

"样例":显示填充图案的缩略图。单击该图案也可打开"填充图案选项板"对话框查看并选择填充图案。

(2) 设置"角度和比例"选项组。

"角度":选择角度的默认设置为 0。

"比例":比例越小,图案越密,设置比例为 3。

(3) 设置"边界"选项组。

"添加:拾取点":单击该按钮,在绘图区中需要填充的圆的内部任意拾取一点,系统自动确定出包围该点的封闭区域,被选择的边界圆以虚线显示。按空格键返回"图案填充"对话框。

(4) 设置"选项"选项组:按默认设置。

(5) 设置完成后,可以单击"预览"按钮,查看图案填充之后的效果,如果满意,按空格键完成设置,如果不满意,按 Esc 键返回"图案填充和渐变色"对话框重新设置。设置完成后圆的图案填充效果如图 7-15(a)所示。

2) 绘制钢筋混凝土图例

(1) 设置"填充图案":在"填充图案选项板"对话框中选择"其他预定义"选项卡中的 AR-CONC 即混凝土图例,如图 7-16 所示。

(2) 设置"边界":单击"添加:拾取点"按钮,在绘图区中要填充的矩形内部任意拾取一点,然后按空格键返回。

(3) 设置填充图案的"角度和比例":"角度"设置为 0,"比例"设置为 1。其他选项组为默认设置。

(4) 单击"预览"按钮,绘图区中看不到填充图案,说明填充图案太稀疏,比例设置过大,同理,如果显示的是一片空白,那么就是比例太小,按 Esc 键返回对话框重新设置比例为 0.2,再次单击"预览"按钮,比例合适,按空格键完成填充。

此时只填充了混凝土图例,还需要继续填充 ANSI31 即普通砖图例,组合成钢筋混凝土图例。

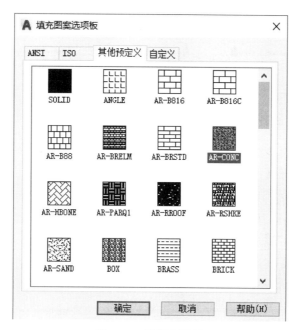

图 7-16　混凝土图例

7.4.2　编辑图案填充

在对图形对象进行图案填充之后,如果不满意,还可以对填充图案进行编辑修改。最常用的编辑图案填充的方法就是双击要修改的图案填充对象,打开"图案填充编辑"对话框,该对话框和"图案填充和渐变色"对话框设置方法完全相同,可以在该对话框里更改填充图案的"类型""比例""角度"等设置。

7.5　实体的分解与合并

7.5.1　实体的分解

"分解"命令用于分解比较复杂的图形对象,如图块、多段线、矩形、尺寸标注等有多个对象的图形集合,分解命令可以将这些复杂的图形集合分解成单个的图形对象,然后利用图形编辑命令对单个的图形对象进行编辑修改。

"分解"命令通过以下 3 种方式调用。

（1）命令行：输入 EX,按空格键。

（2）菜单栏："修改"→"分解"。

（3）工具栏：单击"修改"工具栏的"分解"图标 📷 。

执行分解命令后,选择要分解的对象,按空格键确认即可完成图形对象的分解；或者先选择要分解的对象,然后执行"分解"命令,完成图形对象的分解。

如要分解如图 7-17(a)所示的矩形,先选择矩形,然后执行"分解"命令,即可将其分解成4 条直线,如图 7-17(b)所示,分解之后可以编辑直线,如图 7-17(c)所示删除一条直线。

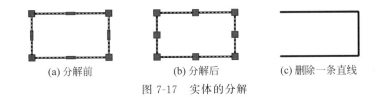

(a) 分解前　　　　　　　(b) 分解后　　　　　　(c) 删除一条直线

图 7-17　实体的分解

7.5.2　实体的合并

"合并"命令可以将多个图形对象合并成一个图形对象,可以合并的对象包括直线、多段线、样条曲线、圆弧及椭圆弧等。

"合并"命令通过以下 3 种方式调用。

(1) 命令行：输入 J,按空格键；

(2) 菜单栏：单击"修改"→"合并"；

(3) 工具栏：单击"修改"工具栏的"合并"图标 ⁑。

将如图 7-18(a)所示的两条位于同一条延长线上的直线合并成一条直线,合并后的效果如图 7-18(b)所示。"合并"命令的操作过程如下。

命令行：_join
JOIN 选择源对象或要一次合并的多个对象：　　　　(选择其中的一个线段)
JOIN 选择要合并的对象：　　　　　　　　　　　　(选择另一个线段)
JOIN 选择要合并的对象：　　　　　　　　　　　　(按空格键完成合并)

注意：如果两个对象的属性不同,那么后选择的合并对象的属性将改变为和先选择的源对象一样的属性,所以一定要注意对象选择的先后次序。

(a) 直线合并前　　　　　　　　　　(b) 直线合并后

图 7-18　实体的合并

习题 7

1. 完成下图所示五环旗的绘制,并且计算图中阴影(填充图案)部分的面积。

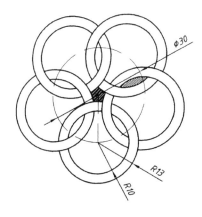

五环旗

2. 绘制下图所示的建筑平面图，并且把图 5-36 的面盆和坐便器制作成图块插入卫生间中。

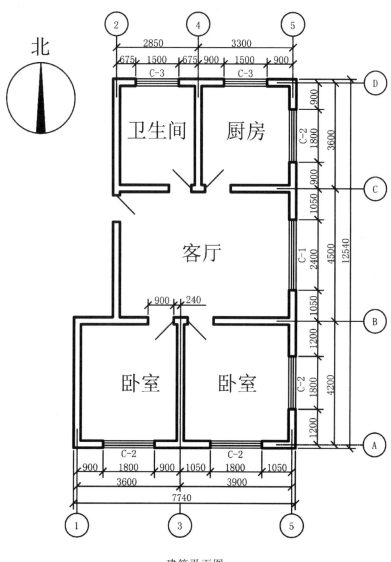

建筑平面图

第8章

AutoCAD应用实例

通过上述各个章节的介绍不难发现,对于同样一个图形可以用不同的方法绘制出来,问题是用什么方法最快捷、有效。本章通过一些实例,介绍对于不同图形的一些计算机绘图的方法和技巧。

例 8-1 完成如图 8-1(a)所示机械配件图样的绘制。

例 8-1

分析 这是一个机械类的构配件,比较简单,绘图步骤如下。

(1) 设置图层:粗线、中心线、尺寸标注,并且把中心线置为当前图层。

(2) 启动"正交"模式画水平线,长度 150,确定左右孔洞的高度位置;再过水平线的中点向上画铅直线,长度 60,然后利用"夹点"功能下拉,如图 8-1(b)所示。

(3) 偏移确定各个定位尺寸,如图 8-1(c)所示。

(4) 设置粗实线为当前图层,画圆并倒圆角,确定左边一半图形,如图 8-1(d)所示。

(5) 修剪左侧一半,并镜像获得右边一半,如图 8-1(e)所示。

(6) 修改下边图线的属性,并整理细部,如图 8-1(f)所示。

(7) 最后标注尺寸,完成绘制。

例 8-2 完成如图 8-2(a)所示组合体图样的绘制,并补画侧面投影。

和例 8-1 一样,建立相应的图层,但是不同的形体,绘图的先后次序不一样。这个例题的绘图步骤如下。

(1) 绘制平面体底座的两面投影("矩形 1"和"矩形 2",打开"正交模式"和"极轴追踪")及半圆柱体的两面投影(虽然正面投影是半圆,但是画圆比半圆快,水平投影先画前面凸出来的"矩形 3",后面部分的相贯线暂时不考虑),如图 8-2(b)所示。

(2) 修剪并画圆孔洞,如图 8-2(c)所示。

(3) 确定中部截交线和相贯线,如图 8-2(d)所示。

注意技巧:宽度为 30 的矩形截交线可以通过将正面投影的水平虚线截交线偏移 30,然后利用这两条平行虚线作矩形,再移动该矩形到平面图;20×14 的矩形可以在任意位置画好后再平移到相应的位置(画对角线确定中点为基点,但不移动对角线)。

(4) 画后上部投影和补画侧面投影,最后注写尺寸,如图 8-2(e)所示。

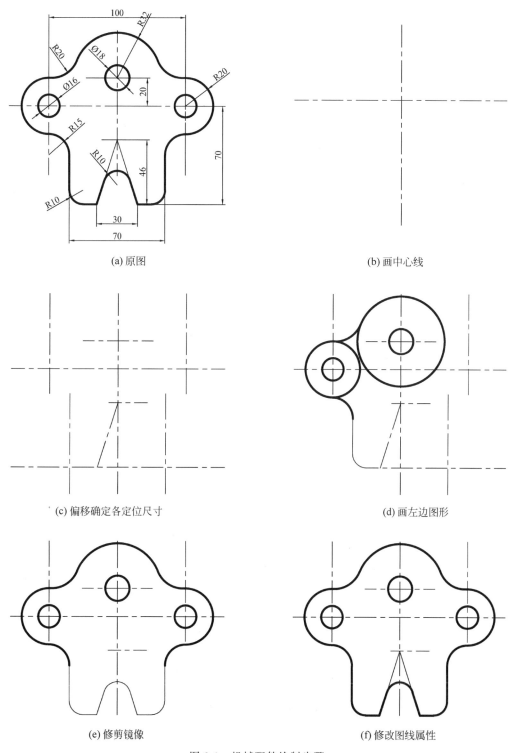

(a) 原图

(b) 画中心线

(c) 偏移确定各定位尺寸

(d) 画左边图形

(e) 修剪镜像

(f) 修改图线属性

图 8-1 机械配件绘制步骤

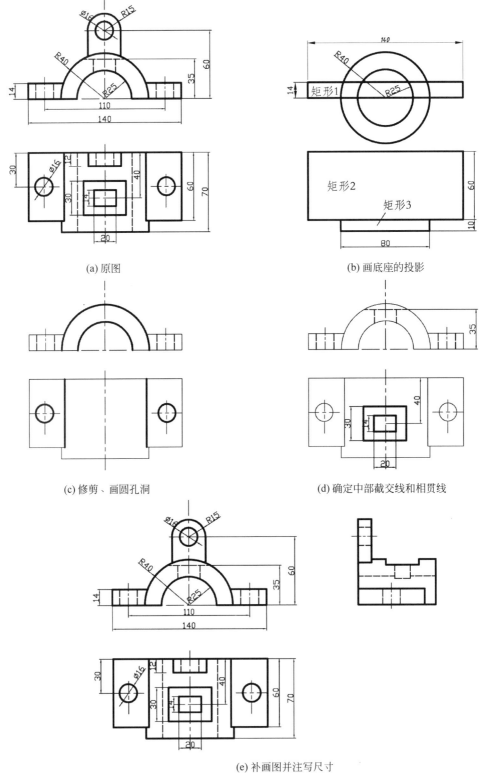

(a) 原图

(b) 画底座的投影

(c) 修剪、画圆孔洞

(d) 确定中部截交线和相贯线

(e) 补画图并注写尺寸

图 8-2　组合体图形的画法

例 8-3 完成如图 8-3(a)所示窨井图样的绘制。

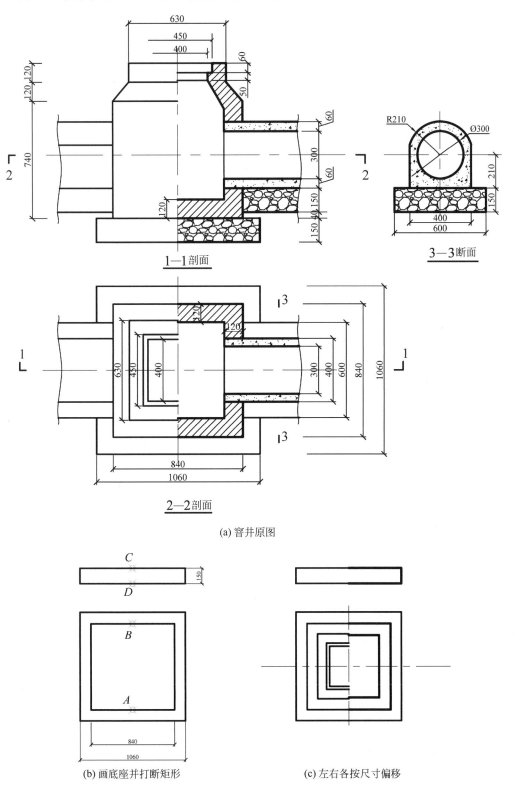

(a) 窨井原图

(b) 画底座并打断矩形

(c) 左右各按尺寸偏移

图 8-3 窨井工程图

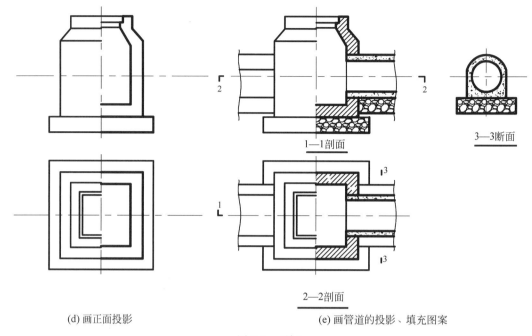

(d) 画正面投影   (e) 画管道的投影、填充图案

图 8-3 （续）

分析 这是一个土木类(市政工程)的形体,图层设置有粗实线、加粗实线、细实线、中心线、文字和尺寸标注,这里注意尺寸标注样式的设置(参照 5.2.1 节)。绘图步骤如下。

(1) 画底座的两面投影,打开"正交模式"和"极轴追踪",再偏移确定窨井壁的位置,并从中点打断矩形,得 A、B、C、D 4 个点,如图 8-3(b)所示。

(2) 按不同尺寸分别偏移窨井的外形和内部壁厚,并且把剖切到的轮廓线置于加粗实线图层,画中心线,如图 8-3(c)所示。

(3) 画窨井的正面投影,如图 8-3(d)所示。

(4) 画管道的投影,并填充材料图例和注写文字,如图 8-3(e)所示。

(5) 标注尺寸,完成绘制。

例 8-4 完成如图 8-4 所示屋架的绘制。

绘图步骤如下:

(1) 设置中心线、粗实线、文字、尺寸标注(注意设置标注样式)4 个图层,并把粗实线作为当前图层。

(2) 启动"直线"命令,打开"正交模式"画直线 ab(2860)、bc(11700)、cd(5200),输入 C 闭合到 a 点。

(3) 将 cd 直线向右两次偏移各 3000,确定 g、e 点的位置。

(4) 连接 be、eg、gd,删除过 g 的铅直线。

(5) 将 ab、bc、eg、gd 分别向两侧各偏移 120;be 和 ad 分别向两侧各偏移 220;ab 和 bc 再向外偏移 300、ad 向内偏移 440,以定位局部。

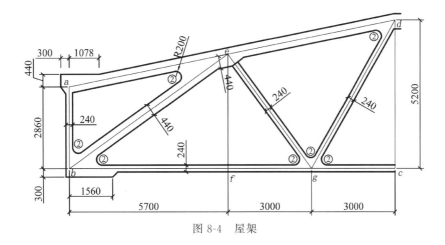

图 8-4 屋架

（6）用"直线"命令补画左上角和左下角。

（7）用"倒圆角"命令，将图中标志为②的圆角的半径设为 200；其他非圆角线段相交的圆角半径设为 0。

（8）把图线 ab、bc、cd、da、be、eg、gd 的属性改为中心线（选中以后放到中心线图层上）。

（9）注写文字和标注尺寸，完成全图。

例 8-5 绘制如图 8-5 所示的建筑平面图。

设置中心线、墙线、细实线、门窗、文字和尺寸标注 6 个图层后，将中心线置为当前，画图步骤如下。

（1）画纵、横方向的定位轴线，如图 8-6（a）所示。

（2）预留门窗的位置画墙线和柱，如图 8-6（b）所示。

（3）画门窗、楼梯及卫生设备，如图 8-6（c）所示。

（4）镜像图 8-6（c），并标注尺寸、文字，画定位轴线编号和指北针，完成全图。

例 8-6 绘制如图 8-7 所示的建筑立面图。

设置中心线、墙线、细实线、门窗、文字和尺寸标注 6 个图层后，将中心线置为当前，画图步骤如下。

（1）设置图层，画基准线，即按尺寸画出房屋的横向定位轴线和纵向的层高线，如图 8-8（a）所示。

（2）画墙轮廓线和门窗洞线，如图 8-8（b）所示。

（3）按规定绘制门窗图例及细部构造，并标注标高尺寸、文字说明和填充图案，完成全图。

例 8-7 绘制如图 8-9 所示的建筑剖面图。

设置中心线、墙线、细实线、门窗、文字和尺寸标注 6 个图层后，将中心线置为当前，画图步骤如下。

（1）设置图层，画水平方向的定位轴线、女儿墙、屋（楼层）面、室内外地面的顶面高度线，如图 8-10（a）所示。

（2）画剖切到的内外墙线、屋（楼层）面板、楼梯与平台梁板、圈梁等主要配件的轮廓线，以及可见的细部构造轮廓线，如图 8-10（b）所示。

（3）标注尺寸、标高，画轴线符号，注写图名和比例，完成全图。

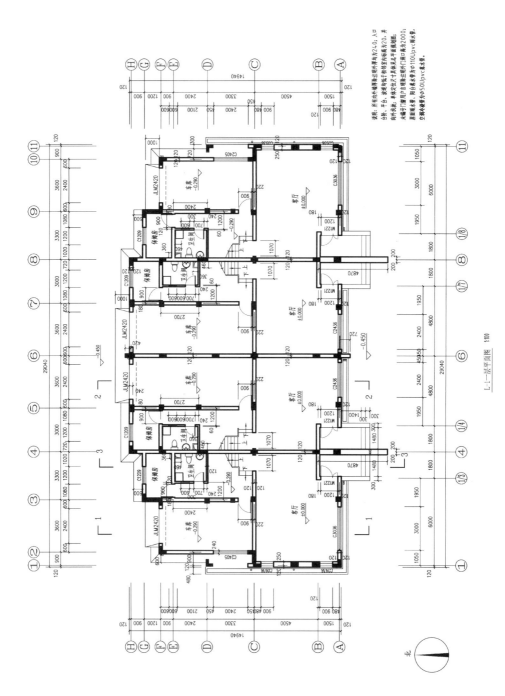

L-1—1层平面图 1:100

图 8-5　建筑平面图

北

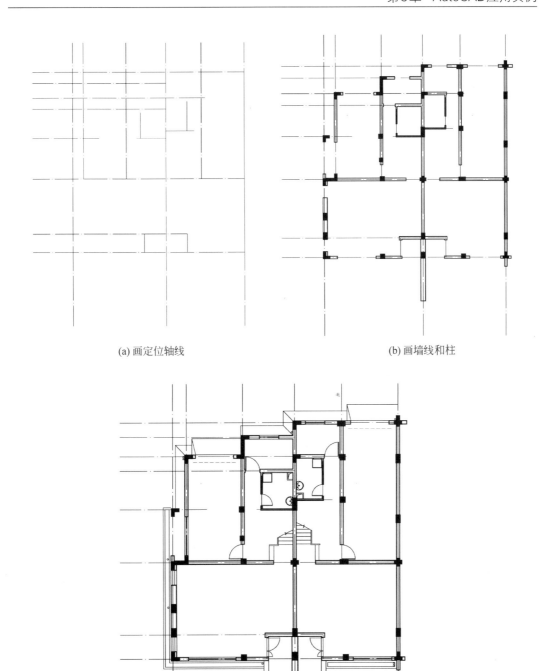

(a) 画定位轴线   (b) 画墙线和柱

(c) 画门窗、楼梯及卫生设备

图 8-6 建筑平面图的画图步骤

L-1①~⑪立面图 1:100

图 8-7 建筑立面图

(a) 横向定位轴线和层高线

(b) 画墙轮廓线和门窗洞线

图 8-8 建筑立面图的绘图步骤

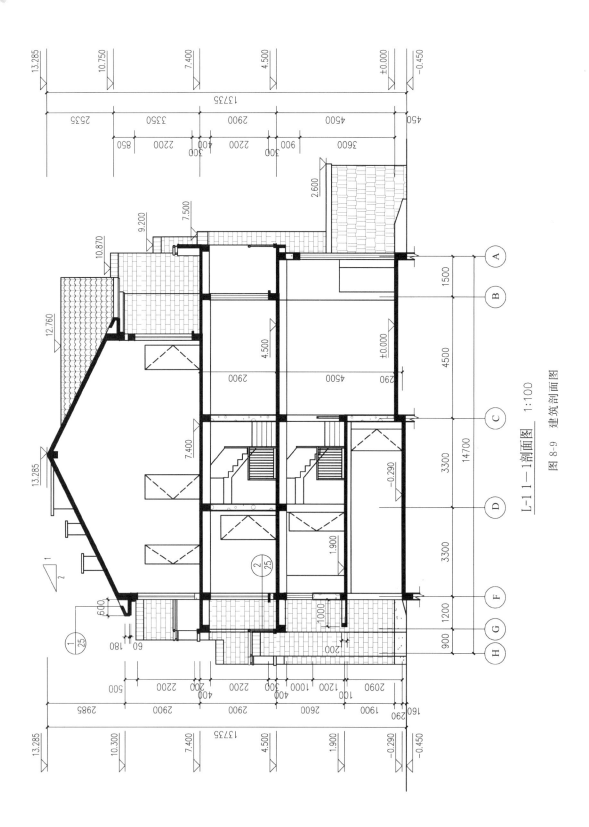

L-1 1—1剖面图 1:100

图 8-9 建筑剖面图

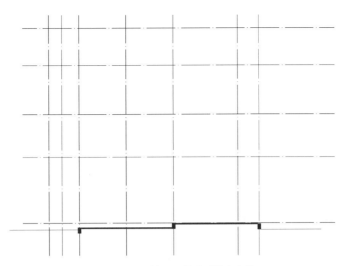

(a) 画定位轴线、楼地面的高度线

(b) 画主要轮廓线和细部构造

图 8-10 建筑剖面图的绘图步骤

习题 8

在 A3 图纸上完成如下页图所示建筑平面图的绘制,其中卫生洁具参阅第 5 章习题附图,用插入块的方法插进来。

注:根据图示尺寸是不可能真正放入 A3 图纸的,有两种方法处理:

(1) 把图形全部按尺寸完成后,一起制作成块,然后缩小至 1/50,此时放入 A3 图纸,就相当于是按 1:50 绘图的。

(2) 把图形全部按尺寸完成后缩小至 1/50,然后在"修改标注样式"的主单位下拉选项中,将比例因子设为 50,再放入 A3 图纸,相当于绘图的时候就是缩小至 1/50 画的,但是尺寸必须注写实际大小。

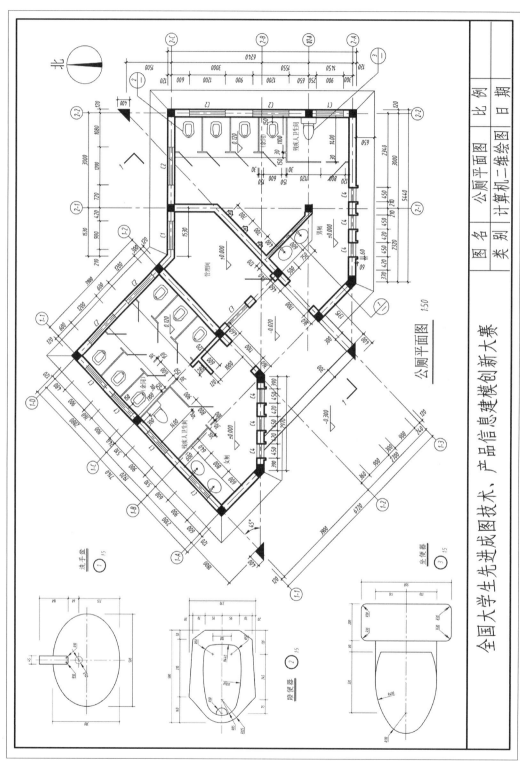

中篇

SketchUp 2018

第9章

基　本　知　识

9.1　概述

　　SketchUp 是成立于 2000 年的 Last Software 公司推出的一套直接面向设计方案创作过程的设计工具,其创作过程不仅能够充分表达设计师的思想而且完全满足与客户即时交流的需要,使设计师可以直接在计算机上进行十分直观的构思,是三维建筑设计方案创作的优秀工具。

　　Google 公司于 2006 年收购 SketchUp 是为了增强 Google Earth 的功能,让使用者可以利用 SketchUp 建造 3D 模型并放入 Google Earth 中,使得 Google Earth 所呈现的地图更具立体感、更接近真实世界。所以,在网上经常会出现 Google SketchUp,但是熟悉的人还是习惯称为 SketchUp(SU)。

　　SketchUp 有如下特点。

　　(1) 独特简洁的界面,可以让设计师在短期内掌握使用方法。

　　(2) 适用范围广泛,可以应用在建筑、规划、园林、景观、室内以及工业设计等领域。

　　(3) 方便的推拉功能,设计师通过一个图形就可以方便地生成 3D 几何体,无须进行复杂的三维建模。

　　(4) 快速生成任何位置的剖面,使设计者清楚地了解建筑的内部结构,可以随意生成二维剖面图并快速导入 AutoCAD 进行处理。

　　(5) 与 AutoCAD、Revit、3D Max、PIRANESI 等软件结合使用,快速导入和导出 DWG、DXF、JPG、3ds 格式文件,实现方案构思、效果图与施工图绘制的完美结合,同时提供与 AutoCAD 和 ARCHICAD 等设计工具的插件。

　　(6) 自带大量门、窗、柱、家具等组件库和建筑肌理边线需要的材质库。

　　(7) 轻松制作方案演示视频动画,全方位表达设计师的创作思路。

　　(8) 具有草稿、线稿、透视、渲染等不同显示模式。

　　(9) 准确定位阴影和日照,设计师可以根据建筑物所在地区和时间实时进行阴影和日照分析。

　　(10) 简便地进行空间尺寸和文字的标注,并且标注部分始终面向设计者。

9.2　SketchUp 2018 的操作界面

　　第一次进入 SketchUp 2018 时,会出现一个欢迎导向界面,如图 9-1 所示。界面上部为软件版本字样,中部为"学习"界面,可以了解软件的相关信息,便于自学者参考,单击左右三角形,可以向前、向后查看及申请注册等。在其左下角有"始终在启动时显示"复选框,如果去掉勾选,那么以后再启动软件时将不再显示该界面。右上角有"选择模板"按钮,用于选择建模的单位,现在默认单位是 mm,水利、道桥等大型工程可以单击该按钮,在弹出的窗口中选择 cm 或 m 为单位;右下角有"开始使用 SketchUp"按钮,单击该按钮,用于进入建模界面,如图 9-2 所示。

图 9-1　欢迎界面

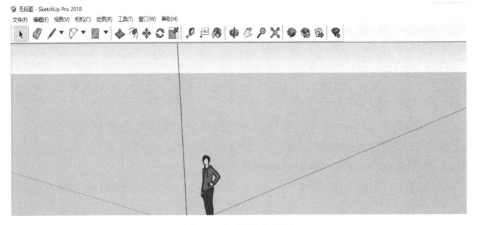

图 9-2　初始操作界面

　　这是一个入门级的初始操作界面,很多常用操作命令图标不在桌面上,所以建议进入该界面后,在"视图"的下拉菜单中,单击"工具栏"选项,如图 9-3(a)所示在弹出的窗口里勾选"标准""大工具集"等选项(以后需要在桌面上显示什么工具栏,都可以在这里勾选),如图 9-3(b)所示。

(a)"视图"下拉菜单　　　　　　　　(b)"工具栏"窗口

图 9-3　选择工具栏

　　勾选"标准""大工具集"选项后,即可得到常用的操作界面,如图 9-4 所示。和其他基于 Windows 操作系统的绘图软件一样,SketchUp 也是采用下拉菜单和工具栏进行操作的。

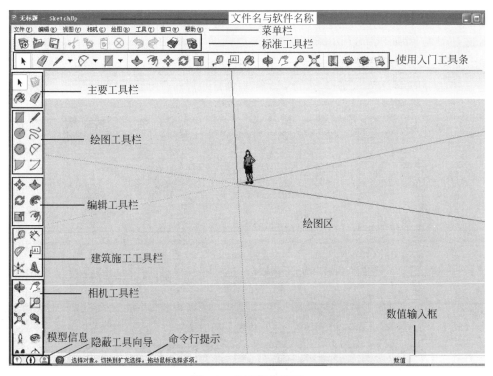

图 9-4　常用操作界面

操作界面最上面一行为文件名与软件名称；第 2 行为菜单栏；第 3 行为标准工具栏；第 4 行为使用入门工具栏(包含一些常用的工具,有了大工具集,这个可以删除)。

操作界面左边是大工具集,自上而下分别有：主要工具栏,包括"选择""制作组件""材质""擦除"等命令工具；绘图工具栏,包括"矩形""直线""圆""手绘线""多边形""从中心和两点绘制圆弧""根据起点和端点及凸起部分画圆弧""已知三点画圆弧""从中心和两点画封闭圆弧——饼图"等命令工具；编辑工具栏,包括"移动""推拉""旋转""缩放""路径跟随""偏移"等命令工具；建筑施工工具栏——构造工具栏,包括"卷尺""量角器""尺寸""坐标轴""文本""三维文字"等命令工具；相机工具栏,包括"环绕观察""平移""放大镜""充满视窗""上一个""下一个""定位相机""绕轴旋转""漫游""剖切面"等命令工具。

操作界面最下面一行：左下角是模型信息按钮,包括"地理信息""作者信息""登录互联网"；往右是"隐蔽工具向导"按钮；再向右是"命令行提示"；右下角是"数值"输入框。

操作界面中间为大面积的操作区域。3 个坐标轴分别为：红轴——X 轴；绿轴——Y轴；蓝轴——Z 轴。坐标原点处有一全身人像,身高 1700mm 左右,用于绘图时尺寸大小的参照。

9.3　视图显示

9.3.1　窗口显示与切换

SketchUp 只用一个简洁的视口作图,图 9-5～图 9-7 分别是俯视图(平面图)、前视图(正立面图)和透视图。其中图 9-5 和图 9-6 虽然表达的是正投影图,但是显示的却有透视效果,这是因为 SketchUp 默认的显示方式是透视图,只要在"相机"的下拉菜单中勾选"平行投影",即可显示为正投影图。

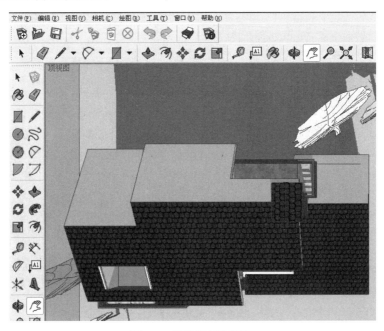

图 9-5　俯视图(平面图)

图 9-6 前视图(正立面图)

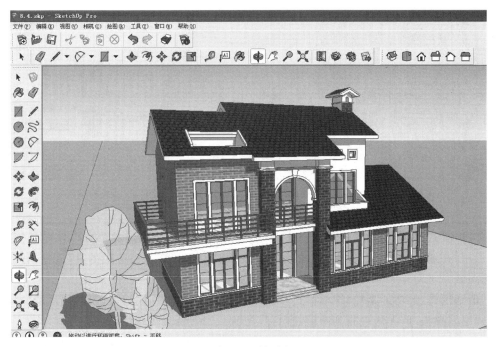

图 9-7 透视图

各视口之间的切换也非常方便,打开"视图"的下拉菜单,单击"工具栏"(也可以在桌面上任何工具栏的位置右击),在弹出的窗口中选择"视图"工具选项,即可在桌面上弹出如图 9-8 所示的"视图"工具栏,从左到右分别是:"等轴"(正等测图,快捷键 I),"俯视图"(平

图 9-8 "视图"工具栏

面图,快捷键 T),"前视图"(正立面图,快捷键 F),"右视图"(快捷键 R),"后视图"(快捷键 B)和"左视图"(快捷键 L)图标,点按各图标或快捷键,即可得到相应的视图。

9.3.2 显示模式

SketchUp 作为面向设计的软件,提供了 7 种显示样式(模式),打开"视图"的下拉菜单,单击"工具栏",在弹出的窗口中选择"风格"工具选项,即可在桌面上弹出图 9-9 所示的"风格"工具栏,从左到右分别是:"X 光透视模式""后边线模式""线框模式""消隐模式""阴影模式""材质贴图模式""单色显示模式"。

"X 光透视模式"的功能是使场景中的所有物体都透明化,就像拍 X 光照片一样(该模式需与后面 4 个模式中的任何一个同时启用)。在此模式下,可以在不隐藏任何物体的情况下方便地查看模型内部的构造,如图 9-10 所示。

图 9-9 "风格"工具栏

"后边线模式"是将场景中的所有不可见的物体轮廓线用虚线显示(该模式也须与后面 4 个模式中的任何一个同时启用),如图 9-11 所示。

图 9-10 X 光透视模式

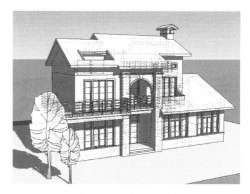

图 9-11 后边线模式

"线框模式"是将场景中的所有物体以轮廓线的方式显示,该模式不可与其他任何模式同时启用,在这种模式下场景中模型的面、材质、贴图和阴影等都是失效的,因而显示速度很快,如图 9-12 所示。

"消隐模式"的功能是在"线框模式"的基础上将不可见的物体隐去,以达到消隐的目的。此模式空间感强,但无法观测到图形的内部,如图 9-13 所示。

"阴影模式"是在模型贴图以后,为了加快显示速度而不渲染材质的纹理,只保留材质的颜色,以便于设计师快速浏览色彩搭配效果及阴影效果,如图 9-14 所示。

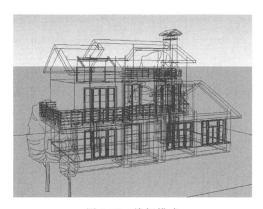

图 9-12 线框模式

图 9-13 消隐模式

"材质贴图模式"是在"阴影模式"的基础上,显示材质的纹理效果,一般是输出文件前的最终效果,如图 9-15 所示。

图 9-14 阴影模式

图 9-15 材质贴图模式

"单色显示模式"是在"消隐模式"的基础上用前景色对模型进行填充,以达到将模型与背景颜色区分的目的,如图 9-16 所示。

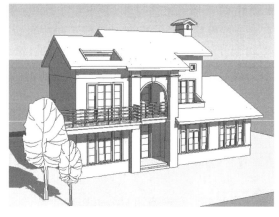

图 9-16 单色模式

9.4 SketchUp 2018 菜单栏简介

SketchUp 2018 的菜单有"文件""编辑""视图""相机""绘图""工具""窗口""帮助",如图 9-17 所示,部分菜单下还有二三级菜单。大多数常用的命令都可以在菜单栏中找到。

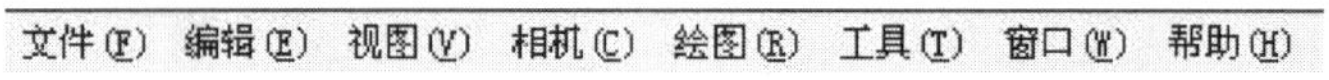

文件(F) 编辑(E) 视图(V) 相机(C) 绘图(R) 工具(T) 窗口(W) 帮助(H)

图 9-17　SketchUp 2018 的菜单栏

1. 文件菜单

通过单击"文件"菜单,如图 9-18 所示,可以对文档进行有效的管理。

(1)"新建"命令:可以新建立一个 SketchUp 2018 文档。新建的文档将会保留上一次使用过的模板,相应的度量单位、背景显示、风格设定都会延续上一次的设置。最简单的启动方法是:单击标准工具栏的第二个图标按钮 ,或者单击"文件"→"新建"。

(2)"打开":如果已经启动 SketchUp,要打开一个文档,只要单击标准工具栏的第一个图标按钮 ,或者单击"文件"→"打开",在弹出的窗口中根据正确的路径找到相应的文件,单击打开即可。如果还没有启动 SketchUp 2018,只要找到要打开的文件名,然后双击,即可自动启动 SketchUp 2018,同时打开相应的文件。或者用鼠标左键按住该文件,把它拖动到桌面的 SketchUp 2018 的快捷图标上,也可自动启动 SketchUp 2018,并且打开相应的文件。

(3)"保存":单击标准工具栏的第 3 个图标按

图 9-18　SketchUp 2018 的"文件"菜单

钮 ,通过在窗口中选择正确的路径,填写相应的文档名称,单击保存,程序将会以 SketchUp 2018 格式保存目前的模型文档。保存时下拉菜单中可以选择保存的版本,可以是从 SketchUp 3.0 至 SketchUp 2018 的任一版本格式,目前默认的 SketchUp 2018 文件类型,版本较高,为了便于在其他版本上打开文件,建议以较低的版本保存。保存的 SketchUp 2018 文件扩展名是.skp,如"模型.skp"就是一个标准的 SketchUp 2018 文件。

(4)"另存为模板":为用户提供了建立自定义模板的平台,使用户以后运行软件时可以选择自己喜好的模板作为初始界面。名称栏、注释栏可以输入自定义模板的名称与信息,便于以后查询。勾选"设置为默认模板"以后进入 SketchUp 2018 界面时将以此模板作为初始模板。

(5)"3D 模型库":为用户提供了与网络用户共享模型的平台。通过网络的联系,用户可以将自己的模型与网络用户分享,也可以在网络中获取自己所需的模型或素材。

（6）"导出""导入"：为用户提供了 SketchUp 2018 与其他软件格式的衔接。导出命令可以将 SketchUp 2018 的模型输出为多种常见的文件格式，包括矢量文件（.dwg、.dxf），图像文件（.pdf、.bmp、.jpg、.tif、.png 等），三维模型文件（.3ds、.dwg），媒体文件（.avi）等。"导入"命令可以在 SketchUp 2018 中导入其他格式的文件，包括矢量化文件，如图 9-19 所示。例如，AutoCAD 软件的.dwg、.dxf 文件，.3ds、3D Max 软件的.3ds 文件或图像文件，Photoshop 软件的.jpg、.png、.tif 等文件。

注意：一些没有通过授权的软件版本会缺一些文件格式，特别是导入.dwg 等文件时要注意右侧选项里单位的设置，默认的单位是"cm"，如图 9-20 所示。

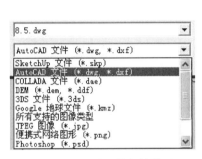

图 9-19　可导入的文件类型

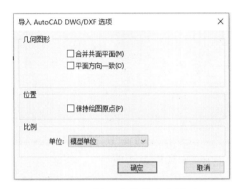

图 9-20　导入文件的选项设置

文件的多元化链接使 SketchUp 2018 与其他软件之间能够形成更好的联系。

（7）"打印"等相关命令能直接将 SketchUp 2018 视图中的图像以一定格式打印在纸面上。具体的设置与操作视打印机型号而定，在本教程中不再讲解。文档菜单中会自动储存最近编辑的文件路径与名称，方便用户直接打开。

（8）在"文件"菜单下方还显示了最近打开过的文件。

2. 编辑菜单

"编辑"菜单中包含有作图过程中常用的编辑命令，包括对命令操作的：常见的命令有"剪切""复制""粘贴""删除"，"全选""全部不选"，"隐藏""取消隐藏"，"锁定""取消锁定"，"创建组件""创建群组"等命令，如图 9-21 所示。这些将在后文相应位置分别介绍，这里不多详述。

3. 视图菜单

"视图"菜单中除了包含 9.2 节已经介绍过的工具栏以及视窗显示设置、视图显示模式外，常用的还有"隐藏物体""剖面切割""边线类型""组件编辑""动画"等相关内容，如图 9-22 所示。这部分内容将在后文相应位置分别介绍。

4. 相机菜单

"相机"菜单中包含有对相机及视图显示的相关设置，如图 9-23 所示。默认的视图效果如前述的图 9-8 所示。其他选项将在 11.2 节中详细介绍。

5. 绘图菜单

"绘图"菜单中包含了"直线""圆弧""徒手画线""矩形""圆""多边形"等基本的绘图工具，

图 9-21 "编辑"菜单   图 9-22 "视图"菜单

如图 9-24 所示。相应的使用方法及特性将在 10.2 节"绘图"工具栏中详细讲解。"地形"工具将在"地形"工具栏中介绍。

图 9-23 "相机"菜单   图 9-24 "绘图"菜单

6. 工具菜单

"工具"菜单中包含有"移动""旋转""缩放""推/拉""偏移""路径跟随"等编辑命令,如图 9-25 所示。相关命令将在 10.3 节中详细介绍。"量角器""辅助测量线""尺寸""文字标注"将在 11.1 节中详细介绍。

7. 窗口菜单

"窗口"菜单中包含相关的文件信息及相关的参数设置。而把之前版本中单独放置的"组件""材料""风格""图层""阴影"等命令的相关内容打包在一个"默认面板"中,如图 9-26 所示,如果勾选"显示面板"选项,则在界面右侧会显示面板内容,如图 9-27 所示。

图 9-25 "工具"菜单

图 9-26 "窗口"菜单

图 9-27 "默认面板"

8. 帮助菜单

"帮助"菜单中有关于 SketchUp 2018 的相关信息,"帮助中心"可以使用户通过网络寻求帮助,"许可证"可以查询本软件的授权信息,"检查更新"可以在网络上更新 SketchUp 版本,"关于 SketchUp 专业版"提供目前程序的版本信息等。

第10章

建 模 基 础

SketchUp 的操作命令基本是以工具栏的形式或者快捷键(见各菜单里命令后的大写字母或者参阅附录 B)完成的,本章重点介绍各常用工具栏的使用方法,它们构成了 SketchUp 的建模基础。

10.1　主要工具栏

在 SketchUp 中,通常的编辑、赋予材质等都是先选择物体,再进行后续操作,因此把"选择"作为第一个操作命令,其按钮为 ▶ ,快捷键为空格键;"创建组件"(创建群组)是提高建模速度的重要方法之一,故将其安排为第二个命令,操作按钮是 ▦ ;"材质贴图"是效果图的核心内容,安排为第三个操作命令是完全可以理解的,其操作按钮是 ✍ 。

任何设计软件,可修改是必需的功能,尤其是被称为草图大师的 SketchUp,其最大的特点就是可以边设计边修改,因此,"删除命令"被经常使用,把它确定为主要工具之一也是理所当然的,其操作按钮是 ✐ ,快捷键为 E。

这样,SketchUp 把上述 4 个操作命令设为主要工具,如图 10-1 所示。

图 10-1　主要工具栏

10.1.1 节
彩图

10.1.1　选择工具

1. 一般选择

(1) 单击按钮 ▶ 或按空格键。命令行提示:选择要用其他工具或命令修改的图元。此时屏幕上的光标变为一个 ▶ 形状,同时命令行提示:选择对象。切换到扩充选择。拖动鼠标选择多项。单击对象将显示如下形式:对于线条(直线或曲线)和组件(或群组),对象将变为蓝色;对于面域,对象将显示为网格点,如图 10-2 所示。

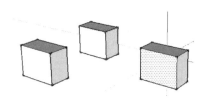

图 10-2　显示被选中的对象

(2) 按住 Ctrl 键不放,光标变为 ▶+,此时再单击其他对象,可以将其增加到选择集中。

(3) 按住 Shift 键不放,光标变为 ▶+/−,此时再单击其他未选中的对象,可以将其增加到选择集中;单击已选中的对象,可以将其从选择集中减去。

(4) 同时按住 Ctrl 键和 Shift 键不放,光标变为 ▶−,

此时单击已选中的对象,可以将其从选择集中减去。

(5) 在已有物体被选中的情况下,单击屏幕的空白处,则所有选择被取消。

(6) 单击"选择"命令后,按住 Ctrl+A 组合键,则可选中场景中的所有对象。

2. 框选与叉选

框选是启动"选择"命令后,用鼠标从左往右拉一个矩形框,这是个实线框,只有完全在这个框里的对象才能被选中,如图 10-3 所示,由于该图中部一个长方体是一个组件(整体),所以没有被选中,只有左面一个长方体的右侧的一条棱线被选中。

叉选是启动"选择"命令后,用鼠标从右往左拉一个矩形框,这是个虚线框,凡是被该虚线框包围和相交的对象都将被选中,如图 10-4 所示。

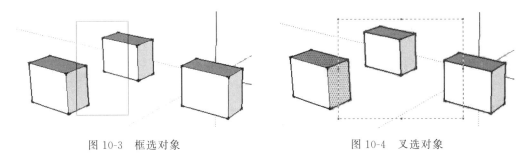

图 10-3 框选对象   图 10-4 叉选对象

框选和叉选与 AutoCAD 的效果类似,这里的组件和群组相当于 AutoCAD 里的图块。

3. 扩展选择

如果单击一个面,只有这个面被选中;如果快速双击这个面,则与这个面相关联的边线也一起被选中;如果快速三击这个面,则与这个面相关联的所有对象一起被选中。如果选中某个面后,再右击该面,在弹出的快捷菜单中单击"选择",然后再选择"边界边线"、"连接的平面"、"连接的所有项"、"在同一图层的所有项"或"使用相同材质的所有项"选项,就可以选中想选择的对象与对象结合,如图 10-5 和图 10-6 所示。

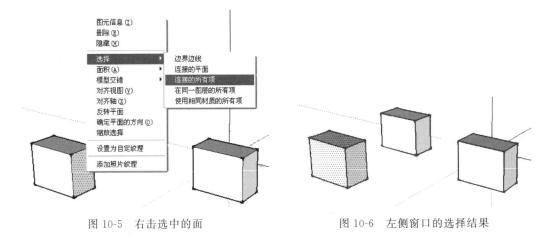

图 10-5 右击选中的面   图 10-6 左侧窗口的选择结果

10.1.2 制作组件工具

组件是数个对象的组合,这里的对象可以是线,也可以是面或者其他物体(群组或组件),创建"组件"命令类似于 AutoCAD 里的"创建图块"命令。组件有关联性,即在几个同名组件中,修改其中任何一个,那么其他几个会跟着一起改变,这种特性有别于群组。

组件创建方法:

(1) 选中场景中要创建组件的对象,如图 10-7 中左侧的长方体,右击该长方体(或者单击创建组件按钮),弹出图示的快捷菜单。

(2) 选择"创建组件"命令,弹出如图 10-8 所示的"创建组件"对话框,在对话框的"名称"文本框中输入相应的名称,如"长方体",对于复杂的组件,可以在"描述"框里说明其含义。"高级属性"中则可以输入价格、尺寸等信息,便于预算,类似于 BIM 的相关功能。

(3) 单击"创建"按钮,即完成了该长方体组件的创建。再次单击该长方体,就不仅仅是选中某个边线或者面,而是整个长方体。

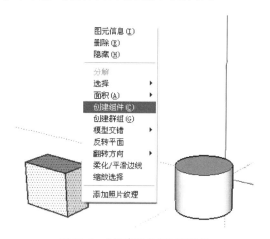

图 10-7 "创建组件"快捷菜单

图 10-8 "创建组件"对话框

注意:创建组件的目的是为了交流与共享,将日后常用的物体创建成功后保存起来,在以后的设计中可以随时调用。如组件库里常用的室内的桌、椅、沙发、家用电器,室外的树木、汽车、路灯等。

(4) 将创建好的组件导出。右击该组件,弹出如图 10-9 所示的快捷菜单。

(5) 选择"另存为"命令,弹出如图 10-10 的"另存为"对话框,在该对话框的路径列表中选择文件要存放的路径,在"文件名"列表中输入"长方体",然后单击"保存"按钮。以后就可以在其他文件中导入该长方体组件以共享。当然,实际建模时,长方体作为一个简单形体,是没必要作为组件保存的。

图 10-9 组件快捷菜单

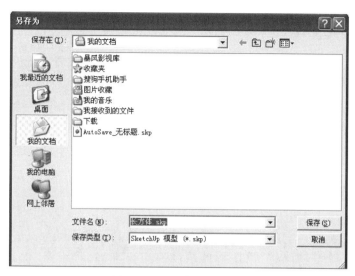

图 10-10 "另存为"对话框

10.1.3 材料工具

"材料"命令的图标是 ，赋予对象特定的材质，使物体更为生动、逼真。启动该命令后命令行提示：对模型中的图元应用颜色和材质，光标会自动变为 。

命令行提示：选择绘图对象。同时会在右侧的"默认面板"中显示如图 10-11 所示的操作界面，选择其中一种类型的材质，立刻会弹出如图 10-12 所示的材质展示窗口，选择一种材质并且在要赋材质的面或组件上单击一下即可。关于"材料"的详细使用方法将在后面专题介绍。

图 10-11 材料浏览器

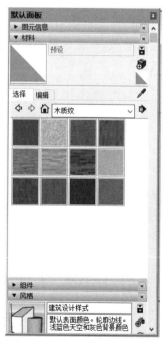

图 10-12 材料展示窗口

10.1.4　擦除工具

单击图标 ✐,启动"擦除"命令。命令行提示:擦除、软化或者平滑模型中的图元。光标也自然变为同样形状。

命令行提示:选择要擦除或与多个项目间进行拖动的项目。Shift=隐藏,Ctrl=柔化/平滑。然后按住鼠标左键不放,拖动鼠标扫过要删除的对象即可。关于按住 Ctrl 键,对图元对象进行柔化/平滑处理,可用于不规则曲面和地形面等,此处不再赘述。

10.2　绘图工具栏

SketchUp 建模的一个最重要的方法就是从二维到三维。绘制好二维图形后,直接将其推拉为三维模型,所以二维图形的绘制一定要准确。"绘图"工具栏包括"直线""手绘线""矩形""圆""多边形""圆弧"等,分别介绍如下。

10.2.1　直线工具

单击图标 ✐,或者快捷键 L,启动"直线"命令。

命令行提示:根据起点和终点绘制边线。光标也变为相应的图标。

命令行提示:选择开始点。在需要的起点处单击。

命令行提示:选择终点或输入值。沿着需要的方向拖动鼠标,再次单击,即完成一直线段的绘制,该线段的长度显示在右下角的"长度"数值框中,如果想改变长度,则在数值框中输入指定长度即可。

如果所画直线与坐标轴平行,那么拉该直线时会显示和所平行的坐标轴相同的颜色,如果要画几段连续的线段,那么只要重复单击,每次单击后输入相应的数值即可,默认下一段直线的起点就是上一段直线的终点,如图 10-13 所示。

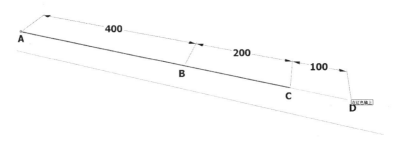

图 10-13　绘制直线段

10.2.2　手绘线工具

单击图标 ✐,启动"手绘线"命令。

命令行提示:通过单击并拖动手绘线条。光标显示为 ✐,按住左键不放,在绘图区任意拖动指针,最后放开左键时,经过的路径上会自动生成一根连续的徒手线条。

例如,要在矩形中绘制一条从 A 点经 B 点到 C 点的手绘线条。单击"手绘线"工具,在 A 点按住左键不放,随意拖动鼠标经过 B 点,继续拖动鼠标至 C 点完成绘制,如图 10-14 所示。

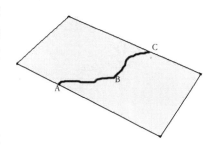

图 10-14　自由曲线绘制

10.2.3　矩形工具

SketchUp 建模的一个主要特点就是由面围成立体,而面绝大多数是用矩形来表示的,所以,"矩形"是应用最为频繁的一个命令。

单击图标 ▨,或快捷键 R,启动"矩形"命令。

命令行提示:根据起始角点和终止角点绘制矩形平面。光标自动变为 ▱。

命令行提示:选择第一角点。单击确定矩形的第一个角点。

命令行提示:选择对角或输入值。拖动鼠标至所需矩形的对角点上再次单击,即可拉出一个矩形,并且形成了一个封闭的面。

注意,此时的矩形大小是随机的,如果需要准确的矩形,必须在右下角的"尺寸"输入框中输入相应的坐标值,两个坐标值之间用逗号分开。如图 10-15 所示为一个 2000mm× 1000mm 的矩形,则在输入框中输入 2000,1000(要注意,为了防止矩形的方向出现错误,拉矩形框的时候就应该和实际的长、宽方向一致)。

当拉矩形的过程中出现对角虚线,同时会有文字提示黄金分割,说明此时的矩形长宽比符合黄金分割比,如图 10-16 所示。

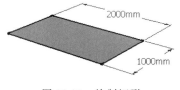

图 10-15　绘制矩形

图 10-16　黄金分割比矩形

10.2.4　旋转矩形

移动光标到图标 ▨,光标显示"从 3 个角画矩形面",单击图标。

命令行提示:选择第一个角。在适当位置单击一下,绘制矩形的起点。

命令行提示:选择第二个角或输入数值。Alt=锁定量角器平面,沿红轴方向拉一个长度。(或在右侧的数值框中输入长度数值)

命令行提示:选择第 3 个角或输入数值。Alt=设置量角器基线。此时随着光标的移动可以显示一个虚拟的有宽度和角度数值的矩形,如图 10-17(a)所示;在右侧的数值框中输入矩形的宽度和角度,即可画出一个任意方向、角度、大小的(倾斜)矩形,如图 10-17(b)所示。

至于按住 Alt 键的效果,读者可自己尝试。

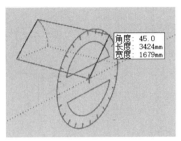

(a) 显示矩形的值　　　　　　　　　(b) 完成的矩形

图 10-17　绘制旋转矩形

10.2.5　画圆工具

单击图标 ，或快捷键 C，启动"画圆"命令。

命令行提示：根据中心点和半径绘制圆。移动光标到绘图区，此时光标变为 。

命令行提示：选择中心点。在圆心所在位置单击并拖动光标。

命令行提示：选择边线上的点。再次单击，即可完成圆的绘制，此圆的半径显示在"半径"数值输入框中，如果要改变半径的大小，只要在数值框中输入指定半径即可，如图 10-18(a)所示。

在 SketchUp 中圆形实际上是由正多边形构成的，根据人们的视觉习惯，默认的是 24 边感觉就比较光滑。如果想改变边数，那么在启动"画圆"命令后，首先在数值框中输入边段数，然后再拉半径，画出圆后再输入相应的半径值，如图 10-18(b)所示是一个边段数为 8 的圆。

(a) 24边形的圆　　　　　　　　　　(b) 八边形的圆

图 10-18　绘制圆

10.2.6　多边形工具

单击图标 ，启动"多边形"命令。

命令行提示：通过中心点和半径绘制 N 边形。进入绘图区光标显示为 。

命令行提示：选择中心点。"边数"数值框默认是 6，输入想要的边数后单击多边形的中心点。

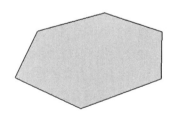

命令行提示：选择边线上的点。单击，然后在"半径"数值框中输入想要的半径即可，如图 10-19 所示。

图 10-19　绘制正多边形

10.2.7　圆弧工具(1)

"圆弧工具(1)"是根据圆心、半径和圆心角绘制圆弧，图标为 。单击该图标，开始画图。

命令行提示：选择中心点。使用 Ctrl＋"＋"组合键或 Ctrl＋"－"组合键更改段数，在需要的圆弧的圆心处单击。

命令行提示：选择第一个圆弧点或输入半径。使用 Ctrl＋"＋"组合键或 Ctrl＋"－"组合键更改段数，指定圆弧的第一点或者输入半径。

命令行提示：选择第二个圆弧点或输入角度。使用 Ctrl＋"＋"组合键或 Ctrl＋"－"组合键更改段数。单击圆弧的第二点或者输入圆心角。

完成圆弧的绘制，如图 10-20 所示。"使用 Ctrl＋'＋'组合键或 Ctrl＋'－'组合键更改段数"的含义是可以增加（或减少）圆弧的边数，使其更加光滑（或不光滑）。

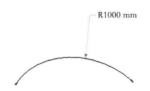

图 10-20 根据圆心、半径和圆心角画圆弧

10.2.8 圆弧工具（2）

"圆弧工具(2)"是根据起点、终点和凸起部分绘制圆弧，图标为 ⬦，单击该图标，光标变为 ⬦。

命令行提示：选择开始点。左键点选圆弧起点，拖拽鼠标确定弦长方向。

命令行提示：选择终点或者输入值。输入弦长或直接点选终点，再拖拽鼠标确定圆弧方向。

命令行提示：选择弧高距离或输入值。输入弦中点到圆弧中点距离值——矢高，当矢高等于半径时会有文字提示，或直接点选圆弧中点完成。

例如，绘制一个直径为 100 的半圆时，点选半圆起点 A，拖拽出直径方向输入 100，单击确定终点 B，AB 线段的中点即是圆心 O，然后垂直于 AB 方向拖拽鼠标，输入 50，单击 Enter 键完成绘制，如图 10-21 所示。

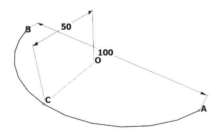

图 10-21 根据两点和矢高画圆弧

10.2.9 圆弧工具（3）

"圆弧工具(3)"是以 3 点形式画圆弧，图标为 ⬦，单击该图标，开始画图

命令行提示：选择开始点。使用 Ctrl＋"＋"组合键或 Ctrl＋"－"组合键更改段数。左键点选圆弧起点。

命令行提示：选择第二个圆弧点或输入长度，使用 Ctrl＋"＋"组合键或 Ctrl＋"－"组合键更改段数。在任意处单击确定第二点。

命令行提示：选择圆弧端点或输入角度。使用 Ctrl＋"＋"组合键或 Ctrl＋"－"组合键更改段数。随着端点的位置不同,圆弧可以不断地变化,如图 10-22(a)所示,一旦确定端点,则圆弧随之确定,如图 10-22(b)所示。

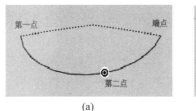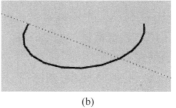

图 10-22　根据 3 点画圆弧

10.2.10　圆弧工具(4)——饼图工具

单击图标 ◢,启动"饼图"命令。可以绘制从中心和两点绘制封闭图形——扇形。

命令行提示：选择中心点。使用 Ctrl＋"＋"组合键或 Ctrl＋"－"组合键更改段数。在任意处单击确定中心点。

命令行提示：选择第一个圆弧点或输入半径。使用 Ctrl＋"＋"组合键或 Ctrl＋"－"组合键更改段数。输入半径 1000。

命令行提示：选择第二个圆弧点或输入角度。使用 Ctrl＋"＋"组合键或 Ctrl＋"－"组合键更改段数。在任意处单击确定一点,构成一个封闭的扇形,完成饼图的绘制,如图 10-23所示。

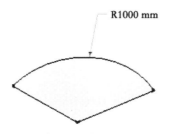

图 10-23　根据圆心、半径和圆心角画饼图

10.3　编辑工具栏

对于绘图类软件,"编辑"命令和"绘图"命令是构成软件的两个核心内容,本节将重点介绍 SketchUp 2018 常用的编辑命令,包括："移动/复制/阵列""旋转/旋转阵列""比例缩放""偏移""推拉""路径跟随"等,如图 10-24 所示。一般来说,需先选择对象,然后才能做相应的编辑操作。

10.3.1　移动/复制工具

单击图标 ✥,启动"移动"命令,光标会显示与之相同的形状。

图 10-24　"编辑"工具栏

命令行提示：选取两个点进行移动。Ctrl＝切换复制，Alt＝切换自动折叠，Shift＝锁定推拉。

（1）"移动"命令相当于 AutoCAD 的选取基点和移动的目标终点，当光标移动到适当位置时，在 SketchUp 中光标会自动捕捉端点、中点、圆心等特殊点。如果要准确地移动具体尺寸，则只需在数值输入框中输入相应的数值即可。如图 10-25 所示，将一立方体从 A 移动 400 到 A' 位置（A 已不复存在）。

（2）当移动的同时按住 Ctrl 键，那么结果就是复制一个物体到某一位置，原物体不变，如图 10-26 所示，把一立方体从 B 点复制一个到 C 点。

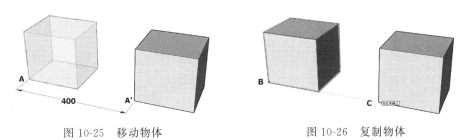

图 10-25 移动物体　　　　　图 10-26 复制物体

（3）如果在复制时输入某个数值，按 Enter 键后，再输入 $* n$，按 Enter 键，则将把该物体按同等距离阵列 n 个。如欲把立方体沿红轴方向按同等距离 400 复制 3 个的操作方法是：

① 选中物体和基点，沿红轴方向移动的同时按住 Ctrl 键，移动一定距离后在数值框输入 400，按 Enter 键；

② 再输入 $* 3$，按 Enter 键，完成相乘复制（线性阵列），如图 10-27(a)所示。

（4）如果要在给定的距离内平均复制 n 个物体，则在输入框输入某个数值再按 Enter 键后，再输入 $n/$，按 Enter 键即可。如欲把立方体沿红轴方向在 1000mm 的范围内复制两个的方法是：

① 选中物体和基点，沿红轴方向移动的同时按住 Ctrl 键，移动一定距离后在数值框输入 1000，按 Enter 键；

② 再输入 $2/$，按 Enter 键，完成相除复制（线性阵列），如图 10-27(b)所示。

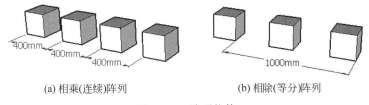

(a) 相乘(连续)阵列　　　　　(b) 相除(等分)阵列

图 10-27 阵列物体

（5）如果移动的是物体上的某个线或面，那么与该线或面相互关联的对象将随着一起移动而产生拉伸或缩放变形（甚至是斜切和扭曲变形），如图 10-28 所示。

（6）如果复制某个物体后，在新复制的物体还是处于选中状态下右击，会弹出图 10-29 的菜单，选择"翻转方向"→"红轴方向"（或"绿轴方向""蓝轴方向"），则可以沿红轴方向（或绿轴方向、蓝轴方向）镜像复制一个物体，如图 10-30 所示。

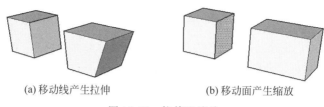

(a) 移动线产生拉伸　　　　　　　　(b) 移动面产生缩放

图 10-28　拉伸和缩放

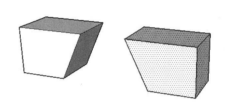

图 10-29　"移动/复制"的右键菜单　　　　　图 10-30　镜像复制

10.3.2 节
彩图

10.3.2　旋转工具

单击图标 ,启动"旋转"命令。

命令行提示：选择量角器中心。Ctrl=切换复制,长按 Shift=锁定推断。

移动光标到绘图区,光标将变为 ,并且确定旋转中心点(一般把中心点定在物体的端点、中点、圆心等特殊点处,如图 10-31 所示将长方体的左前下角点定为中心点)。

命令行提示：对齐量角器的底部。Ctrl=切换复制。单击长方体的右前下角点,指定旋转轴,如图 10-31 所示。

命令行提示：选取旋转角或输入值。接近量角器可进行捕捉,Ctrl=切换复制。

(1) 拖动光标到新的位置单击,即完成操作。如果想旋转指定的角度,只要在数值输入框内输入相应数值(如 60)即可,如图 10-32 所示。

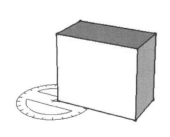

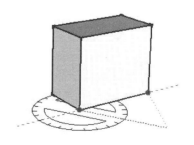

图 10-31　指定中心点和旋转轴　　　　　图 10-32　旋转物体

（2）如果旋转的同时按住 Ctrl 键，那么结果就是复制一个物体到某一位置，原物体不变，并且可以输入准确的角度，把一物体从一点旋转复制一个到另一点，如图 10-33 所示。

（3）如果在旋转复制输入某个数值后，再输入 ＊n，按 Enter 键，则将把物体按同等的角度旋转阵列 n 个。

如欲把物体按 45°复制 3 个的操作方法是：选中物体和中心点与参照边，拖动光标的同时按住 Ctrl 键，旋转一定角度后在数值框输入 45，按 Enter 键，然后再输入 ＊3，按 Enter 键即可，如图 10-34 所示。

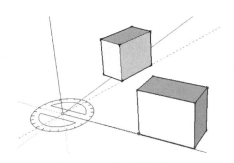

图 10-33　旋转复制物体

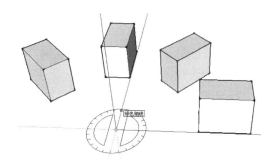

图 10-34　旋转相乘阵列物体

（4）如果在旋转复制输入某个数值后按 Enter 键，再输入 n/，按 Enter 键，则将把物体在一定的角度范围内旋转阵列 n 个。

如欲将物体在 180°的范围内复制 4 个的操作方法是：选中物体和中心点与参照边，拖动光标的同时按住 Ctrl 键，旋转一定角度后在数值框输入 180，按 Enter 键，然后再输入 4/，按 Enter 键即可，如图 10-35 所示。

（5）在任何情况下，确定旋转轴的方法是：按数字键盘上的"→"＝红轴；"←"＝绿轴；"↑"＝蓝轴。也可在主场景的外侧适当位置建立一个棱线方向分别平行于 3 个坐标轴的辅助长方体，当要绕着某个轴（如绿色轴）旋转时，则将光标移到长方体上与该轴垂直的面上，此时光标（量角器）即显示为与该轴相同的颜色（如图是绿色），然后按住 Shift 键的同时，把光标移动到中心点进行相应的旋转操作即可，如图 10-36 所示，完成的是将圆柱绕绿轴旋转复制 90°的操作。

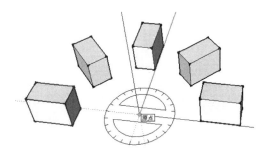

图 10-35　相除（/）阵列复制物体

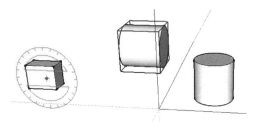

图 10-36　辅助方法确定旋转轴

注：如果用"环绕观察"按钮 ✛ 把场景中的某个轴调整到近似于正对着画面，那么在这种情况下启动"旋转"命令，量角器就显示为与该轴相同的颜色，也就是默认绕该轴旋转，请读者自行尝试。

10.3.3 缩放工具

单击图标 ▨,或快捷键 S,启动"缩放"命令。命令行提示:选择一个手柄并移动以调整对象比例。Ctrl=以中心为基准,Shift=切换统一调整。光标移到绘图区将变为 ▸。如果所选对象是一个三维物体,那么将呈现被 26 个控制点(手柄)包裹的立方体线框,如图 10-37 所示。

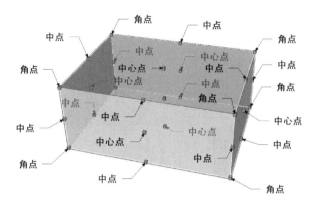

图 10-37 "缩放"命令中的控制点

在相应的控制点上进行拖拽时,可以按不同比例的模式进行缩放。对不同的控制点进行拖拽可以执行不同模式的缩放。缩放模式可以分为以下 3 种。

(1) 等比缩放:长方体线框中的 8 个角点是进行等比缩放的控制点。光标移动到这 8 个控制点时,会提示按等比缩放。单击确认拖拽点,拖动鼠标,可见物体随鼠标在空间中放大或缩小。输入缩放比例(数值大于 1 时将放大物体,数值小于 1 时将缩小物体),按 Enter 键完成缩放。此时红、绿、蓝轴是按照相同比例进行缩放的,即物体是等比放大或缩小。如图 10-38 所示,即是将长、宽、高分别为 1500mm、1500mm、2000mm 的长方体[图 10-38(a)]按等比例放大为 1800mm、1800mm、2400mm 的长方体[图 10-38(b)],即放大了 1.2 倍。

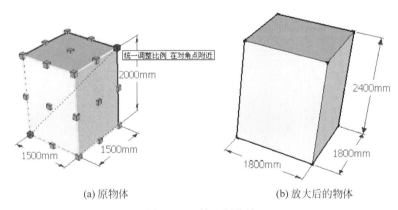

(a) 原物体   (b) 放大后的物体

图 10-38 等比例缩放

(2) 平面缩放:长方体边线框中的 12 条棱线的中点是进行平面缩放的控制点。光标移动到这 12 个控制点时,会提示平面缩放(红绿轴、红蓝轴、绿蓝轴)。单击确认拖拽点,拖动鼠标,可见物体随鼠标在一定范围内放大或缩小。输入缩放比例,此时数值包含所在平面两轴向的比例,两个比例用逗号分开,按 Enter 键完成缩放。此时缩放会限制在本平面中,第三轴向尺度不会变化。例如,在红绿轴平面内缩放时,蓝轴方向比例保持不变。如图 10-39 所示,即是将长、宽、高分别为 1500mm、1500mm、2000mm 的长方体[图 10-39(a)]按红轴比例 1.2、绿轴比例 1.4 放大的(注意:在数值框输入数字时,两个不同的比例之间用逗号分开),蓝轴不变,结果变为长、宽、高分别为 1800mm、2100mm、2400mm 的长方体[图 10-39(b)]。

注意:与控制点所在边线平行的轴向不发生变化。

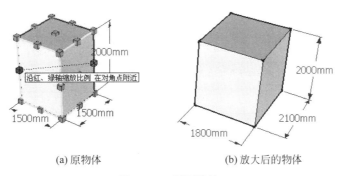

(a) 原物体　　　　　　　　(b) 放大后的物体

图 10-39　平面缩放

(3) 轴向缩放:长方体线框中 6 个平面的中心点是进行轴向缩放的控制点。光标移动到这 6 个控制点时,会提示轴向缩放。单击确认拖拽点,拖动鼠标,可见物体随鼠标拖动在一定轴向拉伸或压缩。输入缩放比例,按 Enter 键完成缩放。此时缩放会限制在一个轴向范围内,其他两轴向比例保持不变。(即在该平面上的两个轴向不变,与该面垂直的轴向发生变化)。如图 10-40 所示,即是将长、宽、高分别为 1500mm、1500mm、2000mm 的长方体[图 10-40(a)]按红轴比例 1.2 放大的,结果变为长、宽、高分别为 1800mm、1500mm、2000mm 的长方体[图 10-40(b)]。

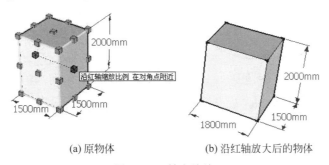

(a) 原物体　　　　　　　　(b) 沿红轴放大后的物体

图 10-40　轴向缩放

如果选中的对象是平面图形,那么将出现包围该图形并且有 8 个控制点的矩形。

① 矩形的 4 个对角点将控制对象按等比例二维缩放,如图 10-41 所示,将直径为 2000mm 的圆[图 10-41(a)]放大 1.2 倍成为直径为 2400mm 的圆[图 10-41(b)];

② 矩形 4 条边的中点控制对象按轴向缩放,如图 10-42 所示,即将直径为 2000mm 的圆[图 10-42(a)]按红轴方向放大 2 倍成为长轴 4000mm、短轴 2000mm 的椭圆[图 10-42(b)]。

如果缩放的同时按住 Ctrl 键,那么所选平面图形将以其中心点为基点进行缩放。如

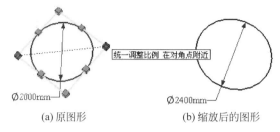

(a) 原图形   (b) 缩放后的图形

图 10-41   平面图形按同一比例缩放

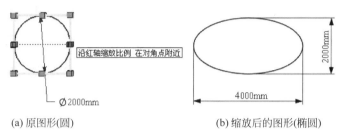

(a) 原图形(圆)   (b) 缩放后的图形(椭圆)

图 10-42   平面图形单向缩放

图 10-43 所示,双击选中圆柱的上底圆[图 10-43(a)],启动"缩放"命令。光标移到包围上底圆的矩形的角点,拖动光标的同时按住 Ctrl 键,则圆柱的上底圆将以圆心为基点进行缩放,从而创建一个圆台[图 10-43(b)](如果给的比例足够小,那么可以创建一个近似的圆锥)。

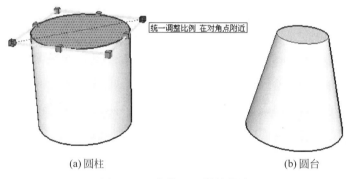

(a) 圆柱   (b) 圆台

图 10-43   按住 Ctrl 键的缩放

10.3.4   偏移工具

通过"偏移复制"命令可以将对象向内或向外复制偏移。此命令类似于 AutoCAD 软件中的 Offset 命令,不同的是,SketchUp 中的单条直线不能偏移,至少是两条相交直线或者曲线及闭合的平面图形才能偏移。单击 按钮,启动"偏移复制"命令。

命令行提示:选择要偏移的平面或边线。Alt=允许重叠。光标显示为 ,单击确认选择对象,拖动鼠标时可见物体会随之偏移出新的线条,输入需要偏移的距离,按 Enter 键完成操作。

例如:将图 10-44(a)中的弧线 *AB* 向内偏移复制 500。选择弧线,单击"偏移复制"按钮，单击弧线，向内拖动鼠标，输入 500，按 Enter 键完成操作，如图 10-44(b)所示。

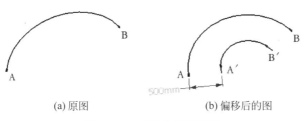

(a) 原图　　　　　　　　(b) 偏移后的图

图 10-44　对象的复制偏移

10.3.5　推/拉工具

"推/拉"命令是 SketchUp 不同于其他建模软件的一个重要的命令，也是快速建模的主要技术保证，当然也是应用最多的一个工具。使用"推/拉"命令可将二维的平面物体拉伸成三维的立体物体，也可以改变三维物体的高度(或长度和宽度)。

单击按钮 ，启动"推/拉"命令。

命令行提示：选取平面进行推拉。Ctrl＝切换创建新的开始平面。光标移到绘图区域，光标显示为 。含义如下。

(1) 将光标移到需要推拉的平面上，面域会自动显示为待选择状态。单击确定选择，移动光标发现选定的平面会随之变化，原来的二维平面会被推拉成三维的物体，而原来的三维物体也会改变原有形态。此时输入需要推拉的距离值，按 Enter 键，或直接把平面推拉到适当位置后单击，确认其位置，完成推拉指令。

如图 10-45(a)所示为一个钢琴模型的平面图，如果光标移到琴键一侧向上推拉150mm，结果如图 10-45(b)所示；光标再移到另一侧推拉 300mm，结果如图 10-45(c)所示。需要注意的是，在输入推拉数值时，沿光标移动方向为正，反之则为负值。

(2) 如果推拉的同时按住 Ctrl 键，那么将从选中的面开始创建一个新的模型。从表面上看新的模型和原来的物体是连接在一起的，但是它们是各自独立的，如图 10-46 所示。图 10-46(a)为原始平面；图 10-46(b)是一次推拉的结果；图 10-46(c)是在图 10-46(b)的基础上按住 Ctrl 键再次推拉上底面的结果，显示上下不是同一个物体，是相互独立的两个物体。

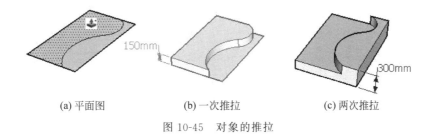

(a) 平面图　　　　　(b) 一次推拉　　　　　(c) 两次推拉

图 10-45　对象的推拉

注意：如果下一次推拉的数值和上一次一样，那么就不需要反复输入数值，只要双击即可。如图 10-47 所示的台阶，每一级台阶的高度是相等的，那么第一级台阶推拉后，其他台阶只要通过反复双击即可。

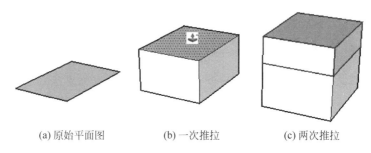

(a) 原始平面图　　　　(b) 一次推拉　　　　(c) 两次推拉

图 10-46　按住 Ctrl 键的推拉

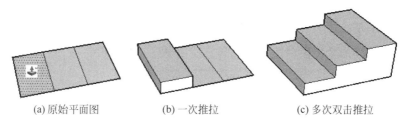

(a) 原始平面图　　　　(b) 一次推拉　　　　(c) 多次双击推拉

图 10-47　双击的推拉

10.3.6 节
彩图

10.3.6　路径跟随工具

"路径跟随"命令可以将一个二维图形按照一定的路径进行放样,最后形成一个完整的物体。此命令类似于 3D Max 软件中的 Loft(放样)命令。

单击 按钮,启动"路径跟随"命令。光标移到绘图区显示为 。

命令行提示:按所选路径跟随。

命令行提示:选择要挤压的平面。先选择一个二维平面,单击"确认"。

命令行提示:拖动面延伸。Alt＝面周长。再将光标置于需要跟随的路径上,当前路径会以红色显示,按住左键沿路径拖动鼠标直至路径终点,单击确认完成操作。

例如:将图 10-48(a)中 A 点处的圆形沿路径 AB 放样。单击"路径跟随"按钮 ,单击圆形确认,如图 10-48(b)所示,沿 AB 路径拖动鼠标,看见路径上变成红色,如图 10-48(c)所示,继续拖动鼠标到终点 B,单击确认完成操作,如图 10-48(d)所示。

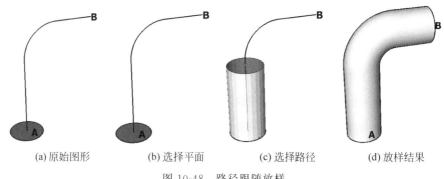

(a) 原始图形　　　(b) 选择平面　　　(c) 选择路径　　　(d) 放样结果

图 10-48　路径跟随放样

注意：当路径比较复杂时(如多层的楼梯扶手)，光标沿着路径走比较麻烦，往往很难找到路径，此时可以先选择路径，然后选择平面，效果是一样的，但是要方便快捷得多。另外，放样的断面一定是和路径重合的。

另外，如果选择"路径跟随"的同时按住 Alt 键，那么放样将更加快捷。如图 10-49(a)所示为一长方体，将该长方体的顶部倒圆角的步骤如下。

(1) 在长方体的一个角做出要倒圆角的圆弧，如图 10-49(b)所示。

(2) 选择顶面。

(3) 在单击 🌀 按钮，同时按住 Alt 键，把光标移到角部单击即可，如图 10-49(c)所示。

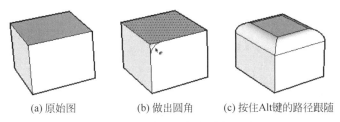

(a) 原始图　　　　(b) 做出圆角　　　(c) 按住Alt键的路径跟随

图 10-49　按住 Alt 键的路径跟随

图 10-50 是一个半径为 1000mm 的圆球的制作过程。

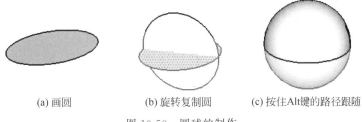

(a) 画圆　　　　(b) 旋转复制圆　　　(c) 按住Alt键的路径跟随

图 10-50　圆球的制作

圆球的制作步骤如下。

(1) 先作一个半径为 1000mm 的圆，如图 10-50(a)所示。

(2) 选择该圆，按住 Ctrl 键的同时旋转/复制 90°(注意旋转轴的方向)，如图 10-50(b)所示。

(3) 单击 🌀 按钮，选择其中一个圆，按住 Alt 键的同时将选中的圆拖动到另一个圆平面上，即可生成圆球，如图 10-50(c)所示。

第11章

辅助建模技术

11.1 建筑施工(构造)工具栏

建筑施工工具栏(版本翻译的问题,用旧版翻译"构造"可能更加合理一些)包括"卷尺""量角器""轴""尺寸标注""文字""三维文字"6项内容,如图11-1所示。这些工具虽然不能直接用来绘图和编辑,但是其辅助定位功能十分强大,经常在绘图中使用,所以把它们定位为辅助建模技术。

11.1.1 卷尺工具

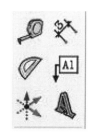

单击图标 按钮,启动"卷尺"工具命令。

命令行提示:测量距离,创建引导线、引导点,调整整个模型的比例。移动光标到绘图区,光标将变为 。

命令行提示:选择开始测量的点或边线。Ctrl=切换创建参考线。

图11-1 建筑施工工具栏

1) 测量线段的长度

如图11-2所示,要测线段 AB 的长度,将光标移到起点 A 单击,然后沿着 AB 线拖动光标到 B 点,再次单击,此时在光标的下方和数值框将显示线段 AB 的长度数值(2000mm)。

(a) 已知线段   (b) 测量结果

图11-2 测量线段长度

2) 绘制直线型的辅助线

(1) 线段的延长线。如图11-3所示,启动"卷尺"工具后,在需要延长的线段的一个端点单击,然后沿着该线的走向拖动光标,在光标的下方和数值输入框内会显示延长线的长度,也可以输入想要的长度。

(2) 直线的偏移线。如图11-4所示,启动"卷尺"工具后,在需要偏移的线段上的任意一点单击,然后沿着需要偏移的方向拖动光标,在光标的下方和数值输入框内会显示偏移的距离,也可以输入想要的长度。这样两条辅助线(虚线)相交的交点将是平面上的一个定位点。

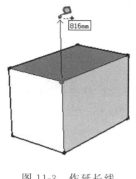
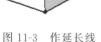

图 11-3 作延长线

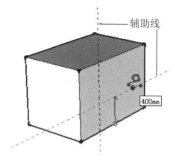

图 11-4 作偏移辅助线

11.1.2 量角器工具

"量角器"工具既可以用来测量角度,也可以通过角度来创建所需要的辅助线。

单击图标 按钮,启动"量角器"命令。

命令行提示:测量角度并创建参考线。移动光标到绘图区,光标将变为 。

命令行提示:放置量角器的中心。Ctrl＝切换创建参考线,按住 Shift＝对齐平面。其含义如下。

(1) 测量角度。如图 11-5 所示,为了测量长方体上底面的长边与对角线的夹角,可这样操作:将光标(量角器的中点)置于长边的一个端点单击,移动光标到另一个端点再单击,然后再移动光标到对角点第 3 次单击,这样从起点到对角点就出现了一条辅助线,同时在数值框中显示出角度数值。

(2) 如果测量时按住 Ctrl 键,那么在第 3 次单击后,数值框中会显示角度值,但是辅助线将消失。

(3) 当形体复杂,不易控制测量方向时,可以建一个辅助的长方体,那么当光标放置在长方体的某个面上时按住 Shift 键,它所显示的方向(量角器与该面平行)在离开该面后保持不变,如图 11-6 所示。这和确定旋转轴的原理是一样的。

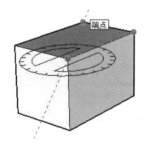

图 11-5 测量角度并作辅助线

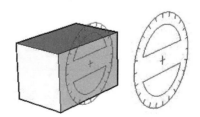

图 11-6 按住 Shift 键测量角度

11.1.3 轴工具

"轴"工具用来设置坐标轴,也可以重新设定作图的坐标系统。单击 图标按钮,启动

"轴"命令。

命令行提示:移动绘图轴或重新确定绘图轴方向。移动光标至绘图区,光标将显示为 。命令行会一步一步提示:选取点为新坐标系原点;确定点作为红轴方向,最后选择一点作为新坐标系绿轴正向,完成新坐标系设置。

如图11-7所示,为了能在坡屋面上准确定位,可以将光标在坡屋面的角点处单击,作为新的坐标轴的原点,沿檐口线方向的另一端点再单击作为新的红轴方向;然后在坡屋面的边线与屋脊的交点再单击,作为新的绿轴方向,如图11-7(a)所示。这样,就在坡屋面上确定了新的坐标体系,就可以像在水平面上一样,准确地输入 x,y 坐标画图建模了,如图11-7(b)所示。

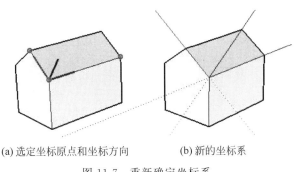

(a) 选定坐标原点和坐标方向   (b) 新的坐标系

图 11-7   重新确定坐标系

11.1.4   尺寸标注工具

"尺寸标注"工具,可以对物体进行尺寸标注。单击图标按钮 启动"尺寸标注"工具。

命令行提示:在任意两点间绘制尺寸线。移动光标到绘图区。

命令行提示:现在要标注尺寸的边线、曲线或两点,或者拖动一个进行移动。具体操作是:单击需要测量对象的起点,再单击对象的终点,引出线上会出现测量数值。拖动鼠标到适当位置,标注数值也会随之移动到特定位置,单击确认标注数值放置的位置,完成操作,如图11-8(a)所示。

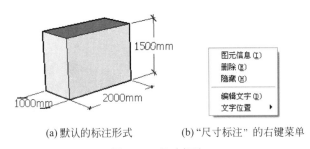

(a) 默认的标注形式   (b) "尺寸标注" 的右键菜单

图 11-8   尺寸标注

尺寸标注默认的端点形式(起止符号)是建筑施工图常用的斜线,如果想调整标注形式,可以右击某个尺寸线,立刻会弹出如图11-8(b)所示的菜单,选择其中需要的选项,即可做相应的修改。

如果选择"模型信息"选项,在左侧的默认面板中将显示图11-9(a)所示的对话框,显示该尺寸的属性是"线性尺寸",内容包括"图层"、"更改字体"(字体样式及大小)、"文字"(内容)、"对齐屏幕"、"对齐尺寸"、"文字位置"、"端点"、"隐藏"等选项,可按需要对尺寸做相应的调整,调整结果如图 11-9(b)所示。

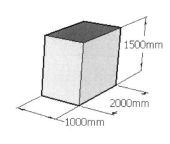

(a)"图元信息" 对话框　　　　　　　　　(b) 修改结果

图 11-9　修改尺寸标注

注:所谓"对齐屏幕",就是字体的字头总是向上的,文字与屏幕平行(反映实形);所谓"对齐尺寸",就是字体的方向是和轮廓线平行的。

11.1.5　文字工具

"文字"工具就是在场景中增加文字说明,执行命令时,单击"文字"按钮 ▥ ,光标显示 ▥ ,单击需要标注的物体中一点,作为文字引出原点,拖动鼠标会拉动引出线,移动鼠标到适当位置,单击确认文本位置,可自动标注线段的长度和平面的面积,也可以在文本框中输入文字,最后在文本框外单击完成操作,如图 11-10 所示。

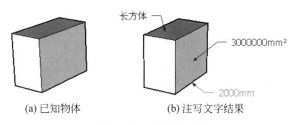

(a) 已知物体　　　　　　　　(b)注写文字结果

图 11-10　注写文字

11.1.6　三维文字

三维文字命令可以在模型中建立一个三维的立体文字。执行命令时,单击"三维文字"按钮 ▲ ,弹出对话框如图 11-11(a)所示,在上部窗口中可以输入文字,窗口下方有对文字字体、对齐方式、文字高度、已延伸等参数的设置。

例如:在模型中放置一个内容为宋体"建筑施工图"文本的操作方法如下。

(1) 单击"三维文字"按钮,在弹出的对话框中输入"建筑施工图"。

(2) 在"字体"选项里选择"宋体",然后在"高度"等选项中输入希望的数值。

(3) 单击"放置"按钮,回到作图界面中,出现内容为"建筑施工图"的三维文字,在作图

(a) 文本窗口   (b) 放置并编辑三维文本

图 11-11   三维文字

界面中移动光标到适当位置,单击确认完成操作,如图 11-11(b)所示。

注意:默认的字体是平放的,通过旋转把它立起来。

11.2   相机工具栏

SketchUp 默认的是在三维环境下作图的,为了便于观察和修改,往往需要从不同的角度和方向观察物体。因此,软件提供了相机工具栏,具体包括:"环绕观察""平移""缩放""缩放窗口""充满视窗""上一个""定位相机""绕轴旋转""漫游"等。

11.2.1   环绕观察

环绕观察命令可以转动相机视角,便于观察模型。执行命令时,单击"环绕观察"按钮 ✤。

命令行提示:将相机视野环绕模型。拖动光标到绘图区,光标变为相同的形状。

命令行提示:拖动以进行环绕观察。Shift=平移。操作如下:在作图区中任意一处按住左键不放,拖动鼠标,可见窗口中的视角随之变化。鼠标左右拖动时调整相机的水平角度如图 11-12 所示;鼠标上下拖动时调整相机的垂直角度如图 11-13 所示。如果在启动"环绕观察"的同时,按住 Shift 键,其效果相当于"平移"。

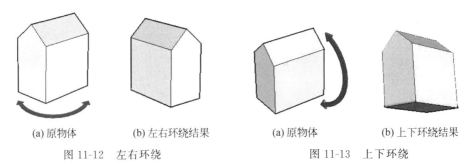

(a) 原物体   (b) 左右环绕   (a) 原物体   (b) 上下环绕

图 11-12   左右环绕   图 11-13   上下环绕

11.2.2   平移

执行命令时,单击"平移"按钮 ✋。

命令行提示：水平或垂直移动相机。拖动光标到绘图区，光标变为相同的形状。

命令行提示：按方向拖动以平移。操作如下：

（1）在作图区中任意一处按住左键不放，左右拖动鼠标，相当于物体不动，人左右移动以观察物体，相机的上下视角不变，可观察到物体左右面大小的变化，如图 11-14 所示。

（2）如果上下移动鼠标，相当于物体不动，人上下移动以观察物体，相机的左右视角不变，可观察到物体上下面大小的变化，如图 11-15 所示。

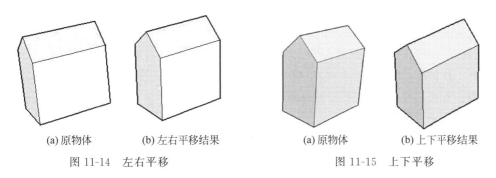

(a) 原物体　　(b) 左右平移结果　　　　(a) 原物体　　(b) 上下平移结果

图 11-14　左右平移　　　　　　　　　图 11-15　上下平移

11.2.3　定位相机

定位相机命令可以设置相机位置，模拟以一定视角观察模型。执行命令时，单击"定位相机"按钮 ♟。

命令行提示：按照具体的位置、视点高度和方向定位相机视野。移动光标到绘图区，光标变为相同的形状 ♟。

命令行提示：选择相机位置。设定观察点距离相机位置的垂直距离，然后在作图区中选定一处相机位置，单击确认，可见窗口中的视角改变为刚设定的视点。

例如：将图 11-16 中模型的视点设置在距 O 点上方 1.8m 的位置。单击"定位相机"按钮，然后输入 1800（默认视高 1676mm），按 Enter 键，在 O 点单击，可见窗口中的视角改变为距 O 点上方 1.8m 的视点，同时光标也变成了 👁，如图 11-16(b) 所示。可以看出该图放大了很多，原因是现在的视点位置比屏幕原来的视点位置近了很多，而且没有原来的视点高。

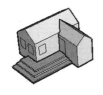
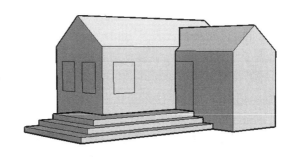

♟ O点

(a) 确定相机位置　　　　　　　　　　(b) 新相机位置的视图

图 11-16　定位相机

11.2.4 绕轴旋转

绕轴旋转命令可以模拟人在模型中任意一点环顾四周看到的视图。执行该命令时,单击"绕轴旋转"按钮 👁 。

命令行提示:以固定点为中心转动相机视野。拖动鼠标到绘图区,光标显示相同的形状 👁 。

命令行提示:按方向拖动以旋转相机。然后在视图中按住左键不放,拖动鼠标,可见视图以当前的相机点为中心,既可以环顾四周,又可俯瞰仰望。左右拖动时调整水平视野;上下拖动时调整垂直视野,如图 11-17 所示。

注意:当确定相机后,会自动转换为环绕观察状态,如果对视点的高度不满意,可以在数值输入框中调整,一般为 1500~1800mm。

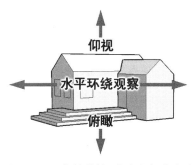

图 11-17 "绕轴旋转"命令的操作方式

11.2.5 漫游

漫游命令可以模拟人在模型空间移动过程中看到的视图。执行命令时,单击"漫游"按钮 👣 。

命令行提示:以相机为视角漫游。拖动光标到绘图区,光标显示相同的形状。

命令行提示:点按并拖动,开始漫游。Ctrl=运行,Shift=垂直或侧向移动,Alt=停用冲突检测。

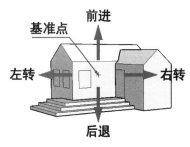

图 11-18 "漫游"命令下的操作方式

(1) 在视图中选择一点作为漫游的基准点,在单击的同时,指针处会出现一个十字光标,示意漫游的基点。按住左键不放,拖动鼠标,可见视点及视线会相应改变。方法是:以十字基准点为中心,向上拖动鼠标视点向前移动;向下拖动鼠标则视点向后移动;向左拖动鼠标视点向左转动;向右拖动鼠标则视点向右转动,如图 11-18 所示。

(2) 如果在漫游的同时按住 Ctrl 键,那么在保持原有运行方式的情况下,速度会加快。

(3) 如果在漫游的同时按住 Shift 键,那么只能进行水平或垂直方向漫游。此时光标向上移动相当于增加视高;向下移动则是降低视高;水平方向移动则是视点的平行移动。

(4) 如果在漫游的同时按住 Alt 键,可能会使运行相对平稳(也许是 SketchUp 2018 新增加的功能,但是没发现有什么变化)。

说明:SketchUp 中的漫游功能是用于制作建筑动画的,在绘制效果图中是没有意义的。漫游就是模型随着观察者移动,相机视图产生相应的连续变化而形成的建筑游历动画。漫游用于室外,可以观察一个建筑群(或者小区)的设计规划;用于室内则可以一次性地浏览一个建筑内各个空间(或房间)的交通联系与整体设计的风格。

SketchUp 中"缩放""缩放窗口""充满视窗""上一个"等操作命令与 AutoCAD 类似,这里不再赘述。

11.3　剖切面工具

使用"剖切面"工具,可以将一个或多个物体进行剖切,显示剩余的部分及剖切后的内部空间。单击按钮 ⊕,启动"剖切面"命令。

命令行提示:绘制剖切面以显示模型的内部细节。拖动光标到绘图区,光标将变为 4 个角带有箭头(表示剖切后的投影方向)的矩形,同时出现图 11-19 的"放置剖切面"窗口,显示剖切面的名称和编号(勾选下方的"不再显示此内容⋯⋯"以后,再设置剖切面时,将使用默认名称和编号)。

图 11-19　"放置剖切面"窗口

命令行提示:在平面上放置截屏面。Shift＝锁定平面。

(1) 当光标贴近某一物体的某一表面时,出现带箭头的平面,此平面表示将要剖切的方向与平面位置,如图 11-20(a)所示。

(2) 当确定剖切面的方向后,可以将剖切面移到想要的剖切位置而不改变剖切方向。再单击可见物体的特定表面被剖切,被剖切到的位置以黑色粗线显示,并且将物体的内部空间显示出来。如图 11-20(b)所示,如果再单击"显示(关闭)剖切面"按钮 🖿 和"显示(关闭)剖切面填充"按钮 🖿 ,则在关闭剖切面的同时显示被剖切到的实体部分,如图 11-20(c)所示。图 11-21 和图 11-22 分别是正向剖切和侧向剖切的效果。

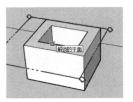 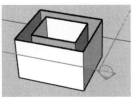 

　(a) 水平剖切面　　　　　　(b) 显示剖切轮廓线　　　　　(c) 显示剖切截面

图 11-20　水平剖切

(3) 完成剖切以后,右击屏幕中的剖切面,会弹出图 11-23(a)所示的快捷菜单。通过这个菜单可以对剖面图进行隐藏剖切面、翻转剖切方向及将三维剖切视图转换为平面剖切视图的操作。

将三维剖切视图转换为平面剖切视图主要是建筑施工图的需要,因为建筑施工图都是二维的平面图。具体的操作方法是直接在图 11-23(a)的右键菜单中选择"对齐视图"命令,

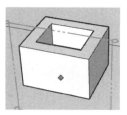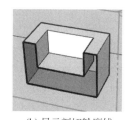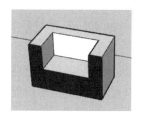

(a) 正平剖切面　　　　　(b) 显示剖切轮廓线　　　　　(c) 显示剖切截面

图 11-21　正向剖切

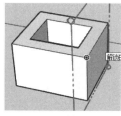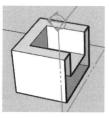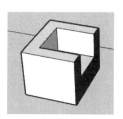

(a) 测平剖切面　　　　　(b) 显示剖切轮廓线　　　　　(c) 显示剖切截面

图 11-22　侧向剖切

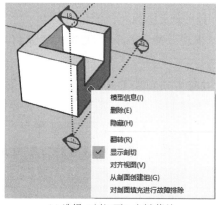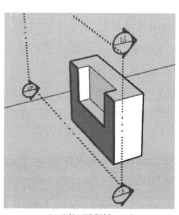

(a) 选择"剖切面"右键菜单　　　　　　　　(b) 剖切面翻转180°

图 11-23　翻转剖切面

此时屏幕会以剖切面为正视图方向,把三维的剖面图转换成为二维的剖面图,如图 11-24 所示。此时是透视效果,可以通过单击菜单"相机"→"平行投影"转换为正投影效果。

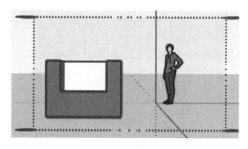

图 11-24　平面剖切视图

默认情况下,剖切的剖面是以黑色显示的,可以通过以下操作来调整物体的显示颜色:在"默认面板"中选择"风格",在弹出的"建筑设计样式"对话框中选择"编辑"选项卡,然后再选择"建模"图标 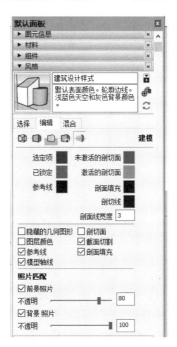(编辑下方的最后一个图),再进一步设定剖切面的各个选项,可以改变剖切轮廓线粗细、颜色及剖切面的颜色等,如图 11-25 所示。

图 11-25　调整剖切显示

11.4　其他常用工具与知识

11.4.1　图层工具

由于 SketchUp 建模的对象主要是单体建筑,一个室内场景也是一个物体,所以"图层"的功能没有 AutoCAD 那样强大,使用频率相对也小。因此,在 SketchUp 的默认启动界面中是没有"图层"工具栏的,需要通过"视图"→"工具栏"→"图层"来打开"图层"工具栏,如图 11-26 所示。

在默认面板中单击"图层"选项会弹出如图 11-27 所示的"图层"对话框。添加、删除图层一般在"图层"对话框中完成,而切换当前绘图图层可直接在"图层"工具栏的下拉列表框中选择。

和 AutoCAD 一样,在 SketchUp 中系统也默认自建了一个 0 层(Layer0)。该图层不能被删除、更名和隐藏。如果不新建其他图层,那么所有的图形将被放置在 0 图层中,适用于场景比较简单的情况。

如果场景比较复杂,需要用图层分门别类地管理图形文件,就需要使用"图层"对话框进行图层管理,类似于 AutoCAD 的图层设置与管理,这里不再赘述。

图 11-26　"图层"工具栏　　　　　　　图 11-27　"图层"对话框

11.4.2　正面与反面

SketchUp 是以面为核心的建模方法,这在前面建模基础中已经强调过了。这里还要了解一下有关面的其他一些概念。

(1) 一个面总是有正面和反面的区别。在 SketchUp 中,通常用蓝色或者灰色的表面表示反面,如图 11-28(a)所示;用黄色或者白色的表面表示正面,如图 11-28(c)所示。如果想调整正反面,只要在某个面上右击,并在弹出的菜单中选择"反转平面"命令即可,如图 11-28(b)所示。

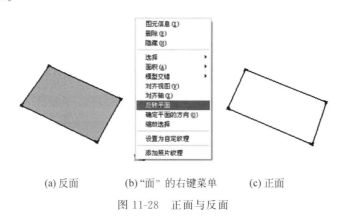

(a) 反面　　　　　(b) "面"的右键菜单　　　　(c) 正面

图 11-28　正面与反面

(2) 如果要修改正反面的颜色,在默认面板中单击"风格",在对话框中选择"编辑"→"平面设置"图标◻("编辑"下方的第二个图标),在弹出的对话框中分别单击"正面颜色"和"背面颜色"选项右边的色彩框,设置希望的颜色,如图 11-29 所示。

(3) 一般三维设计软件渲染器的默认设置都是单面渲染,那么绘制室外建筑效果图时应该把外墙面作为正面(即正面朝外),如图 11-30 所示。而室内设计时应该把内墙面作为正面(即正面朝内),如图 11-31 所示。该图的室内仍显得灰暗,是因为在 SketchUp 中系统默认的光源是太阳光,室内是背光的,如果室内墙面设为反面,将会更暗。

图 11-29 "样式"对话框

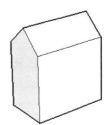

图 11-30 室外设计

图 11-31 室内设计

11.4.3 群组

在 SketchUp 中的每个模型都是由若干个图元(包括线和面)组成的,比如一个长方体有 6 个面和 12 条边线,在默认状态下它们都是各自独立又相互关联的对象。当场景中的模型物体过多时,管理物体就会变得很麻烦,甚至选择一个物体都会很困难。此时可以将一些相互关联的图元(线、面,甚至是一个小的物体)组成一个集合,那么当选择这个集合时就相当于选择了集合中的所有对象。比如将一个写字台的桌面、抽屉、桌腿等所有构件组成一个写字台集合,那么下次再选择写字台时就自然地把各个构件一起选中了。这就是群组的概念。

用 SketchUp 建模时,创建群组是一个非常重要的手段,总体原则是晚建不如早建,少建不如多建,目的是方便编辑以提高速度与效率。

(1)创建群组。选中物体后,右击,在弹出的快捷菜单中选择"创建群组"命令即可。如图 11-32 所示,把长方体的 6 个面和 12 条边线集合在一起,构成了一个长方体群组。

(2)群组的嵌套。一个群组中可以包含另外的群组,大群组里套小群组,这就是群组的嵌套,可以一级一级地套下去。如图 11-33 所示,把 3 个小的长方体群组再组成一个大群组;把 3 个圆柱的小群组也组成一个大组群;然后把这两个大的群组再组成一个群组。可以如此反复下去,当然一般不宜嵌套得太多。

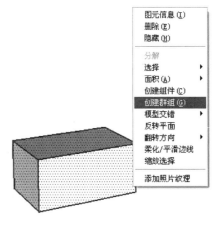

图 11-32 "创建群组"命令

（3）编辑群组。在建模的过程中,如果要对群组的对象进行调整（增加、减少数量,甚至修改形状和大小等）,只要双击群组,进入该群组后进行编辑。如欲将图 11-33 中的中间一个圆柱删除,并且把中间一个长方体拉高,操作方法如下。

① 双击大圆柱群组,然后删除中间一个圆柱。

② 双击大的长方体群组后,再双击中间一个小的长方体群组,最后再推拉该长方体,结果如图 11-34 所示。

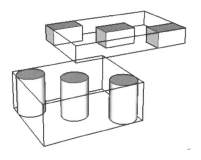

图 11-33　群组的嵌套

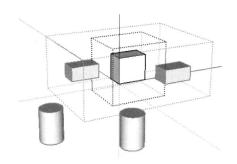

图 11-34　编辑群组

（4）群组的分解与锁定。如果因需要对群组进行重新组合,那么可以右击选中群组,在弹出的快捷菜单中选择"分解"命令,从而解散群组;如果确定群组已经满意,不再需要修改,为防止误操作,则可以锁定或者隐藏群组,如图 11-35 所示。

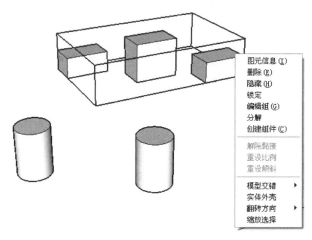

图 11-35　群组的分解与锁定

11.4.4　模型相交

在建模过程中,遇到两个物体相互贯穿是不可避免的,如果只考虑外观,不管内部情况,那么是无所谓的,如图 11-36 所示。但是如果要表达内部的相交情况,就必须进行分析。关于这个问题,在 AutoCAD 中有"交集""并集"等命令,在 3D Max 等软件中有布尔运算等工具,在 SketchUp 中则有"模型交错"命令。

如图 11-37(a)所示,欲在路堤下开一个拱形隧道或者涵洞,操作方法如下。

（1）以洞口的断面为底面,推拉出一个立体模型,如图 11-37(b)所示。

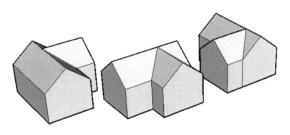

图 11-36　模型相交

注意：推拉的模型到路堤的右侧面即可，这样，它与路堤相贯通的部分自然就空了。如果直接在堤坝的右侧直立面画出洞口断面，然后向左推更好。

（2）叉选物体（参与相交的对象）并且右击，在弹出的快捷菜单中选择"模型交错"→"只对选择对象交错"（或者"模型交错"），如图 11-37(c)所示；

（3）删除圆拱的实体部分和路堤斜面的洞口及底面，即完成了隧道的贯通，如图 11-37(d)所示。

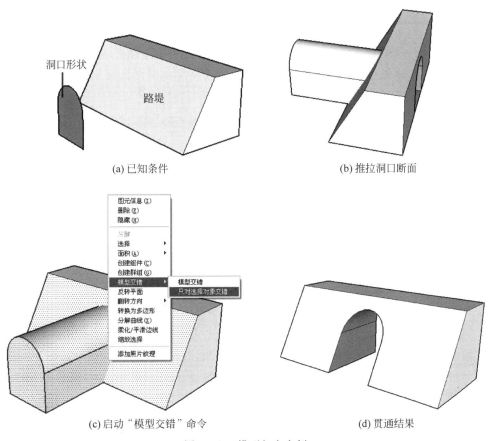

(a) 已知条件　　　　　　　　　　(b) 推拉洞口断面

(c) 启动"模型交错"命令　　　　(d) 贯通结果

图 11-37　模型相交实例

注意：在 SketchUp 的旧版本中，只有模型是群组时才可以用"模型交错"命令，否则只能用"只对选择对象交错"命令，在 SketchUp 2018 中两种命令都可以用，但是结果会有不同，请读者自己尝试。

第12章

场 景 管 理

当建立了一个场景后(一个文件至少对应一个场景),在该场景中就包含了各种信息,如"模型信息""图元信息""材质信息""风格信息"等,对这些信息进行管理,可有效提高设计质量。

12.1 模型信息面板

单击"窗口"→"模型信息",弹出"模型信息"面板,该面板包含了场景中模型的若干信息及部分参数设定,例如"尺寸"参数面板中可以设定尺寸标注时的文字字体、大小,标注时的端点标注类型,尺寸标注的文字对齐方式等内容,如图 12-1 所示。

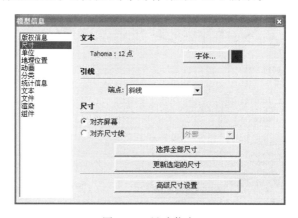

图 12-1　尺寸信息

"单位"参数面板中可以设定绘图或标注单位时的格式、度量、精确度等参数。格式栏中设置"十进制""分数制""小数制"等类别,单位栏设置 m、cm、mm、ft、in 等单位,精确度设置精确到小数点后的位数等,如图 12-2 所示。

"字体"参数面板中可以选择系统下所有的字体格式、字体类型、字体大小及字体色彩,端点类型可以选择短粗线、闭合箭头、空心箭头、圆点等类型。

图 12-3 显示了当前场景中各个图元的数量,而图 12-4 则显示该文件位置、大小、所用软件的版本及文件简图等,当然这两项内容是不好修改的。

另外还有其他相关的动画、绘图、统计、位置、文件、文字及组件信息参数内容,以上内容比较简单,不再赘述,读者可自行查阅。

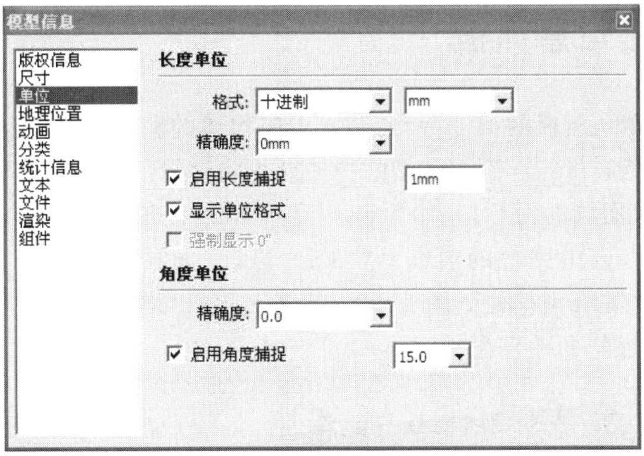

图 12-2 “单位”信息

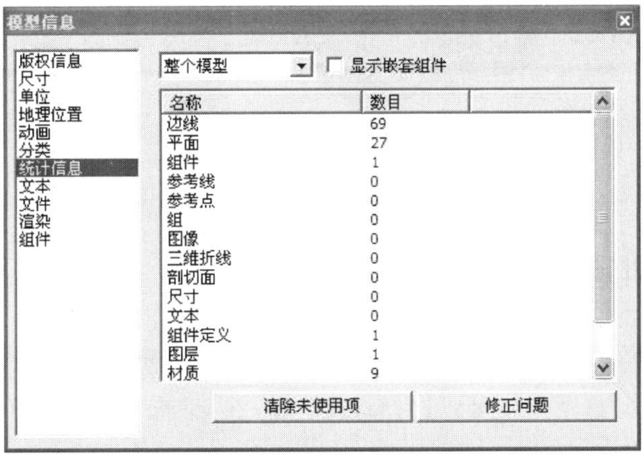

图 12-3 “统计”信息

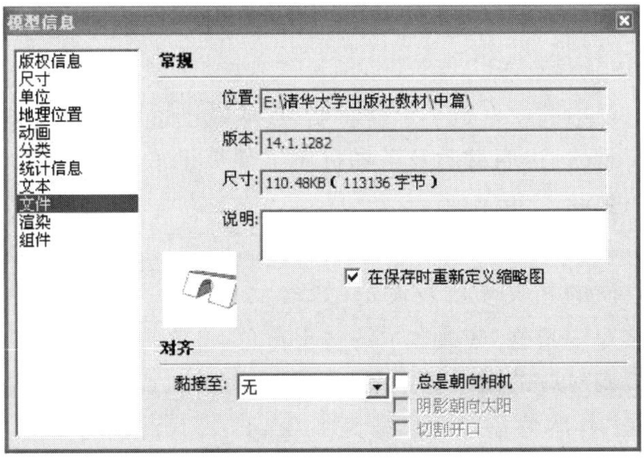

图 12-4 “文件”信息

12.2　图元信息面板

"图元信息"在默认面板的第一行,会显示当前物体的相关信息,包括所在图层、参数信息、受光投影状况、色彩材质。不同类型的物体显示的参数信息不同:"线段"显示线段的长度信息,"面域"显示面域的面积信息,"群组"显示群组的名称,"组件"显示组件的定义名称。如图 12-5 所示,选中路堤的边线后,单击"窗口"→"图元信息",弹出"边线"信息面板,显示了路堤边线的有关信息;图 12-6 则是在选中了路堤斜面后,在弹出的"平面"信息面板中显示的路堤斜面的信息。

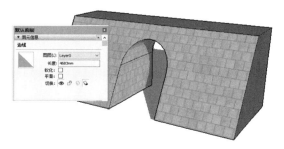

图 12-5　"边线"信息面板　　　　　　　图 12-6　"平面"信息面板

12.3　材料面板

"材料"面板在默认面板的第二行。"材料"面板(图 12-7)中分为"选择"选项卡与"编辑"选项卡。在"选择"选项卡中可以选择材质类型,在"编辑"选项卡中可对选择的材质进行编辑。

SketchUp 软件配置了一些常用的材质类型,在"选择"选项卡的材质框右侧单击向下箭头,在选框中出现了材质的分类。选取材质时,点选相应的材质文件夹,进入此类材质列表(图 12-8),再点选适当的材质,当光标变成 🖐 后,在需要赋予材质的对象(面或者群组)上单击,即可将材质附着于物体之上。

例如,将图 12-9(a)中的窗框赋予木材材质,玻璃赋予透明材质,内框赋予黑色。先后点选材质类型中的木材材质、透明材质及色彩材质文件夹下的相应材质,再分别点选窗框、玻璃与内框,完成操作,如图 12-9(b)所示。

"编辑"选项卡可对选择的材质进行编辑。先在"选择"选项卡中选定一种材质,单击"编辑"选项卡,出现此材质的相关参数及设定,如图 12-10(a)所示的"材料面板"为 SketchUp提供的一种瓦片材质,其"颜色"选项显示的是土黄色;"拾色器"的方式是色轮(即中间的彩色球,如果选用 RGB 则对应的颜色分别是 R:217、G:201、B:169);其"纹理"显示的是"使用纹理图像",名称是"自然色瓷砖",尺寸是 610mm×610mm,方式是"着色",100%"不透明"。正常给路堤赋予材质的效果如图 12-10(b)所示,感觉不是很理想。

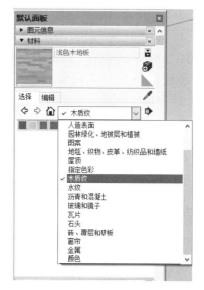

图 12-7 "材料"信息面板

图 12-8 "材料"选择面板

(a) 赋予材质前

(b) 赋予材质后

图 12-9 物体赋予材质前后的效果对比

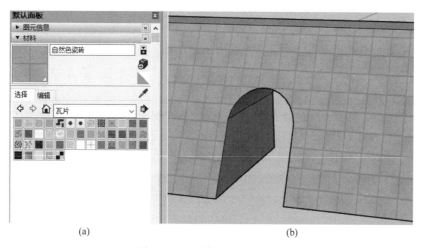

(a)

(b)

图 12-10 正常赋予材质效果

SketchUp 提供的材质是非常有限的,但是可以通过材质编辑器改变颜色、纹理的大小和方向及其透明度等,从而创建出丰富的材质来。如图 12-11(a)所示,通过色轮调整其色相和明度(其对应的 RGB 的颜色分别是 R:219、G:206、B:168);"纹理"的尺寸调整为 300mm×300mm,仍然是 100%"不透明"。按这样的数值给路堤赋予材质的效果如图 12-11(b)所示,创建出了米黄色大理石的效果。

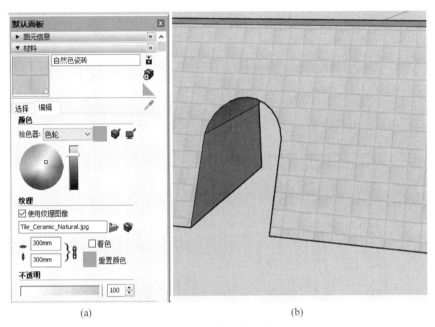

(a)   (b)

图 12-11   编辑材质及效果

如果通过编辑其纹理方向和不透明度等手段,理论上可以创建出各种想要的材质,当然,这完全依赖于设计者的个人能力,这里不再赘述。

12.4   风格面板

风格面板在 SketchUp 旧版本中常常翻译为"格式"或"使用偏好",在默认面板的第 4 行。这是 SketchUp 非常重要的一个面板,内容非常丰富。

风格面板中有 3 个选项卡:"选择""编辑""混合"选项卡。每个选项卡又包含许多选项。

"选择"选项卡中列出了常用的视图风格,包括:Style Builder(竞赛获奖者)、"手绘边线"等,可以直接单击选项卡中的图标改变视图风格,如图 12-12 所示。

"编辑"选项卡可以设定视图中物体的显示风格,包括:"边线设置""平面设置""背景设置""水印设置""建模设置"等内容图,如图 12-13 所示。

"混合"选项卡可以将"选择"选项卡和"编辑"选项卡结合在一起,形成一个新的视图风格,如图 12-14 所示。

"选择"选项卡与"混合"选项卡设置比较简单,下面着重介绍"编辑"选项卡中的相关设置。

图 12-12　"选择"选项卡

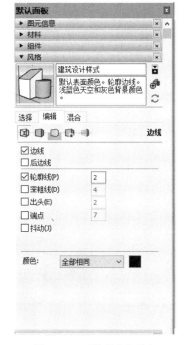

图 12-13　"编辑"选项卡

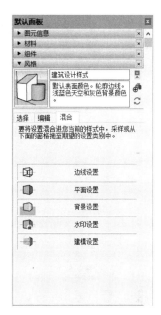

图 12-14　"混合"选项卡

1）边线设置

该选项在"编辑"下方的第一个图标 ⟐ ，内容包括"边线""后边线""轮廓线""深粗线""出头""端点""抖动"等选项，组合和数值不同，均对效果产生不同的影响，如图 12-15 所示。

（1）图 12-15（a）是不显示任何边线的情况，此时视图中物体只带有明暗关系，只能通过面的深浅区分物体轮廓。

（2）图 12-15（b）是打开显示"边线"选项后的情况，此时视图中物体不仅带有明暗关系，还显示其轮廓及边线，能直观辨认出独立的物体。

（3）图 12-15（c）是打开显示"后边线"选项，此时视图中物体不可见的外轮廓用虚线表示。

（4）图 12-15（d）是打开显示"轮廓线"选项，并设置线宽为 5 时的情况，此时视图中物体的每条边线均被加粗了，单个物体自身的轮廓更加明显。

（5）图 12-15（e）是打开显示"出头"选项，并设置线长是 6 时的情况，此时视图中物体的边线均有一定出头，类似早期工程制图的表达方式。

（6）图 12-15（f）是打开显示"端点"选项，并设置在 7 时的情况，此时视图中物体边线的交点会加粗。

（7）图 12-15（g）是打开显示"抖动"选项后的情况，此时视图中物体边线会变得粗糙甚至有点弯曲，类似手绘效果。

（8）图 12-15（h）是显示"边线"、"轮廓线"和不太粗的"深粗线"的效果，相对而言，其边界既清楚又柔和，是笔者喜欢的类型。当然，具体选择什么样的设置，要根据各人的偏好和设计需要及表达效果而定。

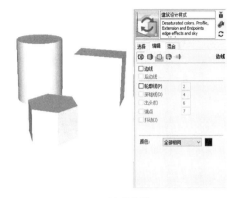

(a) 无边线

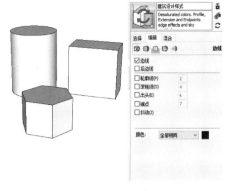

(b) 只显示"边线"

(c) 显示"后边线"和"边线"

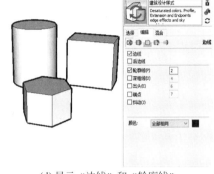

(d) 显示"边线"和"轮廓线"

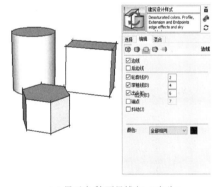

(e) 显示各种可见线与"出头"

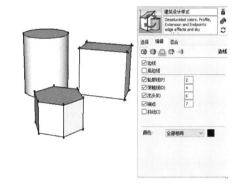

(f) 显示"端点"

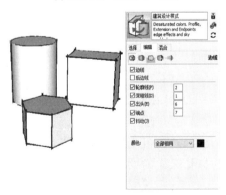

(g) 显示手工草图效果

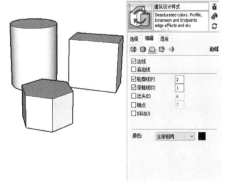

(h) 正常使用效果

图 12-15　边线设置

2）平面设置

该选项为"编辑"下方的第二个图标 ，其作用就是设置"正面颜色"和"背面颜色"（即前述的反面），如图 12-16 所示。这个设置只是对初步建模时有效，随着赋材质而消失。

3）背景设置

该选项为"编辑"下方的第三个图标 ，其作用就是设置"天空"和"地面"的颜色，如图 12-17 所示。选择时应尽量与场景所在地的天空和地面相符合，为建模设计时所赋材质和当地的环境协调做参考。一般最后做效果图时，会被与当地环境相仿的照片（包括天空和地面）所取代。

4）水印设置

该选项为"编辑"下方的第四个图标 ，其作用是为了防止别人盗用设计成果而设置水印，这里不做介绍。

5）建模设置

如图 12-18 所示，有关剖切面的设置已在 11.3 节介绍过，关于"照片匹配"物体，平时很少用到，所以这里不做细述。

图 12-16　"平面"设置

图 12-17　"背景"设置

图 12-18　"建模"设置

以上都是在默认面板里的内容，SketchUp 2018 也可以增加新的面板或者删除旧的面板，具体操作：单击菜单"窗口"→"管理面板"，弹出如图 12-19(a)所示窗口，单击"新建"选项，弹出如图 12-19(b)所示的"新建面板"，在"名称"栏默认是"面板 1"；在"对话框"面板中勾选需要的选项如"阴影""雾化""柔化边线"等，然后单击"添加"按钮，即可在图 12-19(a)中显示"面板 1"，并且默认"面板 1"为当前面板，在界面的右侧自动关闭"默认面板"，而显示"面板 1"的内容，如图 12-19(c)所示。

(a)"管理面板"窗口　　　　　　　(b)"新建面板"　　　　　　(c)当前面板

图 12-19　面板管理

12.5　阴影管理面板

　　"阴影"管理面板可以通过单击"窗口"→"阴影"打开。设置"阴影"的目的,是为了增加场景的层次和纵深感,如图 12-20 所示。时间为北京时间(UTC+08:00——意思是国际标准时间+8 小时,我国北京时间比国际标准时间快 8 小时)14:03,日期是 2015 年 9 月 12日,太阳光线从左上方(偏西)照射下来:较矮的六棱柱在正前方,除了在地面上产生落影,还会在后面的长方体上产生落影;较高的圆柱在左侧,它既要在较矮的六棱柱上底面产生落影,也会在长方体前侧面产生落影,当然也会在地面上产生落影(被六棱柱挡住而不可见);长方体后面没有物体,所以只是在地面上产生落影。该图片的层次感很强。

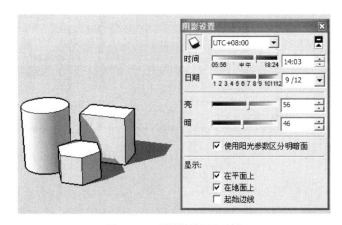

图 12-20　"阴影设置"面板

　　如果单击按钮 ，则关闭"阴影",结果如图 12-21 所示;如果虽然启动"阴影设置",但是只是选中"在地面上"复选框,其结果如图 12-22 所示,效果都相对差一些。

　　图 12-23 是显示阴影与不显示阴影的比较,不难发现,效果相差很大(注意墙面与地面的明暗对比)。

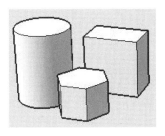
图 12-21 关闭"阴影"结果图

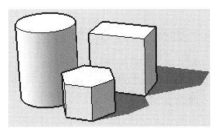
图 12-22 只选中"在地面上"的落影结果图

(a) 显示阴影

(b) 不显示阴影

图 12-23 设置阴影的效果

12.6 雾化管理面板

"雾化"管理面板可以通过单击"面板"→"雾化"打开。"雾化"工具可以在模型场景中模拟大气环境造成的渐变效应。显示雾化后,需要调节距离滑动条上的两个控制点,左侧控制点表示场景中雾化的起始距离,右侧控制点表示场景中雾化的结束距离,两者之间为雾化区域,如图 12-24 所示。颜色栏中的色彩表示场景中模拟的雾化色彩,默认是背景色彩。图 12-25 则是图 12-23 的雾化效果。

图 12-24 "雾化"管理面板

图 12-25 雾化效果

12.7 柔化边线管理面板

"柔化边线"管理面板可以通过单击"面板 1"的"柔化边线"打开,如图 12-26 所示。"柔化边线"针对曲面物体表面进行柔化(光滑)处理。选择物体后调节滑条时可见物体的表面在发生变化,如图 12-26 所示。图 12-27 中的(a)、(b)、(c)三图,分别是角度在 0°、10.0°、25.6°时物体显示的状态。

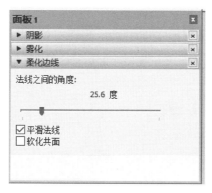

图 12-26 "柔化边线"管理面板

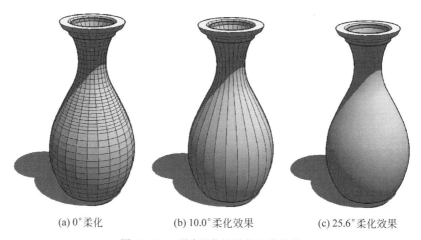

(a) 0°柔化   (b) 10.0°柔化效果   (c) 25.6°柔化效果

图 12-27 不同程度的柔化边线效果

在水利和道路桥梁工程中经常会出现扭面的情况,就可以用"柔化边线"的工具,对扭面进行柔化处理。

12.8 系统设置管理面板

"系统设置"管理面板可以通过单击"窗口"→"系统设置"打开。"SketchUp 系统设置"管理面板中有关于 OpenGL、"常规"、"工作区"、"绘图"、"兼容性"、"快捷方式"、"模板"等相关内容的设定,如图 12-28 所示。

图 12-28 "SketchUp 系统设置"管理面板

　　面板中的大部分内容保持默认参数即可,其中比较有用的是在"快捷方式"选项中,可以按照用户的习惯自定义各种命令的快捷键,使建模速度加快,效率提高。还有其他面板,限于篇幅本书不一一介绍,读者可自学。

第13章

其他相关技术

13.1 插件

13.1.1 概述

插件(plugins)是指用某种专业的计算机语言编写的程序,这种类型的程序可以使绘图速度加快,使绘图操作更加简捷。因此,在很多计算机图形图像软件中都会涉及,如 3ds Max、Photoshop 等。SketchUp 同样提供了扩展的插件功能,这使得 SketchUp 作图的路径更加广阔,操作方式更加多样。

SketchUp 的插件是用 Ruby 语言开发的,各个插件文件的扩展名都是.rb。因此在 SketchUp 中包含了一个 Ruby 的开发程序接口(API),这个接口可以使熟悉 Ruby 脚本程序的用户对 SketchUp 默认的系统功能进行相应的扩展,允许用户创建工具、菜单条目和控制生成的几何图形等。除 API 外,SketchUp 还包括一个测试 Ruby 命令和方法的"Ruby 控制台"。

启动"Ruby 控制台"的方法是:选择"窗口"→"Ruby 控制台"命令,弹出如图 13-1 所示的对话框。

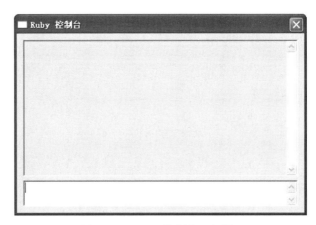

图 13-1 "Ruby 控制台"对话框

13.1.2 插件的安装与使用

由于用 Ruby 语言开发的程序是免费的,大多数的 SketchUp 插件也是免费的,读者可以到国内外的 SketchUp 网站中下载所需的插件。

1. 插件的安装

在安装插件时首先要搞清楚本机中 SketchUp 的安装目录,在这个目录下有一个 Plugins(SketchUp 2018 是 ShippedExtensions)的子目录,只要将插件复制到这个子目录即可正常使用,如图 13-2 所示为在 SketchUp 2018 中安装的 V-ray 云渲染插件。

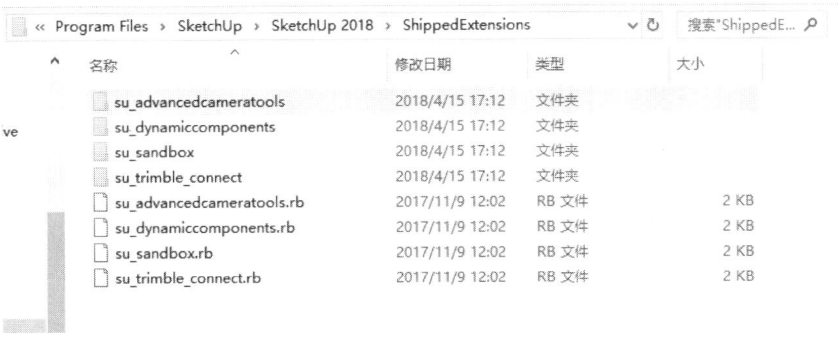

图 13-2 插件的名称与位置

2. 插件的使用

只要插件被安装或者复制到正确的目录下,那么在 SketchUp 的菜单栏中就会出现相应的"插件"菜单,同时也可以打开相应的"插件"工具栏,如图 13-3 所示。读者可以和使用其他工具一样使用该插件,这里不展开叙述。

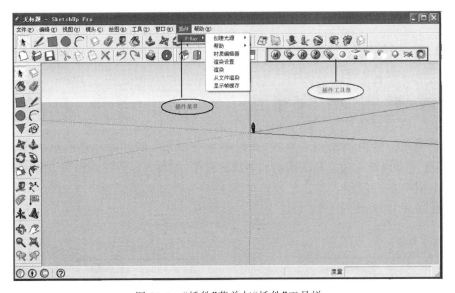

图 13-3 "插件"菜单与"插件"工具栏

13.2 地形工具(沙箱)

"沙箱"是 SketchUp 自带的一个用 Ruby 开发的插件,主要作用是用来绘制地形,以便于进行城市设计、景观设计和建筑设计等。"沙箱"的打开方法是:单击"视图"→"工具栏"→

"沙箱",由"根据等高线建模""根据网格建模""曲面起伏""曲面平整""曲面投射""添加细部""对调角线"7 个按钮组成,如图 13-4 所示。

图 13-4　"沙箱"工具栏

13.2.1　根据等高线建模

使用该命令建模的方法是:

(1) 绘制等高线。等高线可以是直线、圆弧、圆或曲线,但必须是三维、闭合的,也就是说每条等高线必须是有高度的。如果是由平面图形导入的,那么必须进行修整,即按各等高线的数值移动到应有的高度,如图 13-5(a)所示。

(2) 选择全部等高线,同时单击"根据等高线建模"按钮 ,经过系统运算后会自动生成地形图(是一个群组),如图 13-5(b)所示。

(3) 删除等高线,就完成了地形的建模,如图 13-5(c)所示。

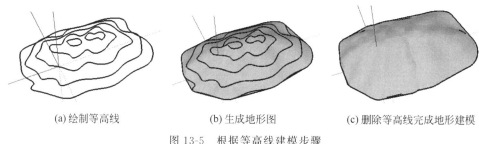

(a) 绘制等高线　　　　　　　(b) 生成地形图　　　　　　(c) 删除等高线完成地形建模

图 13-5　根据等高线建模步骤

13.2.2　根据网格建模

使用该命令建模的方法是:

(1) 单击"根据网格建模"按钮 ,命令行提示:请选择沙箱的第一个角点或输入沙箱的栅格间距。在数值输入框中输入网格间距(如 1000),并确定一点。

(2) 沿着某个轴向拉出一条直线,此时命令行提示:请选择沙箱的第二个角点。按Shift 键可锁定直线的方向。请酌情输入直线的长度,如输入 5000,如图 13-6(a)所示。

(3) 此时命令行提示:请选择沙箱的第三个角点。请酌情输入直线的长度,如输入6000,如图 13-6(b)所示。

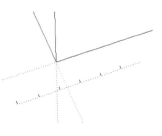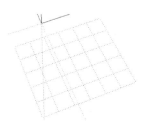

(a)输入间距和第一点　　　(b)输入网格的长度和宽度　　　　(c)生成网格

图 13-6　根据网格建模步骤

（4）按 Enter 键，即可建立了一个长 6000mm、宽 5000mm、间距 1000mm 的网格，如图 13-6（c）所示。

在绘制网格之前，应该对场景的地形进行计算，根据长度和宽度合理确定间距，得到这些参数以后再开始作图。另外网格本身不能显示出三维形状，必须依赖其他工具才能生成三维地形图。

13.2.3 曲面起伏

执行该命令可对上述所建立的网格地形进行高度方向的升降起伏，同时可以调整辐射范围的半径。使用该命令的方法如下。

（1）首先打开或者建立一个地形网格，并使之处于编辑状态，如图 13-7（a）所示。

（2）单击"曲面起伏"按钮 ◈，命令行提示：单击可选择曲面起伏的基点或为曲面起伏输入新半径。此时光标变为一个圆，输入横向调整的半径，如图 13-7（b）所示。

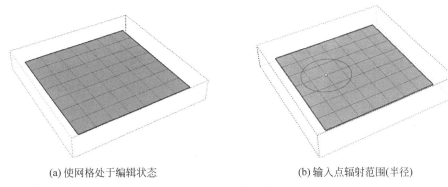

(a) 使网格处于编辑状态　　　　　(b) 输入点辐射范围(半径)

图 13-7　编辑网格

（3）选择拉伸中心位置时有 3 种方法：点中心、边线中心和对角线中心，分别介绍如下。

① 以点为中心，将显示出以一个大的黄色靶点为中心的 8 个端点围成的黄色矩形，如图 13-8（a）所示。以该形式拉高地面，形成一个锥顶形式的山头（或洼地），如图 13-8（b）所示

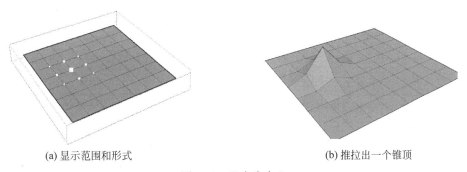

(a) 显示范围和形式　　　　　(b) 推拉出一个锥顶

图 13-8　以点为中心

② 以边线为中心，将显示出以两个大的黄色靶点为中心、8 个端点围成的黄色矩形，如图 13-9（a）所示。以该形式拉高地面，将推拉出以该边线为山脊线的小山头（或洼地），如图 13-9（b）所示。

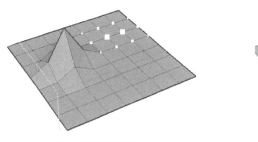
(a) 显示范围和形式

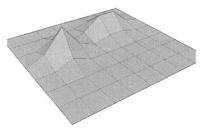
(b) 推拉出一个有山脊线的山头

图 13-9 以网格边线为中心

③ 以对角线为中心,将显示出以网格对角线的两个大的黄色靶点为中心、8 个端点围成的黄色矩形,如图 13-10(a)所示。这种形式推拉可以形成一个以网格的对角线为走向但是无明显山脊线的山头(或洼地)。

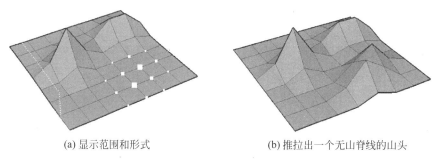
(a) 显示范围和形式   (b) 推拉出一个无山脊线的山头

图 13-10   以网格对角线为中心

再经过多次柔化,即可生成较光滑的地形,如图 13-11 所示。

图 13-11   柔化网格地形

"曲面平整""曲面投射""添加细部""对调角线"等命令平时应用较少,不是本书重点,这里不做介绍,有兴趣的读者请参阅其他专业书籍。

13.3   材质分析

建筑材质的选用经常会影响到整栋建筑的外观效果,在建筑设计中是不可忽视的重要环节。建筑材质的选用是否合理,色彩搭配是否适当,需要在设计过程中进行比选与推敲。利用 SketchUp 中的材质面板,可以知道建筑物的材质选取、搭配是否恰当。

例如,可以模拟图 13-12(a)中的建筑分别在两种材质配搭方案情况下的外观效果。如

图 13-12(b)所示：屋顶采用红色板瓦、白色抹灰檐口；墙身采用米黄色大理石、白色窗套、抹灰窗框、淡蓝色窗玻璃、红色木质栏杆,冷灰色斧凿花岗岩基座和门柱。整体材质以暖色调为主,局部冷色形成冷暖对比(注：本方案的很多材质都是通过编辑而产生的)。

如图 13-12(c)所示：屋顶采用蓝色筒瓦、白色抹灰檐口；墙身采用灰色墙面砖、白色窗套、抹灰窗框、淡蓝色窗玻璃,灰色栏杆,红色砖基座和门柱。整体材质以冷色调为主,局部暖色形成冷暖对比。

通过两种材质方案的对比,更能清晰地看出不同材质及色彩配搭形成的方案差异。材质及颜色搭配总的要求是在色调上要有冷暖对比,纹理上要有粗细与纵横对比,整体要与环境协调。

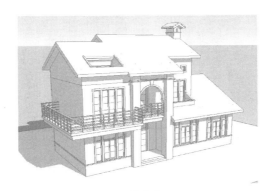

(a) 单色

图 13-12
（彩）

(b)暖色调

(c)冷色调

图 13-12　建筑材质效果

13.4　光影及日照分析

日照是建筑光环境设计中需要着重考虑的一个方面,日照分析可以提供建筑物的日照情况,辅助方案设计与修改。借助 SketchUp 阴影面板中的相关功能,可以模拟一栋建筑的日照状况,从而粗略地分析建筑的日照采光状况,还可以由此制作建筑的落影范围图。

例如,可模拟图 13-13(a)中的建筑夏至日 09:00—16:00 时段各整点的阴影范围。将视图切换成顶视图角度,采用正投影显示,打开"阴影设置"对话框,将日期栏数值调整至

6月22日,然后将时间栏分别调整到 09:00—16:00 的各整点时间,视图中显示的阴影即为各时段的房屋的落影范围,如图 13-13(b)～(i)所示。

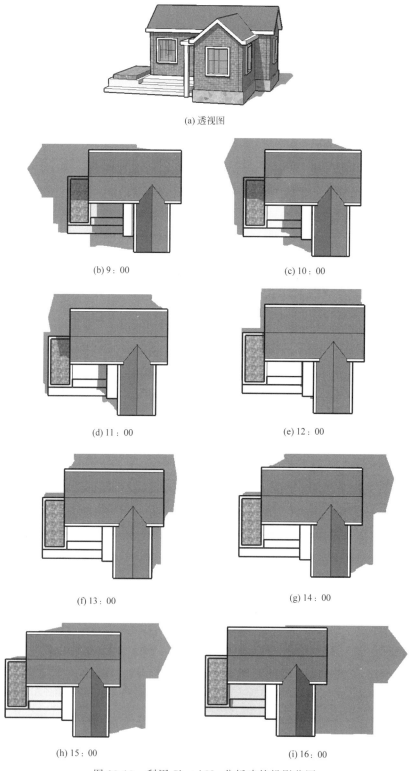

(a) 透视图

(b) 9:00　　　　　　　　　　　　(c) 10:00

(d) 11:00　　　　　　　　　　　　(e) 12:00

(f) 13:00　　　　　　　　　　　　(g) 14:00

(h) 15:00　　　　　　　　　　　　(i) 16:00

图 13-13　利用 SketchUp 分析建筑投影范围

又如,可以分析图 13-14(a)中前排建筑 A 是否会遮挡后排建筑 B 冬至日正午时刻的一层南向的满窗日照。打开"阴影设置"窗口,启用"阴影"(单击"阴影"按钮 ▣)将日期设置为 12 月 22 日,时间设置在 12:00[图 13-14(b)],在视图中显示阴影,可以看到前排建筑在后排建筑南立面上有落影[图 13-14(c)],放大后排建筑立面上的落影,可以看到,后排建筑底层南向窗户上没有前排建筑的落影[图 13-14(d)],说明前排建筑 A 不会遮挡后排建筑 B 冬至日正午时刻的一层南向的满窗日照。

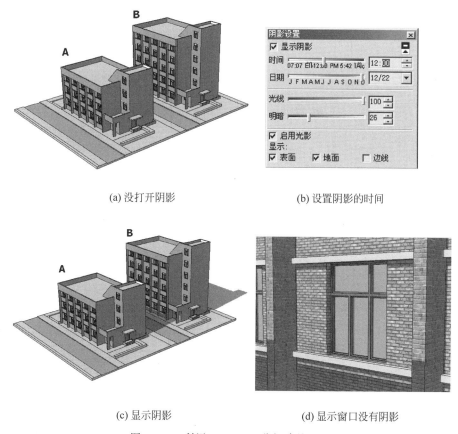

(a) 没打开阴影　　　　　　　　　　　(b) 设置阴影的时间

(c) 显示阴影　　　　　　　　　　　(d) 显示窗口没有阴影

图 13-14　利用 SketchUp 分析建筑日照

13.5　输入与输出

SketchUp 无疑是一款非常优秀的三维建模软件,但是也有其局限性(各种软件都如此)。比如在做复杂的三维建模和动画方面它不如 3D Max;渲染不如 V-Ray;在精确的二维绘图方面不如 AutoCAD;在图像处理方面不如 PS。但是 SketchUp 有很好的开放性,与上述软件都有良好的接口,这样就可以充分利用各个软件的优点,这里稍做介绍。

13.5.1　输入 AutoCAD 的 dwg 文件

SketchUp 中带有良好的 AutoCAD 的 dwg 文件的输入接口,设计师可以直接利用已有的 AutoCAD 的图形作为设计底图。

1. 直接导入

如果 AutoCAD 的图形比较简单，可以直接导入到 SketchUp 中来。方法是：单击"文件"→"导入"，弹出图 13-15 的窗口。在该窗口的文件类型右边的黑三角▼单击，在下拉菜单中选择 AutoCAD 文件(＊.dwg,＊.dxf)，然后在查找范围后面的输入框里输入文件的路径并且选择相应的文件名，那么在"文件名"后面的输入框里就出现相应的文件名。最后要注意：在单击"导入"按钮前，一定要先单击"选项"按钮，弹出图 13-16 所示的选项对话框，在"几何图形"的两个选项前都勾选，特别是在"比例"选项中的"单位"设置一定要和 AutoCAD 里一致。

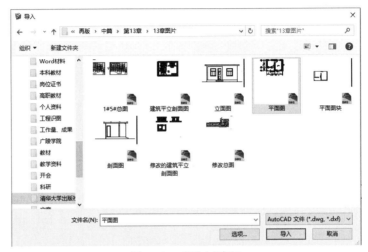

图 13-15　"导入"窗口

图 13-16　选项窗口

选定了单位以后再单击图 13-15 中的"导入"按钮，即可弹出图 13-17 所示的"导入结果"对话框，显示导入图形的相关信息，直接单击"关闭"按钮，就完成了 AutoCAD 图形的导入，如图 13-18 所示。这里要特别注意：如果建筑平面图是用"多线"画的，那么在导入之前一定要"分解"(炸开)，否则在 SketchUp 将不显示。

从图 13-18 可以看出，导入.dwg 文件时文字(包括尺寸数字)是被忽略掉的，轴线和标高符号等对建模也是没有作用的，一般导入前也删除掉(或者关闭相应的图层)。另外，导入进来的墙线等并没有构成封闭面，所以不能直接推拉成三维墙体，必须进行补线或者重新画墙线，导入的 CAD 图样只是解决一个定位问题。

注意：导入后的 CAD 图样千万不要"分解"，把它作为一个"群组"（整体）保留，以便于隐藏和删除。

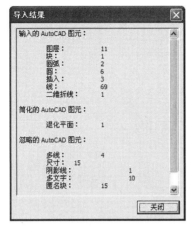

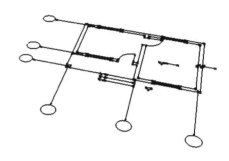

图 13-17 "导入结果"对话框显示的图元信息　　　　图 13-18 导入的图形

2. 简化复杂的 dwg 文件

在一些方案设计图或施工图中，往往会有很多的尺寸标注、文本说明和图案填充等 SketchUp 无法导入的图形元素，而三维设计师需要的也仅仅是 AutoCAD 绘制的一些建筑轮廓线及形体分界线。因此，在导入像图 13-19 这样的小区规划图时就需要将不需要的元素删除。

注意：仅仅关闭不需要对象的图层是不行的，能删除的就尽量删除，当对象太多不便于删除时，在关闭相应的图层后，将需要的对象选中以"写块"（wblock）的方式"另存为"一个新的文件，这样被关闭的图层就不会被带进来。修改后的图如图 13-20 所示。

3. 根据立面图和剖面图建模

如图 13-21 所示为一已知简单建筑的平面图、立面图和剖面图。将立面图、剖面图和平面图一起导入 SketchUp 中来，充分利用已有的立面图和剖面图建模，传统的方法如下。

（1）在删除、隐藏不需要的元素后只留下平面图、立面图和剖面图的轮廓线，然后分别将各个图定义为平面图层、立面图层和剖面图层，并且以相应的名称"写块"，如图 13-22 所示。

（2）在 SketchUp 中导入平面图，如图 13-23 所示。

（3）在 SketchUp 中导入立面图，如图 13-24 所示。注意：初步导入立面图时，它和平面图是重叠在一起的，必须选择其中之一（如立面图）并把它移到合理的位置。

（4）导入剖面图，如图 13-25 所示。同样也必须把剖面图移到合理的位置。

（5）绕红轴旋转 90°，将立面图和剖面图立起来，如图 13-26 所示。

（6）再绕蓝轴旋转 90°，将剖面图调整到相应的侧面方向，如图 13-27 所示。

至此，该建筑的前后、左右和上下各个部位的关系都已经明确，可以按照它们应有的尺度进行推拉建模了。详细过程将在第 14 章继续讲解。

注意：上述方法更适合于几个图各自为独立文件的情况，如果几个图在一个文件里，可以一起导入 SketchUp 中（只要一次导入），然后分解导入的图样，再把几个图各自创建为群组，然后进行相应的旋转，同样可以达到上述结果，避免在 CAD 中分别"写块"后分几次导入，可提高作图效率。

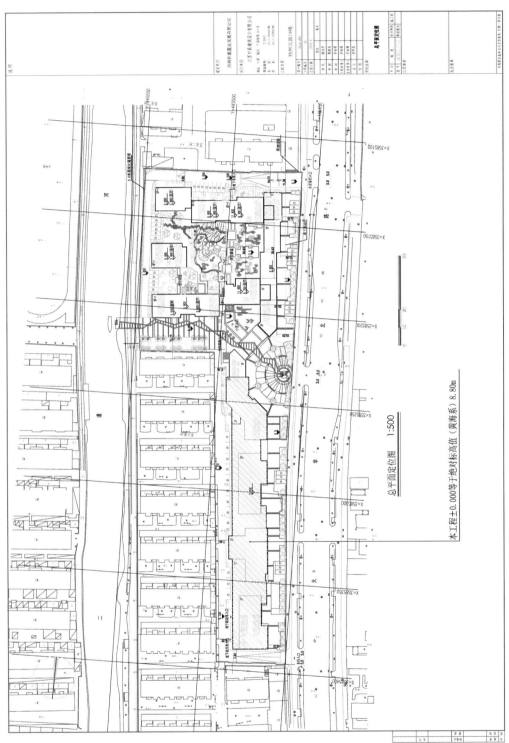

图 13-19　小区规划图

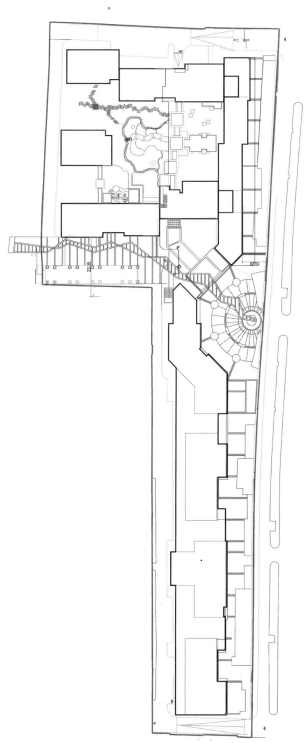

图 13-20 保留需要的规划图

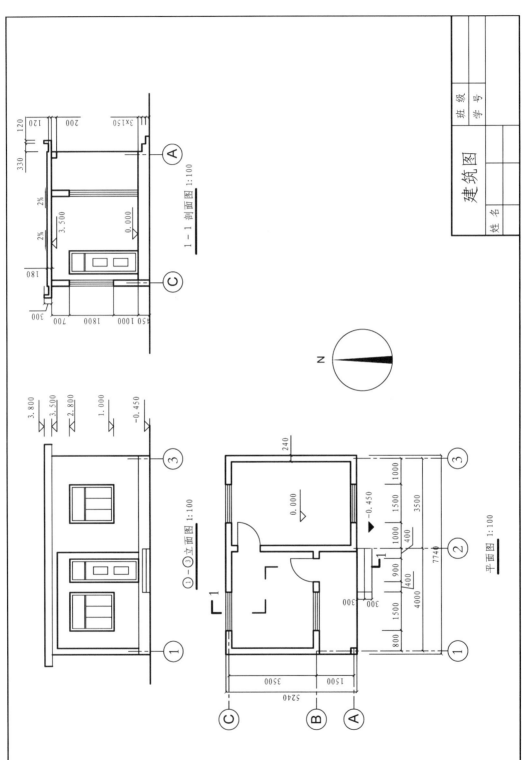

图 13-21　原始的平面图、立面图、剖面图

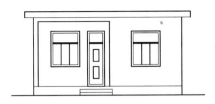
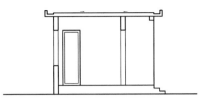
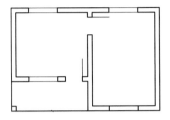

图 13-22 调整的平面图、立面图、剖面图

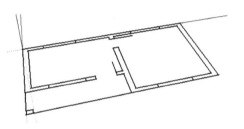
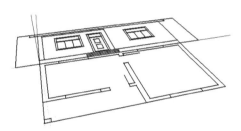

图 13-23 导入平面图　　　　　　　　　图 13-24 导入立面图

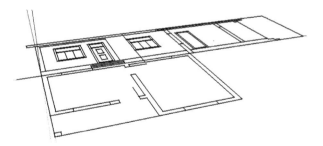

图 13-25 导入剖面图

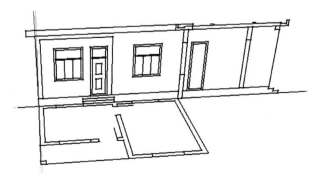

图 13-26 将立面图和剖面图绕红轴旋转 90°

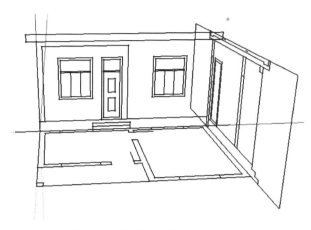

图 13-27　将剖面图绕蓝轴旋转 90°

13.5.2　与其他软件的配合

1. 与天正建筑设计软件的配合

天正建筑设计软件是在 AutoCAD 平台上二次开发的专业建筑设计软件,它使用了自定义建筑专业对象,可以直接绘制具有专业含义、经得起反复编辑修改并带有三维信息的图形对象,比如门、窗、阳台、楼梯、楼板、屋顶及老虎窗等局部构件,只要输入相关尺寸即可自动生成,其模型不仅是三维的,而且是参数化的建模方式,是 SketchUp 所无法比拟的。如果在 SketchUp 建模时需要这些构件,可以用天正建筑软件绘制,然后导入 SketchUp 中,具体做法和导入 AutoCAD 图形一样,不再赘述。

注意:天正建筑的三维图形与 SketchUp 是不兼容的,可以在三维视图的状态下对其三维构件进行分解,然后再导入 SketchUp 就可以了,当然由于是不同的软件,在转换过程中可能会出现一些局部问题,所以必须对导入的三维构件进行检查和局部修复。

2. 与 3D Max 的配合

SketchUp 建模的优越性越来越得到众多设计师的认可,但他们也毫不避讳地承认其在建筑细部——尤其是曲面建模及渲染方面是不如 3D Max 的,因此,现在越来越多的室内设计师在设计过程中,用 SketchUp 解决大多数基础建模问题(即大的基本框架模型),而对于细部比较复杂的模型,尤其是异形物体则是先在 3D Max 中建立,然后再导入到 SketchUp 中。具体导入方法和导入 AutoCAD 图形是一样的,只是在文件类型中要选择"3D 文件(＊.3ds)"。

另外,虽然在 SketchUp 中可以增加 V-ray 渲染器插件,但是由于灯光设置等问题,其渲染效果还是不如直接在 3D Max 或者 V-ray 渲染器中渲染。所以可以将在 SketchUp 中建立好的模型导出为 3D 格式,以便于在 3D Max 中打开渲染。具体方法是:单击"文件"→"导出"→"三维图形",在弹出的图 13-28 的"输出模型"的窗口中,将文件类型设置为 3D 格式,即单击"输出类型"右侧的黑三角▼后下拉菜单中选择"3D 文件(＊.3ds)",即可导出 3D 格式的模型。

图 13-28　导出 3ds 文件

3. 与 Photoshop 的配合

在 SketchUp 中配景模型（组件）都是人为模拟的，比如汽车、树木、花草、路灯及各种家用电器等，输出为平面图像以后就会显得非常生硬、呆板。因此，一般作效果图时，在建模的过程中不加这些组件，而是待导出平面图像以后，由 Photoshop 再做进一步的处理。导出的方法是：单击"文件"→"导出"→"二维图形"，在弹出的如图 13-29 的"输出二维图形"窗口中，在"输出类型"的下拉菜单中选择相应的图像类型即可。

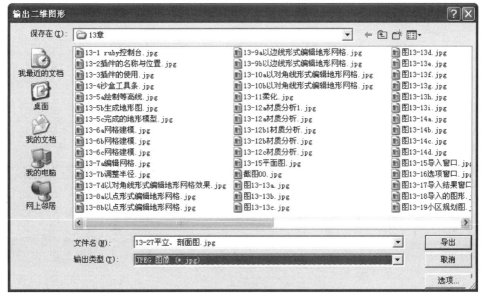

图 13-29　"输出二维图形"窗口

注意：在单击"导出"按钮之前，首先应单击"选项"按钮，在弹出的图 13-30 所示的"导出 JPG 选项"的窗口中，不要选中"使用视图大小"复选框，这样可以根据需要设置图像的大小，一般来说，尺寸越大，图像越清晰，质量也越好。单击"确定"按钮后，再单击图 13-29 的"导出"按钮，即可导出二维图像。关于如何在 Photoshop 中进一步处理，将在下篇中做详细介绍。

图 13-30 "导出 JPG 选项"窗口

另外，SketchUp 与 Piranesi(彩绘大师)是一对天然的建筑表现搭档，建筑师在很短的时间内能通过 SketchUp 创作草图，再通过 Piranesi 进一步的处理，最后形成水彩、水粉、油画和马克等手绘风格的建筑作品效果图。有兴趣的读者可以参阅相关软件和书籍，限于篇幅，这里不做介绍。

第14章

SketchUp应用实例

例 14-1   完成图14-1所示窨井的三维建模,并按材质贴图。要求左前方同样剖切掉1/4。

例 14-1

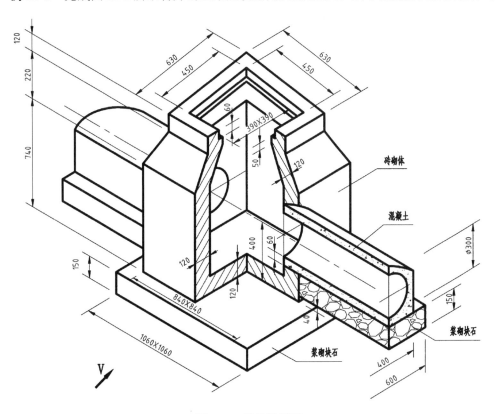

图 14-1   窨井轴测图

解   作图步骤如下。

(1) 绘制窨井壁的断面。

① 为了使所作剖面是立起来的,启动"矩形"命令后,按"→",使所画矩形垂直于红轴。

② 为保证所有的图线都在一个平面内,可以先作剖面的外轮廓矩形:420mm×1080mm(740mm+220mm+120mm),如图 14-2(a)所示。

③ 在其左上角减去 120mm×105mm[(840mm−630mm)/2];在其右上角分别减去60mm×225mm(450mm/2)和 50mm×195mm(390mm/2);再选择底边线和左边线向内偏

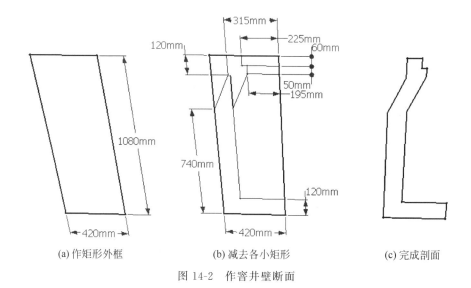

(a) 作矩形外框   (b) 减去各小矩形   (c) 完成剖面

图 14-2　作窨井壁断面

移 120mm,如图 14-2(b)所示。

④ 删除多余图线,完成窨井壁剖面的绘制,如图 14-2(c)所示。

(2) 绘制底板和窨井的定位线。

① 在红、绿轴平面(水平面)上作底板 1060mm×1060mm×150mm,同时偏移上底面,偏移距离:110mm[(1060mm−840mm)/2],如图 14-3(a)所示。

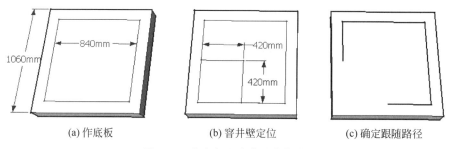

(a) 作底板   (b) 窨井壁定位   (c) 确定跟随路径

图 14-3　作底板和窨井壁定位线

② 减去左前方的 1/4 矩形:420mm×420mm,如图 14-3(b)所示。

③ 删除多余线条,确定跟随路径,如图 14-3(c)所示。

(3) 窨井壁建模。

① 把窨井壁断面移动到相应位置,并赋予砖材质,如图 14-4(a)所示。

② 用"路径跟随"命令放样窨井壁建模(放样时建议先选择路径,然后再选择断面),同时挖去前后壁上的管道孔洞,并且赋予材质,如图 14-4(b)所示。

(4) 确定前面管道位置(为清晰起见,改为单色显示),如图 14-5 所示。

(5) 往前复制管道断面,同时在窨井壁上推出管道洞口,如图 14-6(a)所示。

(6) 从复制的管道断面向后推出管道,完成前侧的建模,如图 14-6(b)所示。

(7) 将管道的前侧断面复制到后侧,并显示材质,如图 14-7(a)所示。

(8) 作完整的管道断面,同时在后侧窨井壁上推出洞口,如图 14-7(b)所示。

(9) 推出后侧管道,调转观察方向,打开阴影,完成建模,如图 14-7(c)所示。

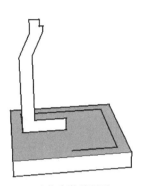 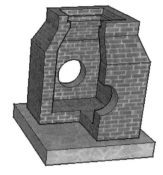

(a) 定位窨井壁断面　　　　　　　(b) 窨井壁建模并赋予材质

图 14-4　作窨井壁模型

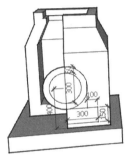 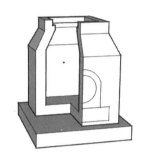

(a) 定位　　　　　　　　　　(b) 整理

图 14-5　确定管道位置

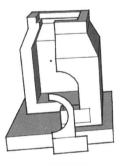 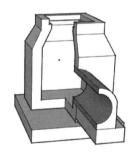

(a) 复制断面　　　　　　　　(b) 前侧建模

图 14-6　前侧建模

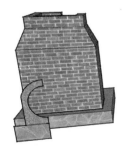  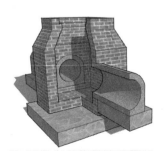

(a) 复制后侧断面　　　(b) 后侧窨井壁开洞　　　(c) 调整方向、加阴影

图 14-7　完成建模

例 14-2

例 14-2 完成如图 14-8 所示机件的三维建模,并赋予材质。

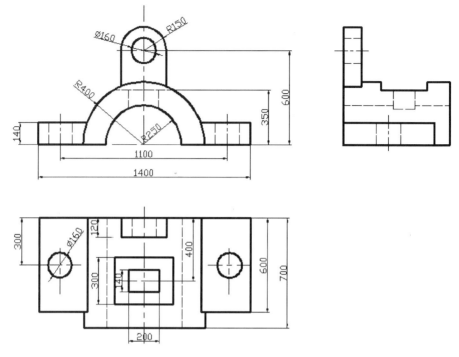

图 14-8　机件的三视图

分析　该机件的主视图反映其主要的形状特征,因此,首先完成机件的主视图绘制。作图步骤如下。

1) 作主视图

(1) 同例 14-1,将绿轴旋转到接近于垂直屏幕,使红轴和蓝轴平行于屏幕,画矩形 1400mm×140mm,如图 14-9(a)所示。

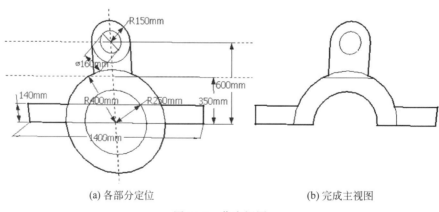

(a) 各部分定位　　　　　　　　(b) 完成主视图

图 14-9　作主视图

(2) 以矩形底边的中点为圆心,分别作半径 250mm 和 400mm 的圆(注意:虽然已知条件是圆弧,但是在很多情况下,画圆比圆弧快)。

（3）以底边为基点，分别拉350mm和600mm的辅助线，以确定截交线和上边孔洞的圆心位置。

（4）画上部结构，并删除多余图线和辅助线，结果如图14-9（b）所示。

2）推拉各部分模型

（1）推拉底边和半圆柱，注意：虽然半圆柱只是中部被切了一点，但是还是先按全部切掉做方便，如图14-10（a）所示。

（2）补半圆柱的前上部和后上部（只要复制和推拉上部弓形平面即可）及后上方结构，如图14-10（b）所示。

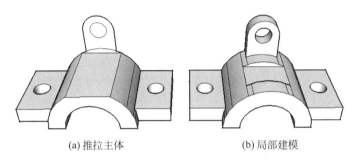

(a) 推拉主体　　　　　　　　(b) 局部建模

图14-10　推拉建模

注意：如果此时观察后背，可能会发现后面是空的（面不封闭），可以任意补画一条轮廓线即可解决这个问题，如果在开始推拉的时候按住Ctrl键，则可避免这种情况。

3）挖中部孔洞

（1）在切开平台上定位200mm×140mm的矩形（先用"卷尺"工具定出矩形左后侧一个角点，然后画矩形），如图14-11（a）所示。

（2）向下推拉该矩形，实体部分将产生孔洞，下方将产生多余柱体。

（3）叉选该相贯部分，右击，在弹出的菜单中选择"模型交错"→"只对选择对象交错"，然后删除多余部分，如图14-11（b）所示。

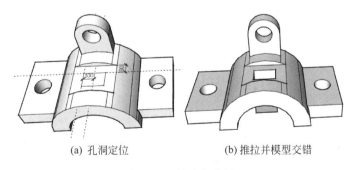

(a) 孔洞定位　　　　　　　　(b) 推拉并模型交错

图14-11　挖中部孔洞

4）删除局部图形

全部选择，右击，在弹出的菜单中选择"柔化/平滑边线"命令，在弹出的"柔化边线"窗口中，调整"法线之间的角度"为20°，一起创建群组并赋予材质，最后开启"阴影"工具，完成制作，如图14-12所示。

图 14-12 完成制作

例 14-3

例 14-3 完成如图 14-13 所示房屋的三维建模,并赋予材质。

解 作图步骤如下。

(1)启动 SketchUp,打开图 13-27(第 13 章制作过),制作地面和确定墙体及柱的位置。注意墙体平面位置的确定方法是:地面的矩形外框-两个房间的矩形-门外走廊的矩形+柱矩形(不需要照着墙线描,因为很多时候画矩形要比画直线快得多),如图 14-13 所示。

(2)拉伸墙体和柱。注意墙体的拉伸高度可以根据立面图或者剖面图捕捉,不需要查看高度尺寸,如图 14-14 所示。

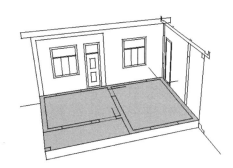

图 14-13 制作地面和确定墙体

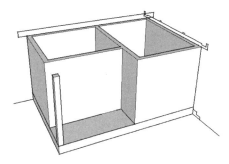

图 14-14 拉伸墙体

(3)制作门窗。将立面图移动到相应的墙体表面,以确定门窗的位置。制作好一个窗子后,立刻赋予材质并和窗洞一起且创建为"组件",这样复制该组件到墙体窗的位置时,就可以直接放置,不需要重新开窗洞(如果是"群组",就必须先开窗洞,然后复制),如图 14-15 所示。

(4)制作屋顶。

① 在立面图上画屋面矩形,然后根据剖面图推拉其宽度,如图 14-16(a)所示(实际操作不需要参照线,这里是为了显示其对应关系)。

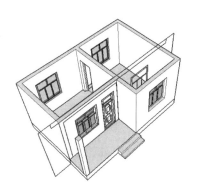

图 14-15 制作门窗

② 双击屋顶平面以选中顶面和边线,分别向内偏移 120mm 和 330mm,以确定外檐墙和檐沟的宽度,如图 14-16(b)所示。

③ 檐沟向下推拉 180mm,屋面向下推拉 120mm 以确定檐沟和屋面的高度,如图 14-16(c)所示。

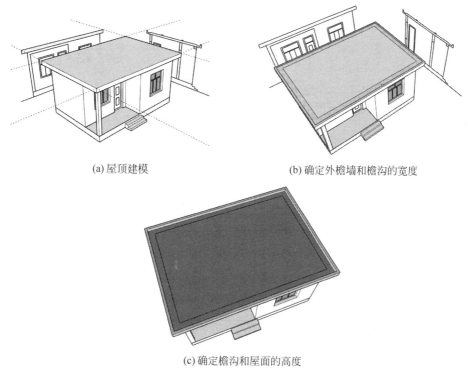

(a) 屋顶建模　　　　　　　　　(b) 确定外檐墙和檐沟的宽度

(c) 确定檐沟和屋面的高度

图 14-16　制作屋面和檐沟

(5) 赋予材质,开启"阴影"工具,完成全图,如图 14-17 所示。

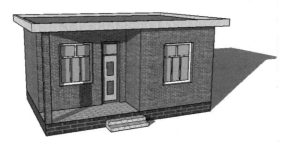

图 14-17　完成制作

例 14-4　根据图 14-18~图 14-31 所示的施工图,完成该联排别墅的三维建模,并赋予材质。

解　建模步骤如下。

(1) 绘制出各层平面图,如图 14-32 所示。要点:尽量使用"矩形"工具以提高绘图效率,如有绘制好的 CAD 图,可直接在 SketchUp 软件中导入(相同或相对应部分只需绘制其中一半)。

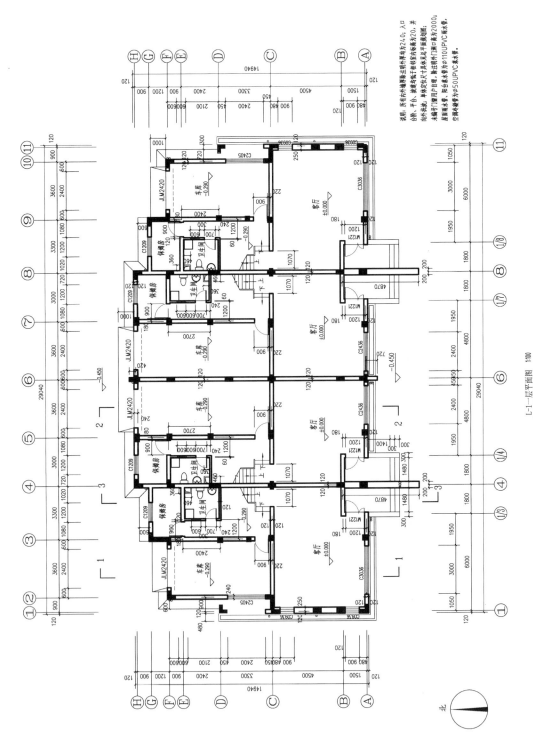

图14-18 L-1 一层平面图

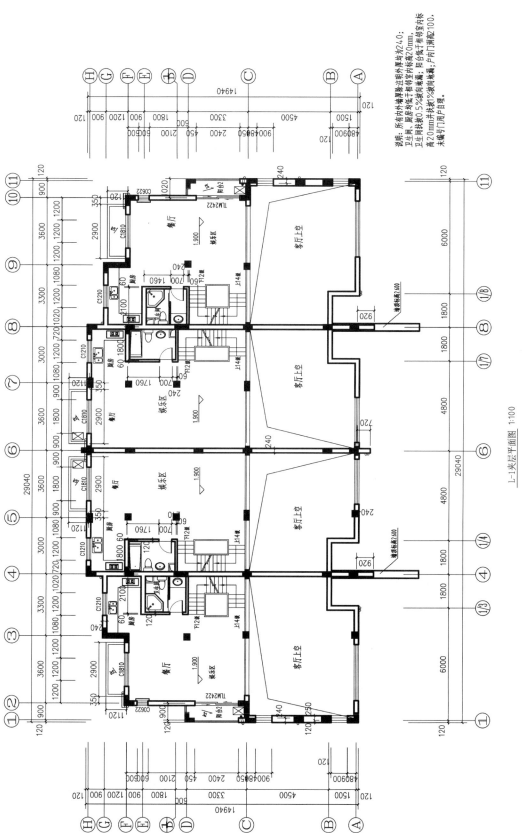

说明：所有内外墙厚除注明外厚均为240；
卫生间、厨房均较干相邻室内标高20mm，
卫生间找坡0.5%坡向地漏；阳台较干相邻室内标
高20mm并找数5%坡向地漏；户内门洞配100，
未编号门用户自理。

L-1夹层平面图 1:100

图 14-19　L-1 夹层平面图

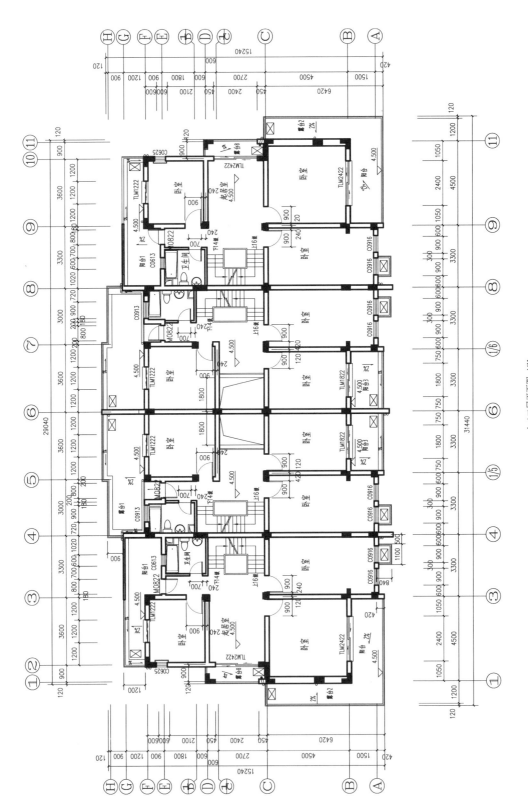

图 14-20　L-1 二层平面图

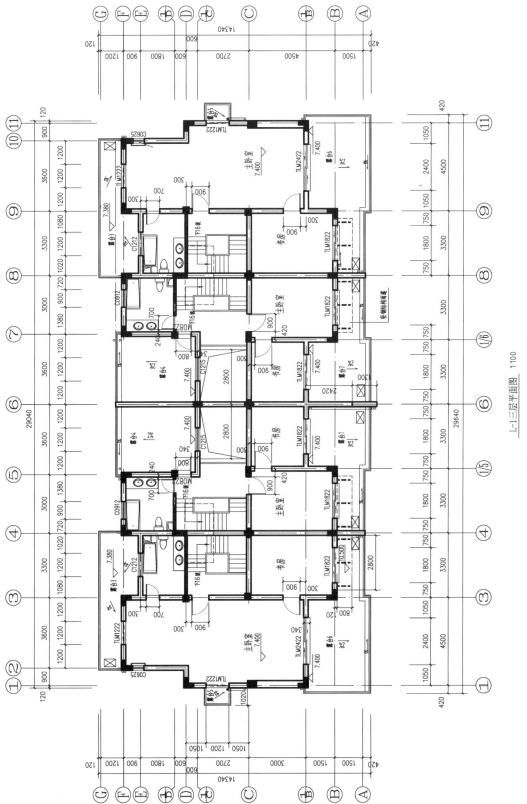

图 14-21 L-1 三层平面图

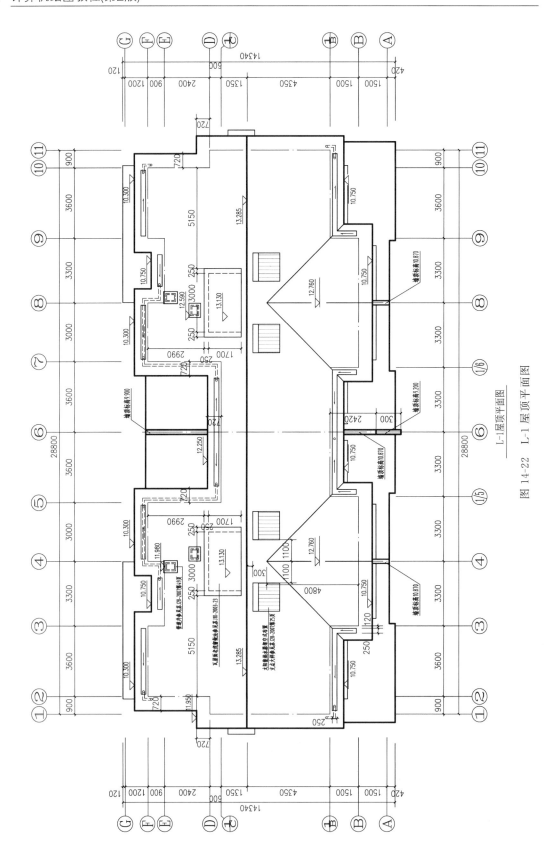

图 14-22 L-1屋顶平面图

L-1①-⑪立面图 1:100

图 14-23 L-1 ①-⑪立面图

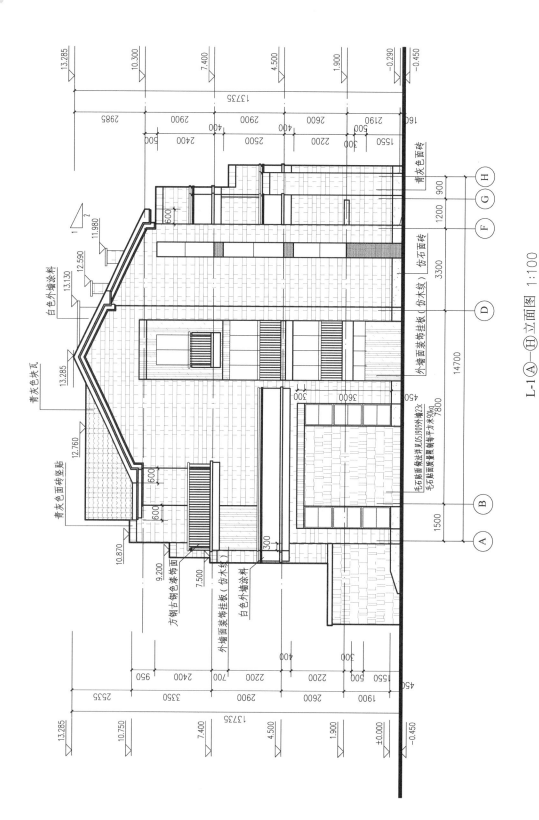

图14-24　L-1 Ⓐ-Ⓗ立面图

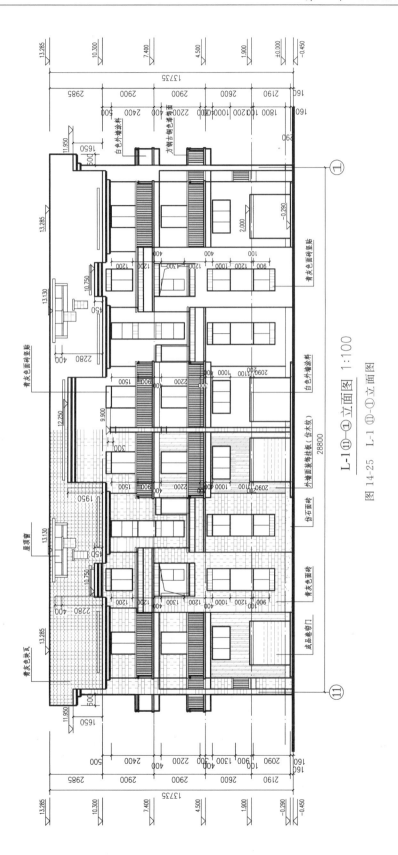

图 14-25　L-1 ⑪-① 立面图

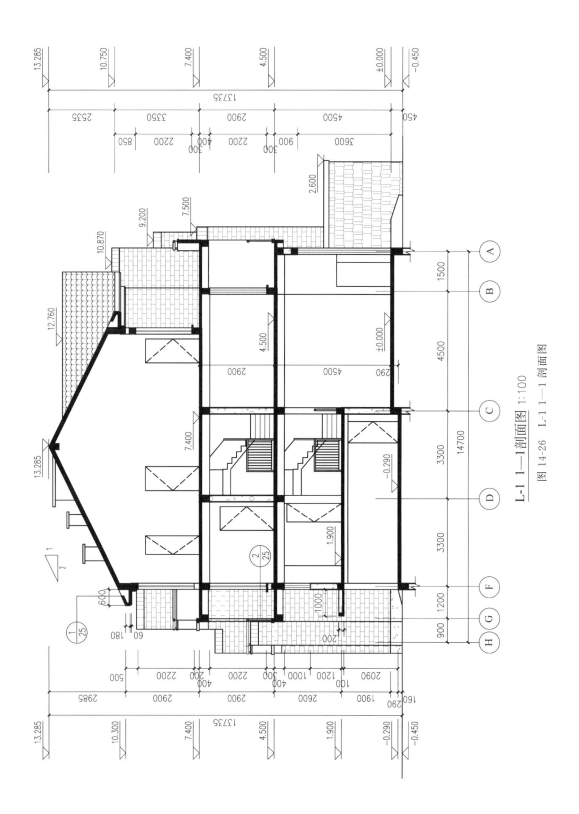

L-1 1—1剖面图 1:100

图 14-26　L-1 1—1剖面图

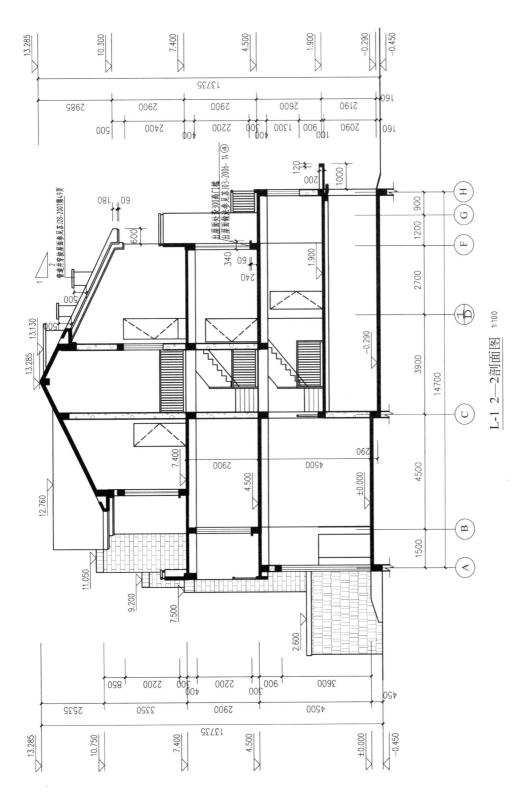

图 14-27　L-1 2—2剖面图

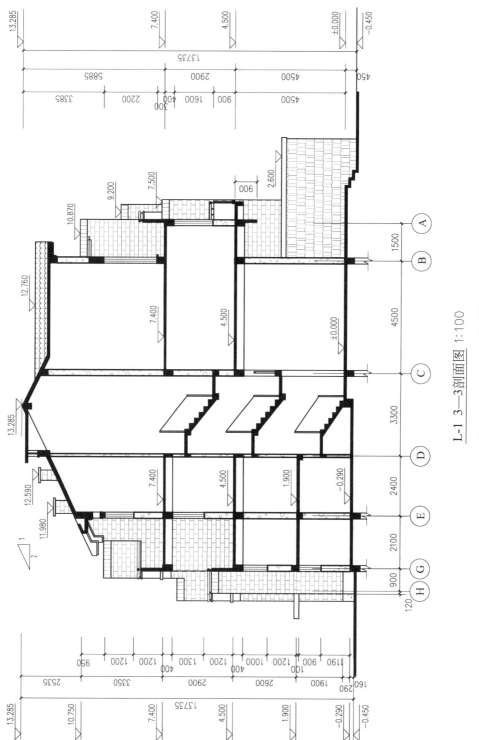

L-1 3—3剖面图 1:100

图 14-28　L-1 3—3 剖面图

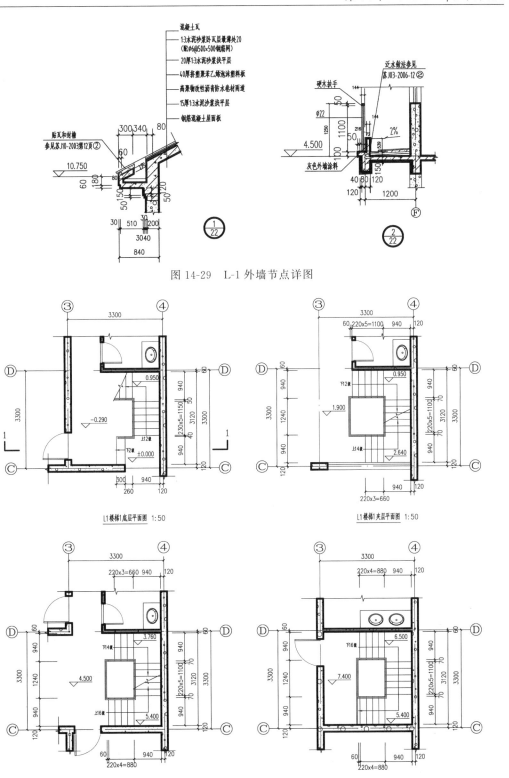

图 14-29　L-1 外墙节点详图

图 14-30　L1 楼梯 1 各层平面图

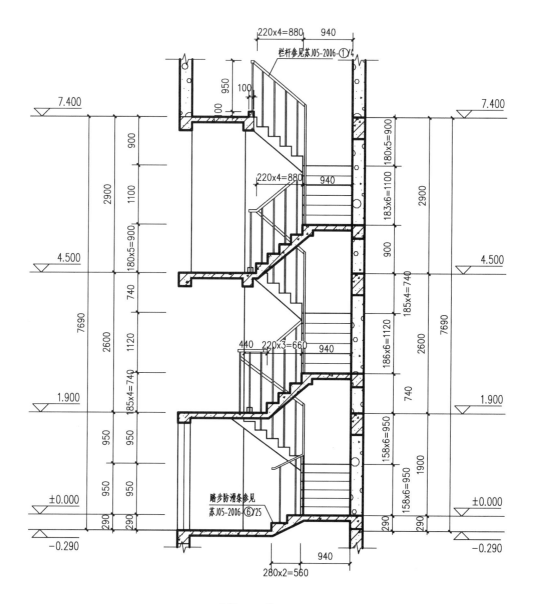

L1楼梯1 1—1剖面图　1:50

图 14-31　L1 楼梯 1　1—1 剖面图

　　(2) 将各层平面图拉出相应高度,如图 14-33 所示。要点:根据立面图层高,将每层推拉出相应高度,并创建成组群。

　　(3) 修改推拉出高度后的各楼层,如图 14-34 所示。要点:此时立面会有许多多余线需去除,对照平面图和立面图检查墙体凹凸关系是否正确,如是准确的 CAD 平面图导入此关系较容易分清。

　　(4) 依次合并各层,如图 14-35 所示。要点:取墙边一点从底层开始将各层依次垒起。如是准确 CAD 平面图,导入将较易连接各层;如不是;可从步骤一开始绘制好第一层平面

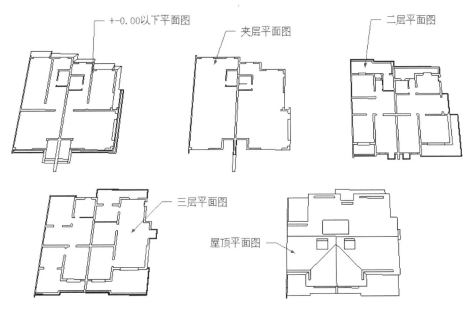

图 14-32 绘制各层平面图

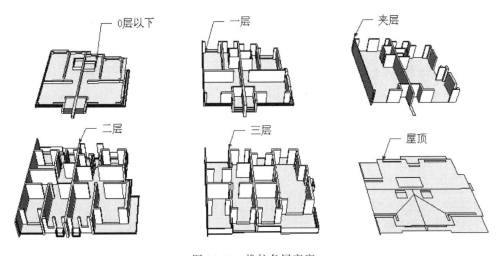

图 14-33 推拉各层高度

图后,推拉出第一层高度,在此基础上绘制第二层,依次向上,较为方便准确。

(5) 连接各层去除多余线并确定门窗位置,如图 14-36 所示。要点:将合并好的各层连接成整体(去除每层立面多余线)。根据立面图和每层平面图门窗所在位置,确定门窗具体类型及大小。

(6) 画出屋顶,如图 14-37 所示。要点:根据立面图和屋顶平面图绘制屋顶,先辨别出屋顶大致样式再进行绘制,并添加一些细部,创建成组群。

(7) 绘制门窗,如图 14-38 所示。要点:根据立面图,绘制出符合样式的门窗,相同门窗可创建成组件进行复制(如有合适的门窗组件可直接调用)。

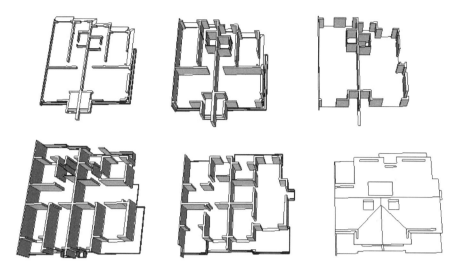

图 14-34　修改推拉各层

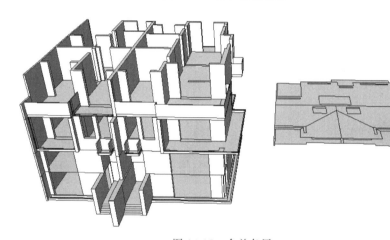

图 14-35　合并各层

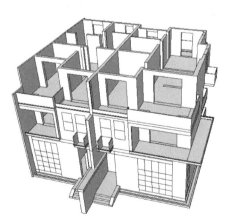

图 14-36　确定门窗位置

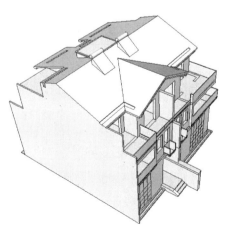

图 14-37　屋顶建模

（8）赋予大致材质，如图14-39所示。要点：根据所建模型的类别，赋予相应材质达到美观效果（主体颜色不宜超过3种）。

图14-38　门窗建模

图14-39　初步赋予材质

（9）最终调整，如图14-40所示。要点：确定最后效果，并检查去除多余线面，添加附件等，将最终调整好的效果制作成群组并复制连接成联排别墅。

图14-40　调整材质渲染

（10）输出并做PS处理，完成最后的效果图如图14-41所示（材质和配景为另一方案）。

图14-41　最终效果图

例14-5　根据图14-42～图14-44所示某单体别墅的施工图，完成其三维建模，并赋予材质。

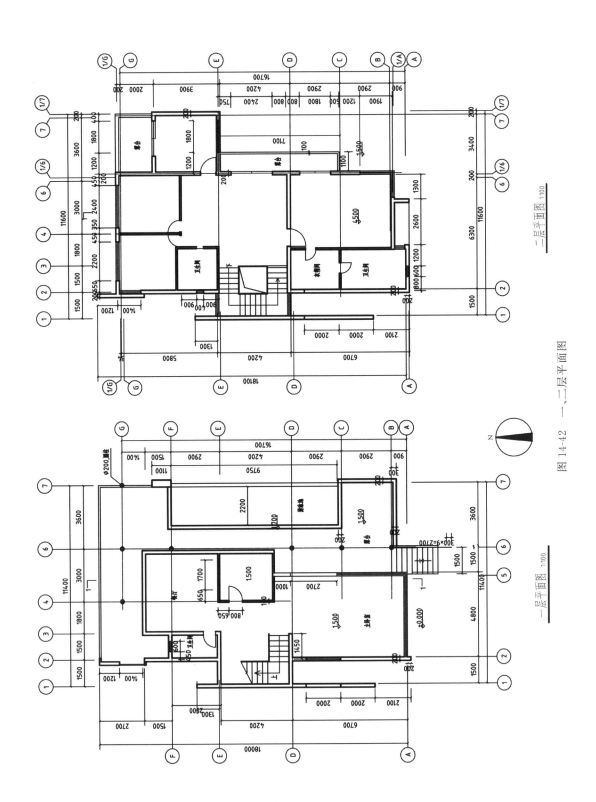

图 14-42 一、二层平面图

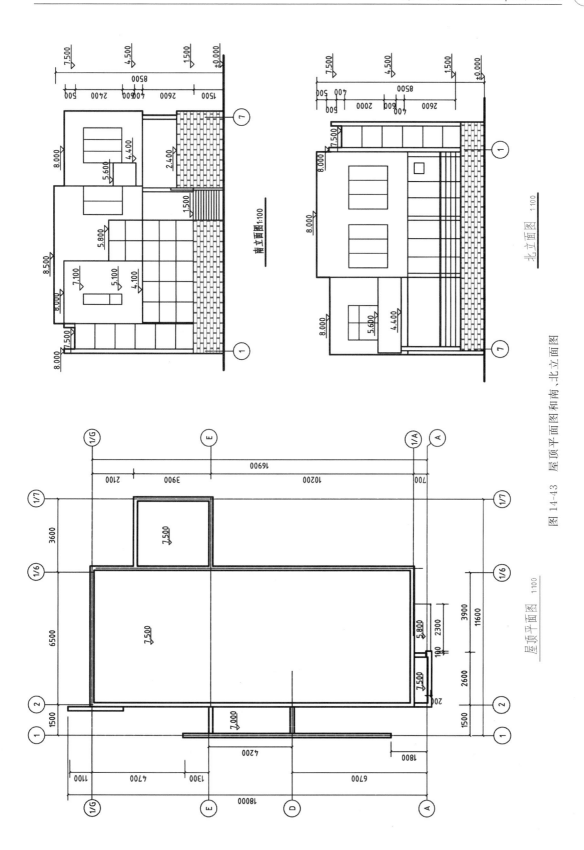

图 14-43 屋顶平面图和南、北立面图

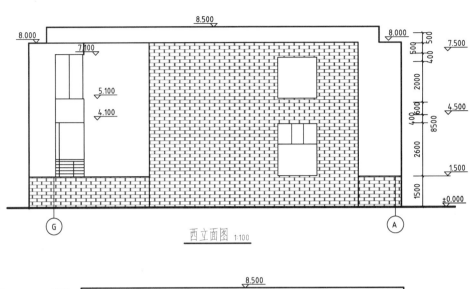

西立面图 1:100

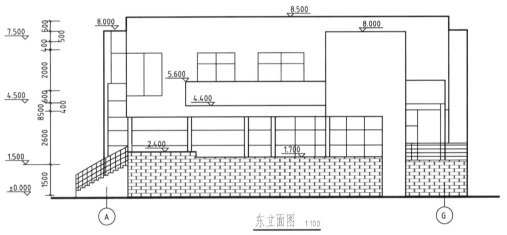

东立面图 1:100

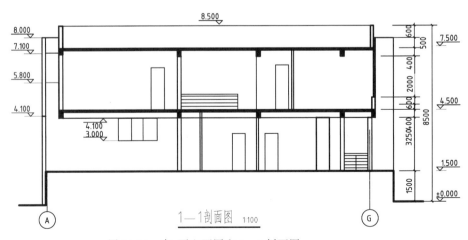

1—1剖面图 1:100

图 14-44　东、西立面图和 1—1 剖面图

解 建模步骤如下。

（1）画一层平面图并且推拉，如图 14-45 所示。

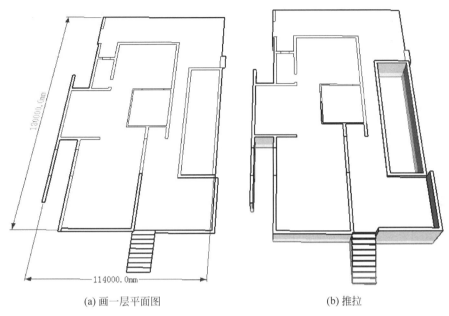

(a) 画一层平面图　　　　　　　　　(b) 推拉

图 14-45　画一层平面图并且推拉

（2）二层与屋顶建模，如图 14-46 所示。

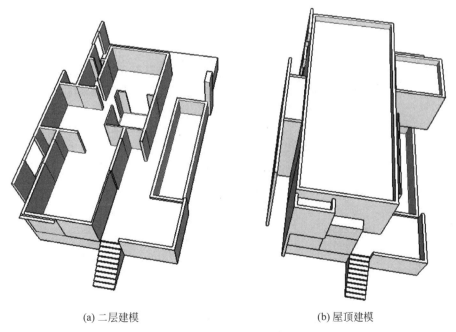

(a) 二层建模　　　　　　　　　(b) 屋顶建模

图 14-46　二层与屋顶建模

（3）栏杆与门窗建模，如图 14-47 所示。

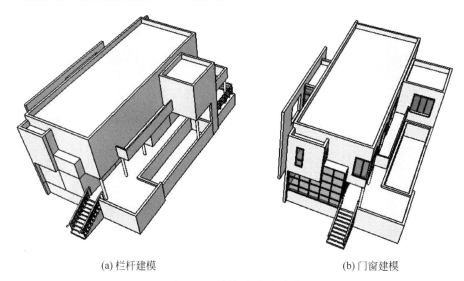

(a)栏杆建模   (b)门窗建模

图 14-47　栏杆与门窗建模

（4）赋予材质，如图 14-48 所示。

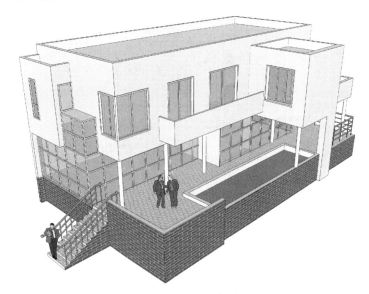

图 14-48　赋予材质

下篇

Photoshop CS6

第15章

Photoshop CS6 快速入门

15.1 Photoshop CS6 的基本操作

15.1.1 Photoshop CS6 的操作界面

当启动 Photoshop CS6 后,打开任意一张图片,在屏幕上可以看到如图 15-1 所示的窗口。

图 15-1 操作界面

该窗口就是 Photoshop CS6 的操作界面,也是常说的工作界面,主要由 6 个部分组成,分别是菜单栏、工具选项栏、工具箱、状态栏、图像窗口、控制面板。与 Photoshop CS6 以前的版本相比,工作界面的变化在于应用程序栏的消失。下面分别介绍界面中各个部分的功能及其使用方法。

(1) 菜单栏。菜单栏位于工作界面的最上方,它是软件中各种命令的集合处,包括的内容从左至右依次是"文件""编辑""图像""图层""选择""滤镜""分析""3D""视图""窗口""帮助"菜单项,用户通过运用这些菜单项中的各个命令可以对图形进行各种各样的编辑。

菜单里的命令使用方法是单击菜单项,然后在弹出的菜单或子菜单中选择相应的命令即可,如图 15-2 所示。

菜单中带有小三角形图标的命令表明其含有下一级菜单

菜单中显示为灰色的命令表明该命令在当前状态下不可使用

菜单中带有省略号的命令表明单击该命令会弹出一个对话框

菜单中无特殊标记命令表明单击该命令即可执行相应的操作

图 15-2　菜单命令使用方法

在实际的操作中常常用快捷键来实现各种命令的快速选择。Photoshop 的常用快捷键可以在菜单中看到。

(2) 工具选项栏。在菜单栏的正下方是工具选项栏,用于对当前工具进行参数设置。大部分工具都有自己的工具选项栏,当用户使用不同的工具时,工具选项栏就会显示该工具相应的属性参数。在该工具的属性栏中,用户可以对各种参数进行设置来改变工具的属性,进而改变工具作用于图像的效果,从而获得精确操作图像的效果。若想保存某一工具当前的参数设置,可以通过单击属性栏左边的小三角符号弹出的参数预设面板来完成,还可以通过右击选项栏上的工具图标,从弹出的快捷菜单中选取"复位工具"或"复位所有工具"来完成。例如,当选择"画笔"工具后工具选项栏的效果如图 15-3 所示。

工具预设栏　　　　　　参数设置区

图 15-3　"画笔"工具对应的工具选项栏

(3) 工具箱。工具箱默认处于 Photoshop CS6 工作界面的最左侧,可以根据需要,单击顶部折叠按钮变为长单条和短双条,也可以根据用户需要拖动到工作界面的任意位置。工具箱中集合了常用的各种工具按钮,使用这些工具可以进行绘制和修饰图像、创建选区、创建文字及调整图像显示比例等操作。工具箱中一般为默认工具,在工具箱的许多按钮的右下角都有一个小小的三角形,表明该按钮是一个工具组,其中包含多个工具,可通过在工具按钮上按住左键或右击,来显示该工具组中隐藏的其他工具。

(4) 图像窗口。图像窗口是 Photoshop CS6 工作界面中默认的灰色区域部分,是图像文件的显示区域,也是编辑与处理图像的操作区域。图像窗口上端的标题栏主要显示当前图像文件的名称、图像格式、显示比例及图像色彩模式。图像窗口可以随意改变位置和大小,也可以转换为具有最小化、最大化和关闭图像的文件窗口状态。

(5) 状态栏。状态栏位于图像窗口的下方,从左至右依次显示当前图像的比例、文件大小等信息。若图像缩放比例较大,状态栏右端会出现滑动条,如图 15-4 所示。

显示比例　　文件大小　　　　　　　　　　　　　　滑动条

50%　　　　文档：17.2M/15.7M

图 15-4　状态栏

（6）控制面板。控制面板默认位于 Photoshop CS6 工作界面的最右侧区域，是
Photoshop 中较有特色的一部分，它包括"图层""通道""路径""颜色""色板""样式"等面板，
可以通过控制面板对图像文件进行颜色选择、图层的创建与编辑、新建通道、编辑路径等操
作。控制面板是工作界面中非常重要的一个组成部分，用户可以根据自身需要随意调整面
板并进行显示模式的转换，使得对图像操作更简便。用户还可以通过控制面板右上角的折
叠按钮 将不需要的面板折叠或通过关闭按钮关闭部分面板。

15.1.2　启动与退出

学习任何一个软件，都要了解该软件的启动与退出方法。Photoshop CS6 常用的启动
方法有两种：

（1）双击桌面快捷图标启动。

（2）单击"开始"→"程序"菜单中的 Photoshop CS6。

另外一种方法较少使用，就是双击 Photoshop CS6 安装文件夹中的 Photoshop.exe
图标。

Photoshop CS6 的退出也有多种方法，常用的有 3 种：

（1）执行 Photoshop CS6 工作界面的菜单栏中的"文件"→"退出"命令。

（2）单击工作界面右上角的"关闭"按钮 。

（3）右击软件的左上方 PS 标志，单击"关闭"。

另外，还可以应用 Alt＋F4 组合键来退出 Photoshop CS6。

15.1.3　创建、打开与保存文档

创建、打开与保存文档是 Photoshop 进行图像处理的基本操作，是每次使用 Photoshop
处理图像都要进行的操作。创建或打开图形文件是使用 Photoshop 软件开始阶段的操作，
而保存是应用 Photoshop 软件结束阶段的操作；有效合理地创建图像文件是高效工作的开
始，而及时地保存图像文件是避免损失的最有效的办法。

1. 新建文件

新建文件是指创建一个空白图像文件，其常用方法如下：

（1）执行"文件"→"新建"命令或者通过 Ctrl＋N 组合键来完成。

（2）在弹出的"新建"对话框中设置图像文件的名称、宽度与高度、分辨率及背景内容
等，然后单击"确定"按钮，如图 15-5 所示。

2. 打开文件

打开文件是指打开保存在磁盘上的图像文件，Photoshop CS6 中可以通过"文件"中的
"打开"、"打开为"、"最近打开的文件"以及 Ctrl＋N 组合键或者双击图像窗口来打开文件。
如图 15-6 所示。

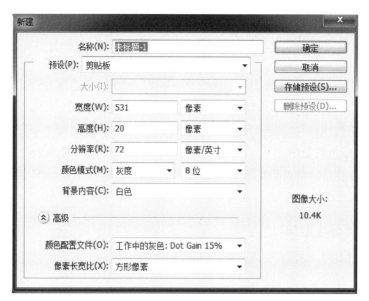

图 15-5　"新建"对话框

图 15-6　"打开"对话框

在弹出的对话框中通过上部"查找范围"列表框来确定打开文件存在的路径,可以指定一个或多个文件。同时打开多个文件时,需要使用 Shift 键(连续选择文件)或 Ctrl 键(不连续的多个文件)。

3. 保存文件

保存文件就是把新建或改动过的图像文件保存在磁盘上。可以通过"文件"中的"储存"、"储存为"、"存储为 Web 所用格式"和 Ctrl＋S 组合键来完成,若保存的是新建的图像文件,会弹出如图 15-7 所示的对话框。

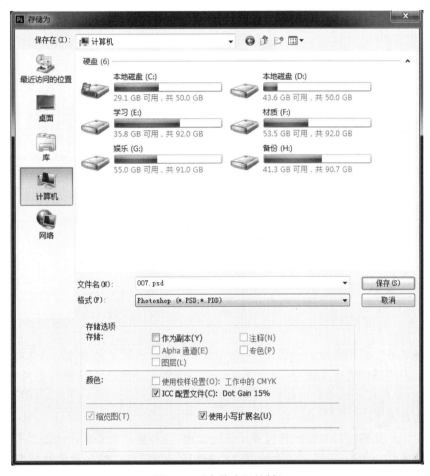

图 15-7　"存储为"对话框

其中,"保存在"列表框中是要保存文件的存放的路径,"格式"列表框中是要保存的文件为何种图像格式,"文件名"文本框需要输入要保存文件的名称,然后单击"保存"按钮即可完成保存。

使用"存储为 Web 所用格式"命令时,在弹出对话框中,如图 15-8 所示,可在"预设"区域中设置图像存储的格式和部分属性,在"图像大小"栏内设置图像大小,完成后单击"存储"按钮,弹出"存储为"对话框进行保存(注:使用"储存为 Web 所用格式"命令保存的 JPG 格式图像文件要比直接保存的文件小一点)。

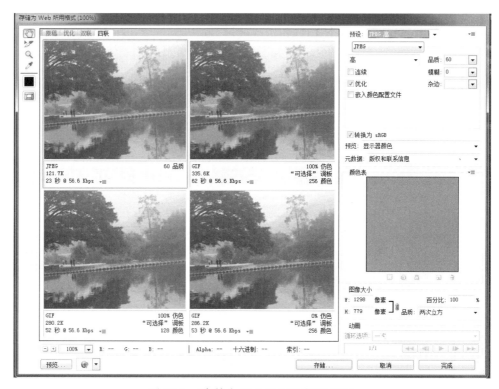

图 15-8 "存储为 Web 所用格式"对话框

15.2 选区

15.2.1 选区的概念

选区顾名思义就是选取的区域,即 Photoshop 中通过选取工具来确定的选择范围,进而对选择范围内的图像进行编辑,任何编辑对选区外的图像无影响。当图像上没有建立选区时,相当于全部选择。创建的选区在图像中呈流动状显示,如图 15-9 所示,图中黑白相间的就是选区的边界。

选区在图像处理时起着保护选区外图像的作用,各种操作对选区内的图像有效,而对选区外的图像无效。此外,需要牢记选区是一个封闭的区域,可以是各种各样的形状,但是一定是封闭的、无开放性的选区。

15.2.2 选区的创建

Photoshop 中通过各种选取工具来创建选区,Photoshop CS6 提供了以下几类选取工具:选框工具组、套索工具组、"快速选择工具"和"魔棒工具";此外,还可以通过"色彩范围"来进行创建选区。下面结合这些工具介绍选区的创建方法。

1. 创建规则选区

可以通过选框工具创建规则的矩形或椭圆形选区,这种创建选区的方法是 Photoshop 中使用最频繁的方法。选框工具组包括"矩形选框工具""椭圆选框工具""单行选框工具"

"单列选框工具"。

(1)"矩形选框工具"：可以绘制任意长度和宽度的矩形选区,还可以通过工具选项栏中相关参数的设置来绘制固定大小的矩形选区和固定比例的矩形选区。使用"矩形选框工具"在图像窗口中单击确定选区的起始位置,然后按住左键拖动鼠标,到所需位置后释放即可,如图15-10所示。

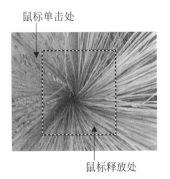

鼠标单击处

鼠标释放处

图15-9　选区在图像中的显示效果　　　　　图15-10　绘制矩形选区

(2)"椭圆选框工具"：可以绘制出椭圆或正圆选区,使用方法和"矩形选框工具"相似。当按住 Alt 键不放时,可以绘制一个从中心到外边的椭圆选区。

(3)"单行选框工具"和"单列选框工具"：可绘制出一个水平和垂直选区,常用来绘制一些线条。

选框工具组的快捷键是 M 键,还可以通过按下 Shift＋M 组合键,在"矩形选框工具"和"椭圆选框工具"间切换。使用"矩形选框工具"和"椭圆选框工具"时按住 Shift 键可创建正方形或正圆形选区。

2. 创建不规则选区

可以通过套索工具组创建不规则选区,这种选区可以由直线段、曲线或者这两种线的混合组成。套索工具组包括："套索工具""多边形套索工具""磁性套索工具"。套索工具组的快捷键是 L 键,按 Shift＋L 组合键可以在"套索工具""多边形套索工具""磁性套索工具"之间切换。

(1)"套索工具"：使用"套索工具"可以绘制任意形状的选区;使用时在图像窗口中单击并按住左键不放,拖动鼠标选择需要的区域,然后,松开鼠标,系统自动生成一个封闭区域,这就是创建的选区,如图15-11所示。

(2)"多边形套索工具"：使用"多边形套索工具"可以绘制直线段或折线样式的多边形选区;使用时需要在图像窗口中单击形成定位点,多次单击形成多个定位点的区域,最后双击系统自动形成一个首尾相连的多边形封闭选区,如图15-12所示。在使用该工具时,按下 Shift 键,可以绘制水平、垂直或

图15-11　使用"套索工具"创建选区

45°的线段,若按下 Delete 键,可删除最近绘制的线段,长按 Delete 键,则可删除所有绘制的线段。

（3）"磁性套索工具"：是具有自动吸附图像边缘功能的创建选区工具；在需要选择的图像与背景颜色反差较大时，使用"磁性套索工具"可以在图像中沿颜色边界捕捉像素，形成一个封闭的选区。该工具创建选区具有选择快捷、准确、方便的特性，如图 15-13 所示。

图 15-12　使用"多边形套索工具"创建选区　　　图 15-13　使用"磁性套索工具"创建选区

3. 根据颜色创建选区

根据图像颜色差别创建选区，是 Photoshop 中创建选区较为常用的方法，常使用的是"快速选择工具"、"魔棒工具"及"选择"菜单中的"色彩范围"命令。

（1）"快速选择工具"：在需要选择的区域，通过拖动鼠标并根据色彩范围自动查找边缘来创建选区，和"磁性套索工具"类似，特别适合在具有强烈颜色反差的图像中创建选区。拖动时的笔尖大小、硬度、间距等设置决定了选区的形态和范围，如图 15-14 和图 15-15 所示。

图 15-14　沿需要选择的区域拖动鼠标　　　图 15-15　沿背景拖动鼠标后创建的选区

（2）"魔棒工具"是根据图像的颜色和容差创建选区的一种模式，以主要的像素颜色值为标准，通过选取图像中颜色相同或相近的区域来创建选区。在使用"魔棒工具"时，单击需要选取图像的任意一点，此时，图像中与单击处颜色相同或相近的颜色区域将会自动被选取，进而创建选区；在使用"魔棒工具"时，对位于工具选项栏中的容差设置较为关键，设置容差越大包容的相同颜色范围越大，选中部分就越多，创建的选区就越大，反之选中部分就越少，如图 15-16 和图 15-17 所示。

（3）"色彩范围"命令：也是根据颜色和容差创建选区的，和"魔棒工具"创建选区的工作原理一样，都是根据指定的颜色采样点来选取相同或相近的颜色区域，而"色彩范围"命令常用来创建复杂选区。运用"色彩范围"命令创建选区的步骤为：打开某一图像，执行"选择"→"色彩范围"命令即可打开对话框，单击"吸管工具"，拾取图像窗口中的背景色，此时对话框中会显示黑白图像,其中白色区域为选择区域,黑色区域为非选区域。通过拖动颜色容差滑块,调节选择的范围,直至对话框中的背景全部显示为白色,单击"确定"按钮完成选区,如图15-18所示。

图15-16　容差为20时创建的选区　　　　图15-17　容差为40时创建的选区

(a)"色彩范围"对话框

(b)使用"色彩范围"创建的选区

图15-18　"色彩范围"命令

4. 根据路径创建选区

在建筑效果图中,由于尺寸较大无法使用选取工具一次性创建选区,此时使用"路径工具"创建图像的路径,从而转换为选区是比较常用的方法。而且路径的锚点控制柄可以将路径修改得非常光滑,非常适合建立轮廓复杂和边缘要求较为光滑的选区,如人物、家具、汽车、室内物品等。

Photoshop CS6 路径创建和编辑工具如图15-19所示。其中"钢笔工具"和"自由钢笔工具"用于创建路径,"添加锚点工具"和"删除

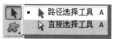

图15-19　路径创建和编辑工具

锚点工具"用于对锚点的控制,"转换点工具"用于切换路径节点的类型,"路径选择工具"和"直接选择工具"分别用于路径的选择。

路径转换为选区的方法:在图像中绘制好路径后,用"路径选择工具"选中路径,单击右侧"路径"面板中的"将路径作为选区载入"按钮 ⊚ 或者按 Ctrl+Enter 组合键将路径转换为选区。

选区转换为路径的方法:普通选区很难创建复杂的曲线形边缘,将其创建为路径后更方便调整。在图像中创建选区后,单击"路径"面板中的"从选区生成工作路径"按钮 ◅◅ 将选区转换为路径,然后可以对路径进行调整。

15.2.3 选区的编辑方法

在绘制完选区后,如果感觉选区达不到要求,可以通过各种编辑操作对选区进行再次加工处理,直到选区符合设计意图。在 Photoshop CS6 中,既可以对选区进行复制、剪切、删除等常见操作,还可以对选区进行一些特殊的操作。

1. 移动选区

在 Photoshop 中创建选区后,可以对选区进行移动,以方便对图像窗口中的其他区域进行同样的选取。移动选区的操作方法是:创建选区后,在选区内按住鼠标移动至其他区域。也可以使用键盘的上下左右方向键,精确调整选区的方向,每按一次移动 1 个像素。如果按住 Shift 键,然后按方向键,则可以每次移动 10 个像素。

另外一种移动方式是使用工具箱中的"移动工具" ▶⊕ 移动选区,在选区内按住鼠标移动至其他区域,选区内的图像会随之移动。

2. 全部选择、取消选择及反向选择选区

"选择"菜单中的"全部"命令或者按 Ctrl+A 组合键可以选中整个图像,在创建选区后可以使用"选择"菜单中的"取消选择"命令或者按 Ctrl+D 组合键取消创建的选区。

当在图像窗口中创建选区后,可以使用"选择"菜单中的"反向"命令或者按 Ctrl+Shift+I 组合键,进行对选区和非选区的互换。

3. 扩大选区和选取相似

使用"选择"菜单中的"扩大选区"命令或"选取相似"命令,可以按照颜色的相近程度增加选区的范围。

"扩大选区"可以按照颜色的相近程度扩大与选区相邻的选择范围,而"选取相似"也是按照颜色的相近程度扩大命令,但是增加的选区不一定和原选区相邻,效果如图 15-20 和图 15-21 所示。

4. 扩展和收缩选区

扩展选区就是把创建的选区再按照设定的像素向外扩展得到一个新选区。扩展选区的具体操作是:"选择"→"修改"→"扩展",然后在弹出的"扩展选区"对话框的"扩展量"输入 1~100 数据即可,如图 15-22 所示。

收缩选区就是要缩小选区的范围,具体操作是:"选择"→"修改"→"收缩",在弹出的对话框中输入所要的数值即可,操作步骤和扩展选区相似。

图 15-20 "扩大选区"创建的选区

图 15-21 "选取相似"创建的选区

(a) "扩展选区"对话框

(b) 原选区

(c) 扩展选区

图 15-22 "扩展选区"对话框及效果图

5. 羽化选区

羽化选区可以让选区四周的图像逐渐减淡,创建出模糊的边缘效果,羽化选区的具体操作是:"选择"→"修改"→"羽化"或者使用"羽化工具"的组合键 Shift+F6,在弹出的对话框中输入所要的数值,数值越大,模糊的程度也就越大,如果输入数值过大,会弹出"选中的像素不超过50%"的警告信息,此时,需要减少输入的数值。羽化效果如图 15-23 所示。

(a)"羽化选区"对话框　　　　(b)羽化前　　　　　(c)羽化后

图 15-23　羽化选区

6. 创建边界选区

创建边界选区就是在已有的选区边界处向外增加一定像素的边界,具体操作是：创建一个选区后,执行"选择"→"修改"→"边界"命令,在弹出的对话框中输入增加的宽度数值即可,如图 15-24 所示。

(a)创建"边界选区"对话框　　(b)创建边界选区前　　(c)创建边界选区后的效果

图 15-24　创建边界选区

7. 选区运算

创建精准的选区在 Photoshop 的操作中是非常重要的,但是精准的选区往往不是一次性的工具使用即可创建成功的,这需要经过对选区进行修改或者改变选区的范围,从而得到较为精准的选区。而选区运算功能能够改变选区的范围,就像是平常的逻辑运算,通过选区的相加、相减和相交来完成对选区的进一步调整,如图 15-25 所示。

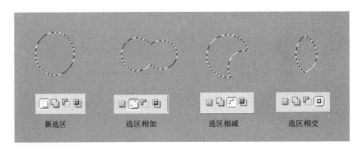

图 15-25　选区运算

8．变换选区

变换选区就是对已经创建的选区进行各种形式的改变,可以是缩放、旋转、扭曲、变形等。变换选区的具体的操作是:首先创建一个选区,之后选择"选择"→"变换选区"命令,此时就可以进行缩放、扭曲、变形、旋转等操作了。

9．存储和载入选区

在图像处理过程中,用户可以把自己创建的选区进行保存,当需要时可以再次载入到图像窗口中,载入的选区可以与当前窗口中的选区进行运算以得到新选区。存储选区的具体操作是:"选择"→"存储选区",系统会自动弹出如图 15-26 所示的对话框,需要指定保存选区的文件并对选区进行命名。

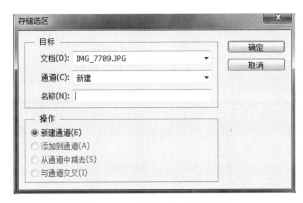

图 15-26　"存储选区"对话框

载入选区的具体操作是:"选择"→"载入选区",系统会自动弹出如图 15-27 所示的对话框。

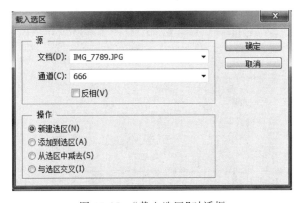

图 15-27　"载入选区"对话框

15.3　图层

在 Photoshop 中,使用较为频繁的就是图层,也是 Photoshop 核心功能之一,所有的图像文件的制作和编辑都应用到图层,否则,就不可能通过 Photoshop 制作出各种优秀的设计作品。

在对室内外效果图进行后期处理时,需要对渲染出来的图片进行添加相关配景图像,从而形成一幅完美的室内外效果图。而这些相关配景图像在室内外效果图中有其特定的近大远小、不同的位置关系及前后顺序等。因此,图层概念在室内外效果图后期处理中显得尤其重要。

15.3.1　图层的基本概念

图层是一个比较容易理解的概念,图层就像是含有文字或图形等元素的胶片,一张张按顺序叠放在一起,组合起来形成图像的最终效果。

假如我们有一幅具有 3 层(3 张胶片)的图像,胶片上的图案分别是草坪、人、足球。首先,把草坪胶片放在最下面,给我们展现的是一片修剪整齐的草坪;然后,将包含人的胶片放在上面后,展现的是人在草坪上跑动;最后把足球胶片放在最上面,展现在我们面前的是一个人在修剪整齐的草坪上踢足球。

图像中的每一个图层具有独立性、透明性和叠加性的特点。比如,在一张张透明的玻璃纸上作画,透过上面的玻璃纸可以看见下面纸上的内容,但是无论在上一层上如何涂画都不会影响到下面的玻璃纸,上面一层会遮挡住下面的图像。最后将玻璃纸叠加起来,通过移动各层玻璃纸的相对位置或者添加更多的玻璃纸即可改变最后的合成效果。

虽然图像中的各个图层相对独立,但是一个图像文件中的所有图层都具有相同的分辨率、通道数和色彩模式。

在 Photoshop 中,学习图层必须先认识图层面板,在使用图层前,可以执行"窗口"→"图层"命令,显示图层面板,还可以通过 F7 键快速打开或隐藏图层面板。图层面板如图 15-28所示。

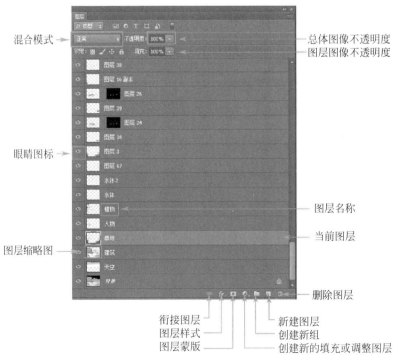

图 15-28　图层面板

　　在 Photoshop 中,图层的种类有很多,主要包括普通图层、背景图层、填充图层、调整图层、形状图层、文字图层。下面就对以上的各个图层进行说明,便于理解各个图层的作用,方便应用。

　　普通图层是图层面板中数量较多的图层,也是一般意义上的图层,在对图像文件进行编辑时常用的就是普通图层。在该图层中可以对图像的颜色、形状等进行操作,还可以为其添加蒙版来隐藏图像的显示区域,不过,图像以外的部分无色透明。执行"图层"→"新建"→"普通图层"命令或者在图层面板中单击"新建"按钮 ⬛ ,弹出对话框设置普通图层的名称、颜色等。

　　背景图层是一种特殊的图层,位于图层面板的最下方并且显示锁标识,该图层具有位于图层最下层、不能移动、无法更改图层透明度的特点。每个图像只能有一个背景图层,它可以与普通图层互换,但不可以与其他图层交换顺序。背景图层可以进行一些编辑操作,前提是必须将其转换为普通图层,即先要对它解锁。执行"图层"→"新建"→"背景图层"命令或者在图层面板中双击背景图层,在弹出的对话框中输入图层的名称,就将图层转换成普通图层了,此时背景图层中的标识就不见了,可以对该图层进行编辑。

　　填充图层是一种由纯色、渐变效果或者图案填充的图层。使用填充图层除了对单一的形状选区进行填色外,还可以为图像添加单色效果,可以结合图层的不透明度和混合模式进行设置。

　　调整图层用于调整图像的色彩与色调,可以保存对图像进行颜色调整的数据,以方便对该图像进行多次调整。通过对调整图层的编辑,可以在不改变原始图像的前提下,调整整个图像的色彩和色调。

　　形状图层,使用"钢笔工具"组合自定义形状工具组时,在属性栏中单击"形状图层"按钮 ⬛ ,然后在图像窗口中绘制形状,可以在图层面板中自动生成形状图层。

　　文字图层是专门用于存放文字内容的图层,使用"文字工具"在图像中输入文字后,会在图层面板中自动生成文字图层。

15.3.2　图层的基本操作

　　在处理图像时,经常要对图层进行一些操作,常见的有新建图层、复制图层、删除图层、选择图层、合并图层等。

1. 新建图层

　　新建图层可以创建一个空白的透明的图层;在 Photoshop CS6 中新建图层的方法有很多种,包括在图层面板中新建、使用命令新建、编辑图像的过程中新建等。新建图层最常用的方法有以下几种。

　　(1)通过图层面板新建图层:打开图层面板,单击面板中"新建图层"按钮 ⬛ ,即可在当前图层上创建一个具有默认名称的新图层,自动生成为当前图层,新图层名依次为"图层 1""图层 2""图层 3"……。如果要在当前图层的下面创建新图层,可以按住 Ctrl 键单击"新建图层"按钮 ⬛ 。不过,背景图层下面不能新建图层。按住 Alt 键单击"新建图层"按钮 ⬛ ,可在"新建图层"的对话框中对名称、颜色、混合模式等图层属性进行设置。

（2）通过菜单新建图层：执行"图层"→"新建图层"命令，可以创建一个新的图层。创建图层时，在弹出的对话框中可以对新图层的各种属性进行定义，如图层的名称、颜色、图层混合模式、不透明度等。此外，可以通过 Ctrl＋Shift＋N 组合键快速打开"新建图层"对话框，如图 15-29 所示。

图 15-29　"新建图层"对话框

新建图层还有其他的方法，如通过粘贴新建图层、通过拖动新建图层、输入文字自动生成新图层等，此处不再一一解说。

2. 复制图层

复制图层就是再创建一个相同的图层。复制图层有两种：一种是在同一图像中复制包括背景在内的任何图层；另一种是将任何图层从一个图像文件复制到另一个图像文件中，从而在图像中添加多个图层。复制图层的方法如下：

（1）最常用的方法是"移动工具" ⊕ ＋Alt 键的组合操作。选择要复制的图层，使用"移动工具" ⊕ ，同时按住 Alt 键，单击并拖拽图像，即可得到该图层的副本图层。

（2）通过菜单复制图层。选择要复制的图层，执行菜单"图层"→"复制图层"命令，在弹出的对话框中设置图层名称，单击"确定"按钮完成图层的复制。

（3）通过图层面板复制图层。在图层面板上选中当前图层，按住鼠标左键拖动至图层面板底部的"新建图层"按钮 ▢ 上，松开鼠标，即可在当前图层的上方复制一个副本图层。

（4）在图层面板上，选择要复制的图层，右击出现快捷菜单，选择"复制图层"命令，即可复制该图层。

3. 删除图层

删除图层就是把不需要的图层删除，删除图层后该图层中的图像一并被删除。删除图层可以减小工作文件的大小，便于后期工作。此外，要删除图层，必须保证至少有两个以上的图层。删除图层的常用方法如下。

（1）通过图层面板来删除图层。该方法最为常用，具体操作是：选中要删除的图层，单击图层面板中的"删除图层"按钮 🗑 或将图层拖拽至"删除图层"按钮 🗑 上，弹出提示框，单击"是"按钮完成删除图层。

（2）通过鼠标右键来删除图层。鼠标放在图层面板上，选择要删除的图层，此时右击，在弹出的快捷菜单中，选择"删除图层"命令，即可删除该图层。

（3）通过菜命令删除图层。选择要删除的图层，再通过执行菜单中"图层"→"删除图层"命令，在弹出提示框中，单击"是"按钮完成删除图层。

4. 选择图层

选择图层是在 Photoshop 中执行最多的操作之一，只有选中了图层才能进一步对图像进行各种编辑与修饰操作。可以通过图层面板进行选择。这种选择方式可以分为选择单个图层、选择多个连续的图层和选择多个不连续的图层几种。

（1）选择单个图层，只需要在图层面板上单击需要选择的图层即可。

（2）选择多个连续的图层，需要先选择一个图层，按下 Shift 键，单击其他图层即可。如图 15-30 所示，我们想选择"图层 2"至"图层 5"之间的图层，可以先选择"图层 2"，按下 Shift 键，单击"图层 5"就可以把"图层 2"至"图层 5"之间的图层全部选中。

(a) 选择"图层2"　　　　　　(b)"图层2"至"图层5"之间图层全部选中

图 15-30　选择多个连续的图层

（3）选择多个不连续的图层，先选择一个图层，按下 Ctrl 键，再单击其他要选择的图层即可。

5. 合并图层

合并图层是指将两个或两个以上的图层合并到一个图层。在进行各种图像作品设计时，常常会用到多个图层，这样会使图像文件越来越大，使计算机处理速度变慢，因而，当某些图层上的图像不再做修改时，就可以将这些图层合并来减少图层的数量，加快作图速度。合并图层的常见操作有以下 3 种。

（1）向下合并图层。该命令是将当前图层合并到其下方的一个图层。可以通过菜单"图层"→"向下合并可见图层"命令或 Ctrl＋J 组合键，以及光标放在图层面板上右击，选择"向下合并"命令来完成。此时，合并后的图层使用下面图层的名称，例如，"图层 3"为当前图层，"图层 2"为"图层 3"下方的图层，向下合并图层后，合并后图层的名称变为"图层 2"。

（2）合并可见图层。该命令可以将当前所有的可见图层合并到一个图层。可以通过菜单"图层"→"向下合并可见图层"命令或 Ctrl＋Shift＋J 组合键，以及光标放在图层面板上右击，选择"向下合并可见图层"命令即可。

（3）拼合图层。该命令可以将所有可见图层进行合并，而隐藏的图层将被丢失。可以通过"图层"→"拼合图层"命令来完成。

注意：在合并图层中，保存合并文件后，将不能恢复到未合并时的状态，图层的合并是永久性的。另外，不能将调整图层或填充图层用作合并的目标图层。

6. 显示、隐藏图层

当一个图像文件有较多的图层时，为了便于操作，可对一些图层进行隐藏。在图层的最左端有一个眼睛图标 👁，它表示该图层可见；单击眼睛图标可将该图层从图像窗口中隐藏，同时眼睛图标消失，再次单击该位置，图层重新显示，眼睛图标可见。在处理较复杂的图像文件时，隐藏图层是比较快捷及提高作图效率的方法之一。

7. 调整图层顺序

在一个图像文件中，不同图层之间存在着上层图层覆盖下层图层的特性，位于下面的图层只有透过上面图层的透明区域才能显示出来。因此，通过适当地调整图层顺序可以制作出各种精美的效果，如图 15-31 所示。

(a) 正常顺序，人在竹子后面　　　　　　(b) 把人上移一层的结果，人在竹子前面

图 15-31　调整图层顺序

调整图层顺序的操作较为简单，在图层面板上选中需要调整的图层，拖动鼠标到目标位置后，释放鼠标。此外，还可以通过快捷键来实现一些操作，Ctrl＋［组合键可将选中的图层向上移动一层；Ctrl＋］组合键可将选中的图层向下移动一层；Ctrl＋Shift＋［组合键可将选中的图层移动到顶层；Ctrl＋Shift＋］组合键可将选中的图层移动到底层。

8. 链接图层

图层的链接是指将两个或两个以上的图层链接在一起成为一组,以方便进行移动、缩放、复制等操作。具体的操作是选中要链接的图层,之后在图层面板中找到"链接"按钮 ,单击即可,若不想链接,选中图层,再单击图层底部的"链接"按钮 即可。

15.4　图层蒙版

图层蒙版是蒙版的 4 种形式中的一种,也是初学者不易理解和掌握但又非常重要的一种工具,要熟练地使用才能制作出好的图像效果。在建筑和园林景观效果图的后期制作中,通常在普通图层上添加图层蒙版,然后通过调节蒙版的不同灰度来合成图像。

15.4.1　图层蒙版的概念

掌握图层蒙版的概念,首先要对蒙版有一个初步的认识。蒙版用来隔离和调节图像的特定部分,可以形象地把蒙版想象为一张蒙在图像上的塑料膜,塑料膜上的颜色有深有浅,颜色最浅的地方完全透明,大家可以直接看到下面的图像,颜色最深的地方不透明,下面的图像完全被遮挡住,介于最深和最浅之间的地方则呈现不同程度的透明。作为蒙版形式中的一种,图层蒙版是覆盖在某一个特定图层或图层组上的蒙版,图层蒙版用于控制图层上各个区域的显示程度。

图层蒙版的原理是将不同的灰度值转化为不同的透明度,并作用到它所在的图层,使图层不同部位的透明度产生相应的变化,从而控制图层中图像的隐藏和显示。蒙版中的纯白色区域可以遮盖下面图层中的图像,只显示当前图层中的图像;蒙版中的纯黑色区域可以遮盖当前图层中的图像,显示出下面图层中的内容;蒙版中的灰色区域会根据灰度值使当前图层中的图像呈现出不同层次的透明效果。

使用图层蒙版的好处是可以在不改变图层本身的前提下改变图层的显示效果,如果对效果满意,可以将蒙版应用到图层以改变图层的显示效果,如果对效果不满意,则可以随时扔掉蒙版,恢复到图层的本来面目。

15.4.2　创建图层蒙版

(1) 创建图层蒙版最常用的方法是单击图层面板底部的"添加图层蒙版"按钮 。此时,创建的图层蒙版默认填充颜色为白色,表示全部显示当前图层中的图像,如图 15-32 所示。若按下 Alt 键的同时,单击按钮 ,创建的图层蒙版默认填充颜色为黑色,表明全部隐藏图层中的图像,如图 15-33 所示。

(2) 如果图像中创建有选区,直接单击"添加图层蒙版"按钮 ,在图层蒙版中,选区内部呈白色,选区外部呈黑色,此时黑色部分被隐藏,如图 15-34 所示。

在实际的制作效果图的过程中,常常创建图层蒙版来获得图像的特殊处理效果,如果要隐藏当前图层中的图像,可以将蒙版涂抹成黑色,如果要显示当前图层中的图像,可以将蒙版涂抹成白色,如图 15-35 所示。图层蒙版涂成黑色,隐藏了当前图层中的图像,如图 15-36 所示。

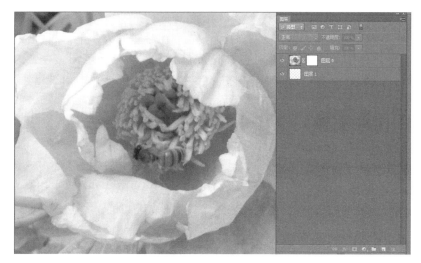

图 15-32　默认填充白色的蒙版

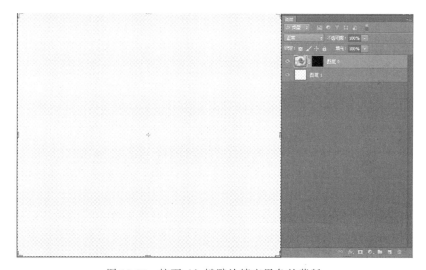

图 15-33　按下 Alt 键默认填充黑色的蒙版

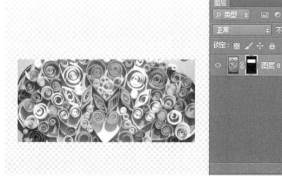

图 15-34　有选区的图层蒙版的创建

图 15-35　图层蒙版涂成白色的效果

图 15-36　图层蒙版涂成黑色的效果

　　若想把图层中的图像变为半透明的效果,可以通过"画笔工具"等把图层蒙版涂成灰色,如图 15-37 所示。若想得到更为特殊的效果如渐变透明的效果,可以通过"渐变工具"把图层蒙版涂成渐变色,如图 15-38 所示。

图 15-37　图层蒙版涂成灰色的效果

图 15-38　图层蒙版涂成渐变色的效果

　　(3) 更多通过选区创建图层蒙版的方式还可以通过"图层"→"图层蒙版"→"显示全部""隐藏全部"等命令来完成,如图 15-39 所示。

15.4.3　编辑图层蒙版

　　图层蒙版创建后,根据图层蒙版产生的效果进行编辑,常常用到的有查看图层蒙版、停用和启用图层蒙版、应用和删除图层蒙版、链接图层蒙版、复制与反相图层蒙版。

1. 查看图层蒙版

　　按住 Alt 键的同时在图层面板中单击图层蒙版缩略图即可进入图层蒙版的编辑状态,此时可以

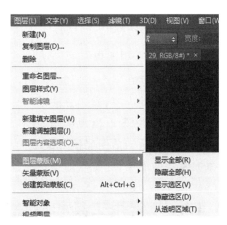

图 15-39　从"图层"菜单创建图层蒙版

对图层蒙版进行各种编辑,如用"画笔工具"来加深涂抹颜色等;再次按住 Alt 键单击图层蒙版缩略图或单击图层缩略图即可回到图像编辑状态。

2. 停用和启用图层蒙版

图层蒙版创建后,如果要查看添加了图层蒙版的图像的本来面目,可通过一些操作暂时停用图层蒙版的屏蔽功能,并可以在停用后将其重新启用,具体操作方法如下。

按住 Shift 键的同时在图层蒙版缩略图上单击即可,或者在图层面板中选择图层蒙版缩略图后,用鼠标右键选择"停用图层蒙版"选项,或者执行"图层"→"图层蒙版"→"停用"命令,均可停用图层蒙版效果,其缩略图上会出现一个红色的叉作为停用标记,如图 15-40 所示。

图 15-40　停用图层蒙版

如想再次启用图层蒙版,可再次按住 Shift 键单击,或在图层面板中选中图层蒙版缩略图后右击,选择"启用图层蒙版"选项,或者执行"图层"→"图层蒙版"→"启用"命令,均可恢复图层蒙版。

3. 应用和删除图层蒙版

创建图层蒙版达到需要的效果后,可以将其应用到图层上以永久性地保留图层蒙版的效果,反之,若效果达不到需求,也可以把其删除。

如果不需要图层蒙版,可直接将其拖至图层面板上的"删除图层" 🗑 按钮上,在弹出的对话框中单击"删除"即可,或者在图层蒙版上右击,选择"删除图层蒙版"选项,或者执行"图层"→"图层蒙版"→"删除"命令。

如果需要永久性应用图层蒙版效果,可以在图层蒙版上右击,选择"应用图层蒙版"选项或者执行"图层"→"图层蒙版"→"应用"命令。

4. 链接图层蒙版

默认情况下,图层与图层蒙版是链接状态,如果需要取消链接,单击图层和图层蒙版缩略图中间的"链接"按钮 🔗 即可。当图层与图层蒙版处于链接状态,移动图层,图层蒙版也随着移动;当取消链接时,图层蒙版不随着图层的移动而移动。

5. 复制与反相图层蒙版

当图像中存在多个图层时,还可以将图层蒙版复制到其他图层中,以相同的蒙版显示或隐藏当前图层的内容,操作方法是按住 Alt 键,单击并拖动图层蒙版到其他图层。松开鼠标后,在当前图层中即可出现相同的图层蒙版。

如果需要对当前图层执行蒙版的反相效果,按住 Shift＋Alt 组合键拖动图层蒙版到需要添加蒙版的图层,此时当前图层添加的是颜色相反的蒙版。

15.5　常用工具和调色命令

本节主要讲解 Photoshop CS6 中常见的各种工具,如图像修饰类工具、填充类工具、查看类工具等,这些工具与日常工作中使用的工具含义没有本质的区别,可以用它们绘制及编辑图像并进行一些辅助性的操作。工具不同,在选项栏中的参数设置也不尽相同,要理解并熟练掌握这些参数设置的不同含义和工具的操作方法,以便于高效地制作出各种优美的作品。

15.5.1 选择和查看类工具

查看类工具是 Photoshop CS6 的操作中必须要用到的工具,主要包括"缩放工具" 🔍 和"抓手工具" 🖑。这两种工具在室外效果图的后期处理中运用较多,因为室外效果图作品的尺寸较大,在操作过程中要经常缩放或拖动来显示图像的细部处理状况,以便于制作出完美的效果图。

1. 缩放工具

在处理图像时,常常要用"缩放工具"来调整图像的显示比例,以方便查看和编辑图像。Photoshop CS6 的"缩放工具"最大可以将图像放大 32 倍,即 3200%。"缩放工具"的使用效果可分为放大图像和缩小图像两种,具体操作为:

放大图像,常用的操作是选择工具箱中"缩放工具"按钮 🔍,在图像窗口中单击要放大的图像区域,此时图像窗口中光标显示为 🔍,或者按下左键向右或向下移动鼠标,都可以放大图像。此外,Ctrl+"+"组合键也能达到此效果。

缩小图像,常用的操作是选择工具箱中"缩放工具"按钮 🔍 并按住 Alt 键,在图像窗口中单击要缩小的图像区域,此时图像窗口中光标显示为 🔍,或者按下左键向左或向上移动鼠标,都可以缩小图像。此外,Ctrl+"-"组合键也能达到此效果。

2. 抓手工具

当图像被放大后,无法在图像窗口中查看整个图像,此时,我们就可以用"抓手工具" 🖑 来移动图像以便看到图像的其他部分。在实际操作中按下键盘上的空格键,同时按下鼠标左键并移动鼠标的组合也常常用来移动图像。此外,当图像窗口出现滚动条,如果要查看图像的某一部分,也可以通过滚动条来查看。

15.5.2 绘图和修饰类工具

绘图和修饰类工具都是在效果图后期制作中频繁使用的工具。绘图工具包括"画笔工具" 🖌、"铅笔工具" ✏️ 和"颜色替换工具",通过这些工具,可以绘制出各种各样的创意图。

修饰工具包括图章工具组、修复工具组、模糊工具组和减淡工作组,主要用来修饰图像中的各种细微缺陷和不足;在效果图的制作过程中应用较为频繁的修饰工具有"仿制图章工具" 🖈、"修复画笔工具" 🖊、"污点修复画笔工具" 🖉、"减淡工具" 🔍、"加深工具" ✍、"海绵工具" 🞈。

1. 画笔工具

"画笔工具" 🖌 是 Photoshop 绘图工具中最为基础的工具,是用类似于毛笔和水粉笔的方式绘制各种图像,还可以根据需要直接绘制简单的图案。其实使用"画笔工具"就是使用某种颜色在图像中进行颜色填充,在填充过程中不但可以不断调整画笔笔头的大小,还可以控制填充颜色的透明度、流量和模式。使用"画笔工具"绘制图案时,默认情况下使用前景色,调整画笔的硬度,可以在图像窗口中绘制柔和或者清晰的边缘。选择"画笔工具"后,在选项栏中可以调整画笔的大小、硬度以及笔尖形状、模式等设置，如图 15-41 所示。

图 15-41　"画笔工具"选项栏

"画笔工具"选项栏中各选项介绍如下。

"画笔下拉"面板 ：用来设置画笔的大小、形状以及绘制后颜色边缘的虚化程度。可选择预设的各种画笔，选择画笔后再次单击扩展按钮可将弹出式面板关闭。

"模式"：用来设置混合模式，即画笔的色彩与下面图像的混合模式；可根据需要从中选取一种着色模式。

"不透明度"：设置画笔颜色的不透明度，取值在 $0\sim100\%$，取值越大，画笔颜色的不透明度越高，数值越小越透明。取 0 时，画笔是透明的。

"流量"：设置画笔颜色的压力，即笔墨扩散的速度，能产生水彩画的效果。数值越小笔触越淡。

"喷枪" ：单击 后，可以设置为喷枪模式绘图。图标凹下去表示选中"喷枪工具"，再次单击图标，表示取消"喷枪工具"。

2. 铅笔工具

"铅笔工具" 可以模拟铅笔的效果，绘制出硬边的线条。选择"铅笔工具"后，工具选项栏如图 15-42 所示。

图 15-42　"铅笔工具"选项栏

通过对"画笔工具"和"铅笔工具"选项栏的对比，可以看出，除了流量选项栏和自动抹除复选框外，两个工具的其余各项基本相同。

"自动抹除"：可以自动判断绘画时的起始颜色。若起始点颜色为背景色，"铅笔工具"将以前景色绘制，若起始点颜色为前景色，则以背景色绘制。

3. 颜色替换工具

"颜色替换"工具 可以对图像中特定的颜色进行替换，常用来调整图像中局部区域的颜色。"颜色替换"工具选项栏如图 15-43 所示。

图 15-43　"颜色替换"工具选项栏

"模式"：设置替换颜色与底图的混合模式。

"取样"：设定取样的类型。

"限制"：设置替换的限制模式。

"容差"：用于设置颜色替换的绘制范围。

"消除锯齿"：用于消除图像锯齿选项。

4．仿制图章工具

"仿制图章工具" 可以将图像的选定点作为取样点，将该取样点周围的图像复制到同一图像或其他图像中。"仿制图章工具"也是专门的修饰图像工具，在效果图的制作中常常用到，主要用于对素材的取舍以适合效果图的需要；如将背景部分不相干的杂物去除等。

"仿制图章工具"的具体操作方法是：单击"仿制图章工具"按钮 ，在需要取样的地方按住 Alt 键取样，然后在需要修复的地方涂抹即可。如要获得更为精确的修饰图像效果，需要在"仿制图章工具"选项栏调节笔触的混合模式、大小、流量等。

5．修复画笔工具

"修复画笔工具" 非常类似于"仿制图章工具"，也是通过从图像中取样或用图案填充目标图像，不同之处是"修复画笔工具"在填充取样时，必须从图像中取样，并在修复的同时将样本像素的纹理、光照、透明度和阴影与源像素进行匹配，从而使修复后的像素不留痕迹地融入图像的其余部分。具体的使用方法与"仿制图章工具"的使用方法相同。

6．污点修复画笔工具

"污点修复画笔工具" 可自动、快速地对污点区域的纹理、光照、透明度和阴影等像素取样，用来修改图像中的瑕疵部分。"污点修复画笔工具"设置大小、硬度、间距后只需要一个步骤即可校正污点，方便快捷。

7．减淡工具和加深工具

"减淡工具" 和"加深工具" 是一对作用相反的工具，都可用来调整图像的色调。"减淡工具"可以使图像的局部变亮，可为高光、中间调或暗调区域提亮。"加深工具"的效果与"减淡工具"相反，是将图像局部变暗，也可以选择针对高光、中间调或暗调区域。

这两个工具的具体操作方法相同，选择其中一个命令后按住鼠标左键不放，在图像中需要减淡或加深的区域反复拖动，涂抹区域就会发生变化，直到自己需要的效果。这对作用相反的工具在效果图后期制作过程中经常用到，特别是在处理部分对象的明暗关系时，如建筑物上下的明暗变化、植物中阴阳面的明暗处理等。

8．海绵工具

"海绵工具" 可用来改变图像局部的色彩饱和度，产生像海绵吸水一样的效果，可选择降低饱和度（去色）或增加饱和度（加色），通俗地说，就是将颜色调浓或调淡一点。"海绵工具"选项栏如图 15-44 所示。

图 15-44　"海绵工具"选项栏

"海绵工具"的操作方法是选中"海绵工具"，并在画笔面板中选择合适的画笔，随后根据自己的需要选择加深或减淡模式在需要调整的图像区域反复拖动鼠标，直到符合自己需要的效果为止。

15.5.3 清除与填充类工具

清除类工具是对不同的图像进行清除,主要有"橡皮擦工具" ▨ 、"模糊工具" ▨ 。填充类工具可以对选区快速填充颜色或图案,包括"渐变工具" ▨ 、"油漆桶工具" ▨ 。

1. 橡皮擦工具

"橡皮擦工具" ▨ 可以完全擦除图像中不需要的部分,使之产生透明状的显示效果。"橡皮擦工具"相当于日常生活中的橡皮擦,当所擦去的图像所在图层为背景图层,被擦去的图像部分将被填充为背景色,当所擦去的图像所在图层为普通图层,被擦去的图像部分将显示透明像素。"橡皮擦"工具选项栏如图 15-45 所示。

图 15-45 "橡皮擦工具"选项栏

"橡皮擦工具"的具体操作方法是选中"橡皮擦工具",并在画笔面板中选择合适的画笔,随后根据自己的需要选择需要清除的图像区域来拖动光标,直到符合自己需要的效果为止。在使用时,注意"不透明度"和"流量"的参数设置,否则很难达到理想的效果。

2. 模糊工具

"模糊工具" ▨ 可以使图像的色彩变模糊。"模糊工具"主要通过柔化图像中突出的色彩和僵硬的边界,从而使图像的色彩过渡平滑,产生模糊图像的效果。

"模糊工具"的操作方法较为简单,选中"模糊工具",设置笔触大小及强度后,在需要模糊的部分涂抹即可,涂抹得越久,涂抹后的效果越模糊。在选项栏中选择"用于所有图层"复选框可对所有可见图层进行模糊,清除该复选框则只对当前图层中的图像进行模糊。

3. 油漆桶工具

"油漆桶工具" ▨ 是一种常用的填充工具,多用于选区或图像的填充和描边。当绘制好图像边缘后,可以使用"油漆桶工具"填充某种颜色,使画面更美观。

"油漆桶工具"的操作方法是确定好需要填充的区域,选择"油漆桶工具",在需要填充的区域单击即可。此时,工具选项栏如图 15-46 所示。值得注意的是,在图像中填充颜色时,填充区域必须是封闭的,否则会导致填充发生误差。

图 15-46 "油漆桶工具"选项栏

4. 渐变工具

"渐变工具" ▨ 是多种颜色混合变化的填充效果。在 Photoshop CS6 中,渐变包括线性、径向、角度、对称和菱形等 5 种渐变形式。"渐变工具"的使用重点是渐变模式的选择和渐变颜色的设置。颜色渐变实质上就是在图像上或图像的某一区域内添加两种或多种具有不同过渡效果的颜色。"渐变工具"可以制作出柔和的过渡效果,因此在效果图的制作过程中经常用到,如背景中天空的处理,近景草坪和水面的处理等。

15.5.4　色彩调色命令

色彩调整相关命令在效果图的制作过程中会经常用到,对于一张效果图的逼真效果起着决定性作用。为了快速对图像的整体色调进行调整,达到色彩的和谐统一或者特殊的视觉效果,可以通过色彩调色命令来实现。

(1)"色阶"命令可以精确调整图像的阴影、中间调和高光的强度级别,校正图像的色调范围和色彩平衡,主要用来修改太灰的图像。如果一张效果图太灰就表现不出景深,该亮的部分没有亮起来,该暗的部分没有暗下去,这样的效果图就要用"色阶"命令来调整。执行"图像"→"调整"→"色阶"命令,即可弹出对话框。可以根据需要通过对话框的各项参数调整暗部、中间调和亮部色调,最终实现画面和谐统一的效果。"色阶"的组合键是 Ctrl+L。

(2)"曲线"命令可以对图像整个范围的色调进行调整,也可以对个别颜色通道进行精确调整,经常运用于调整颜色过暗的图像。由于色调过暗会导致图像细节丢失,此时可以执行"图像"→"调整"→"曲线"命令,弹出对话框,在对话框中将阴影区曲线上扬,为了减少阴暗区,同时将中间色调曲线和高光区曲线也稍微上扬,这样调整后图像的各色区按一定比例变亮,比直接将整体变亮显得有层次感。"曲线"的组合键是 Ctrl+M。

(3)"色彩平衡"命令可以修改图像整体的颜色混合效果,修正图像的色彩偏差。执行"图像"→"调整"→"色彩平衡"命令,弹出对话框,在对话框中选中"保持明度"复选框,可以在调整图像的色彩平衡时保持明度,否则图像明度随颜色的变化而变化。调整颜色时可以将滑块拖至需要的颜色,也可以将滑块拖离要在图像中减少的颜色。对话框中的"高光""中间调""阴影"选项可以分别对图像的高光、中间调和阴影进行色彩调整。"色彩平衡"的组合键是 Ctrl+B。

(4)"色相/饱和度"命令可以调整图像的色相和饱和度值。执行"图像"→"调整"→"色相/饱和度"命令,弹出对话框,在对话框的下方有两条颜色条,这两条颜色条以各自的顺序表示色环中的颜色。其中上面的颜色条显示调整前的颜色,下面的颜色条显示调整后的颜色。如果要整体调整就从"全图"下拉列表中选择要调整的颜色,比如红色、黄色、绿色等,拖动"色相/饱和度""明度"下方的滑块,或者在其右侧文本框中直接输入数值范围,直至出现需要的效果。"色相/饱和度"的组合键是 Ctrl+U。

(5)"匹配颜色"命令可以将图像中的颜色与另一图像中的颜色相匹配,或者将一个图层的颜色与另一个图层的颜色相匹配。执行"图像"→"调整"→"匹配颜色"命令,弹出对话框,在图像选项栏中通过拖动滑块或输入数值调整图像的"明亮度"和"颜色强度"参数。对话框中的"源"与"图层"是指选择颜色取样的源图像文件和源文件图层。在源图像文件中建立选区后,若需要从该选区中进行颜色取样,可以在对话框中选择"使用源选区计算颜色"复选框,将选区中的颜色进行计算调整。在目标文件中建立选区后,选择"使用目标选区计算调整"复选框,可使用该选区中的颜色进行计算调整。

第16章

常用素材和贴图的实例制作

16.1 建筑设计常用贴图的制作

16.1.1 岩石贴图制作

16.1.1

（1）在菜单栏执行"文件"→"新建"命令或按 Ctrl＋N 组合键，打开"新建"对话框，设置文件名称为"岩石贴图"，"宽度"为 450 像素，"高度"为 450 像素，"分辨率"为 150 像素/英寸，选择"颜色模式"为"RGB 颜色"，选择"背景内容"为"透明"，然后单击"确定"按钮，如图 16-1 所示。

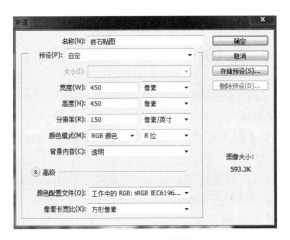

图 16-1　新建文件设置

（2）按 D 键恢复前景色和背景色的默认状态。执行"滤镜"→"渲染"→"云彩"命令，连按 Ctrl＋F 组合键数次，效果如图 16-2 所示。

（3）执行"滤镜"→"素描"→"基底凸现"命令，设置参数（"细节"为 15，"平滑度"为 3，"光照"为"右下"），效果如图 16-3 所示。

（4）执行"滤镜"→"锐化"→"进一步锐化"命令，使得岩石肌理更清晰逼真，效果如图 16-4 所示。

（5）执行"图像"→"调整"→"色相/饱和度"命令，设置参数（"色相"为 220，"饱和度"为 15，"明度"为 0），勾选"着色"复

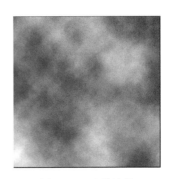

图 16-2　云彩效果

选框,最终效果如图 16-5 所示。

(6) 将图像保存为"岩石贴图.jpg"文件。

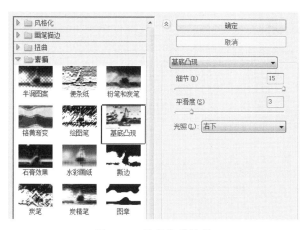

图 16-3　基底凸现效果　　　　　　　图 16-4　进一步锐化效果

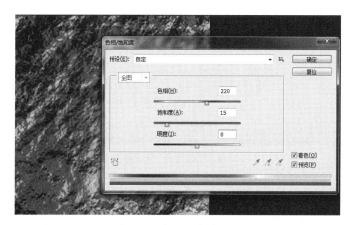

图 16-5　岩石最终效果图

16.1.2　大理石贴图制作

16.1.2

(1) 在菜单栏执行"文件"→"新建"命令或按 Ctrl＋N 组合键,打开"新建"对话框,设置文件名称为"大理石贴图","宽度"为 500 像素,"高度"为 350 像素,"分辨率"为 100 像素/英寸,选择"颜色模式"为"RGB 颜色",选择"背景内容"为"白色",然后单击"确定"按钮。

(2) 按 D 键恢复前景色和背景色的默认状态。执行"滤镜"→"渲染"→"云彩"命令,连按 Ctrl＋F 组合键数次,效果如图 16-6 所示。

(3) 执行"滤镜"→"风格化"→"查找边缘"命令,效果如图 16-7 所示。

(4) 执行"图像"→"调整"→"亮度"→"对比度"命令,设置参数("亮度"为－26,"对比度"为 8),效果如图 16-8 所示。

(5) 执行"图像"→"调整"→"反相"命令。

(6) 执行"图像"→"调整"→"色相/饱和度"命令,设置参数("色相"为 235,"饱和度"为 7,"明度"为－2),如图 16-9 所示。

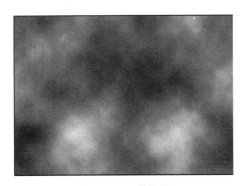

图 16-6　云彩效果　　　　　　　　　　　　图 16-7　查找边缘效果

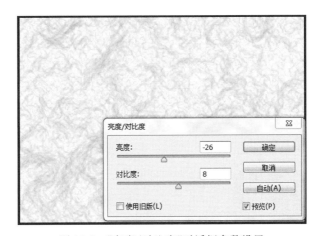

图 16-8　"亮度/对比度"对话框参数设置

图 16-9　"色相/饱和度"对话框参数设置

（7）新建"图层 1"，选择粗边圆形"画笔工具"，设置大小为 278，颜色为 #58490b，在图像上添加颗粒模拟石材颗粒，再用"橡皮擦"工具擦除颜色深的部位，最终效果如图 16-10 所示。

（8）合并图层，将图像保存为"大理石贴图.jpg"文件。

16.1.3　水纹贴图制作

（1）在菜单栏执行"文件"→"新建"命令或按 Ctrl＋N 组合键，打开"新建"对话框，设置文件名称为"水纹贴图","宽度"为 600 像素,"高度"为 350 像素,"分辨率"为 72 像素/英寸,选择"颜色模式"为"RGB 颜色",选择"背景内容"为"白色",然后单击"确定"按钮。

（2）按 D 键恢复前景色和背景色的默认状态,执行"滤镜"→"渲染"→"云彩"命令,效果如图 16-11 所示。

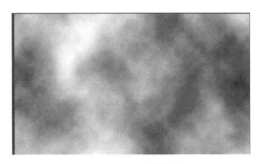

图 16-10　大理石最终效果　　　　　　　　　图 16-11　云彩效果

（3）执行"滤镜"→"扭曲"→"玻璃"命令,设置参数（"扭曲度"为 20,"平滑度"为 8,"纹理"为"磨砂","缩放"为 75%）,如图 16-12 所示。

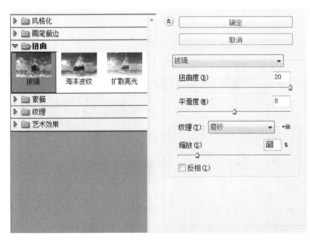

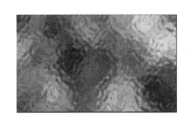

图 16-12　"玻璃"命令参数设置及效果

（4）执行"图像"→"调整"→"色彩平衡"命令,分别设置高光参数（"色阶"为 −25,0,40）和中间调参数（"色阶"为 −35,0,65）,水纹色彩效果如图 16-13 所示。

（5）按 Ctrl＋T 组合键弹出变换框,右击选择"透视"命令,调整水面的透视效果,如图 16-14 所示。

（6）保存图像为"水纹贴图.jpg"。

16.1.4　草地贴图制作

（1）在菜单栏执行"文件"→"新建"命令或按 Ctrl＋N 组合键,打开"新建"对话框,设置文件名称为"草地贴图","宽度"为 600 像素,"高度"为 400 像素,"分辨率"为 72 像素/英寸,选择"颜色模式"为"RGB 颜色",选择"背景内容"为"白色",然后单击"确定"按钮。

16.1.4

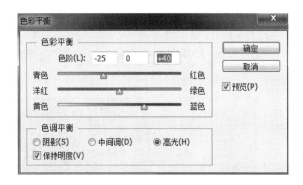
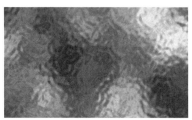
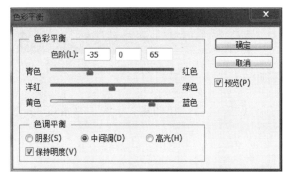

图 16-13 "色彩平衡"设置及水纹色彩效果图

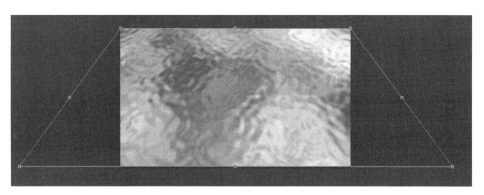

图 16-14 透视效果

(2) 将前景色设为#0abf06,背景色设为#0a4003,执行"滤镜"→"渲染"→"纤维"命令,设置参数("差异"为 20,"强度"为 16),效果如图 16-15 所示。

(3) 执行"滤镜"→"风格化"→"风"命令,设置参数("方法"为"飓风","方向"为"从右"),效果如图 16-16 所示。

(4) 执行"图像"→"图像旋转"→"90 度顺时针"命令,并将图像裁剪,效果如图 16-17 所示。

(5) 执行"滤镜"→"模糊"命令,增加草地质感。

(6) 按 Ctrl+T 组合键弹出对话框,右击选择"透视",调整草地的透视效果,如图 16-18 所示。

(7) 保存图像为"草地贴图.jpg"。

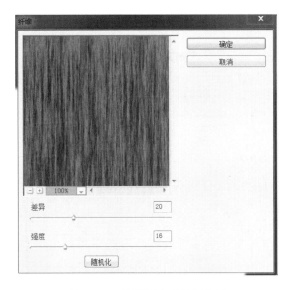

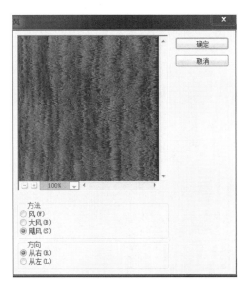

图 16-15 "纤维"滤镜参数设置　　　　　　　图 16-16 "风"滤镜参数设置

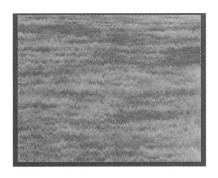

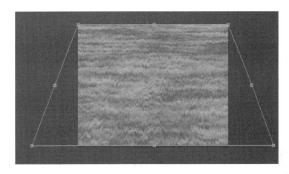

图 16-17 裁剪图像　　　　　　　　　图 16-18 草地透视效果

16.2 室内设计常用素材和贴图的制作

16.2.1 花纹素材地毯贴图制作

16.2.1

（1）在菜单栏执行"文件"→"新建"命令或按 Ctrl＋N 组合键,打开"新建"对话框,设置文件名称为"花纹地毯",设置"宽度"为 500 像素,"高度"为 500 像素,"分辨率"为 100 像素/英寸,选择"颜色模式"为"RGB 颜色",选择"背景内容"为"白色",然后单击"确定"按钮。

（2）将前景色♯cdf3ff(蓝色)填充背景图层。新建"图层 1",选择"自定性状工具" ,在属性栏中单击"路径"按钮 ,在"形状"下拉面板中选择一个合适的形状,在图像窗口中拖拽绘制路径,并调整路径的位置,效果如图 16-19 所示。

（3）按 Ctrl＋Enter 组合键将路径转换为选区,设置前景色的颜色为♯594f96,填充选区。

（4）打开"图层 1"的图层样式，设置参数，其中"纹理"的图案可以使用自定义图案，如图 16-20 所示。

图 16-19　绘制形状

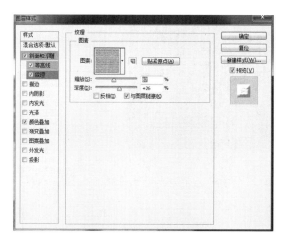

图 16-20　"纹理"参数设置

（5）复制背景图层为"背景副本图层"，双击"背景副本图层"，在打开的"图层样式"对话框中设置图层样式，选择"斜面和浮雕"样式，参数设置如图 16-21 所示。

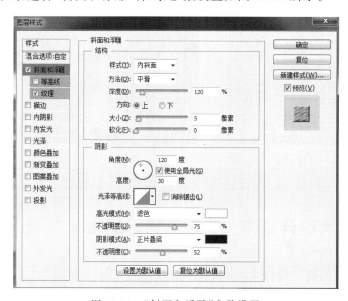

图 16-21　"斜面和浮雕"参数设置

（6）按 Ctrl 键单击"图层 1"，载入"图层 1"的选区，再选择"背景副本图层"，按 Delete 键删除选区内的图像，完成后取消选区。

（7）新建"图层 2"，载入"图层 1"的选区，然后执行菜单栏中的"选择"→"修改"→"扩展"命令，打开"扩展"对话框，设置"扩展量"为 7 像素。

（8）保持选区，执行菜单栏中的"编辑"→"描边"命令，打开"描边"对话框，如图 16-22 所示。

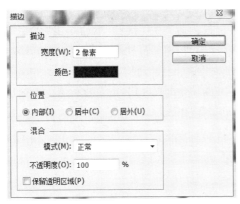

图 16-22 "描边"参数设置和效果

（9）保持选区，对选区再次进行扩展处理，设置参数同样为 7，完成后按上面的参数设置进行描边，并且重复 3 次。

（10）载入"图层 2"的选区，然后选择"背景副本图层"，按 Delete 键删除选区内的图像，完成后取消选区，使布纹的浮雕效果更明显，隐藏"图层 2"，效果如图 16-23 所示。

（11）如果觉得布纹的效果和颜色不理想，还可以调整"图层 1"的图层样式和颜色，设置如图 16-24 所示。

（12）最终可得到修改颜色后的效果，合并图层，保存图像为"花纹地毯.jpg"。

图 16-23 删除选区后的浮雕效果

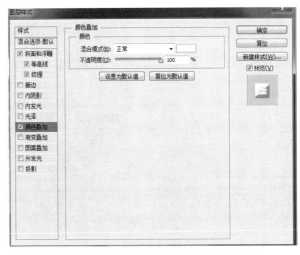

图 16-24 调整布纹和颜色

16.2.2 马赛克素材砖贴图制作

（1）在菜单栏执行"文件"→"新建"命令或按 Ctrl＋N 组合键，打开"新建"对话框，设置

16.2.2

文件名称为"马赛克砖",设置"宽度"为 500 像素,"高度"为 500 像素,"分辨率"为 100 像素/英寸,选择"颜色模式"为"RGB 颜色",选择"背景内容"为"白色",然后单击"确定"按钮。

（2）将前景色设置为♯c69638,背景色设置为♯c8fa5c,执行"滤镜"→"渲染"→"云彩"命令,得到黄色云彩效果。

（3）按 Ctrl+J 组合键复制图层,执行"滤镜"→"像素化"→"马赛克"命令,设置参数（"单元格大小"为 57 方形）。完成后再执行"滤镜"→"像素化"→"碎片"命令。

（4）执行"滤镜"→"画笔描边"→"成角的线条"命令,设置参数如图 16-25 所示。

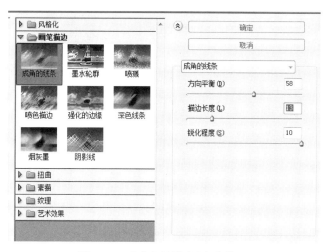

图 16-25　"成角的线条"参数设置

（5）执行"滤镜"→"锐化"→"锐化"（连续 3 次）。再将"图层混合模式"改成"变亮","不透明度"为 81%,最终效果如图 16-26 所示。

（6）合并图层,保存图像为"马赛克砖.jpg"。

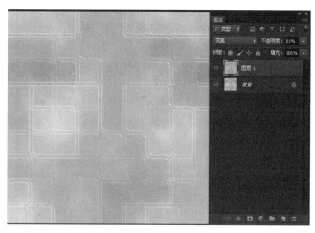

图 16-26　马赛克最终效果

16.2.3

16.2.3　铆钉木地板贴图制作

（1）在菜单栏执行"文件"→"新建"命令或按 Ctrl+N 组合键,打开"新建"对话框,设置文件名称为"铆钉木地板","宽度"为"650 像素","高度"为 480 像素,"分辨率"为 72 像素/英寸,选择"颜色模式"为"RGB 颜色",选择"背景内容"为"白色",然后单击"确定"按钮。

（2）绘制木纹材质,选择菜单执行"滤镜"→"杂色"→"添加杂色"命令,在弹出的"添加杂色"设置窗口中,设置"数量"为 85,"分布"选择"高斯分布",勾选"单色"选项。

（3）应用"添加杂色"后,再选择菜单执行"滤镜"→"模糊"→"动感模糊"命令,在弹出的"动感模糊"设置窗口中,设置"角度"为 0 度,"距离"为 1000,模拟木地板的线条纹理。

（4）再选择菜单执行"滤镜"→"液化"命令,利用"液化"命令进行木纹的扭曲处理,在弹出的"液化"设置窗口中,先单击选择"向前变形工具" ,可以利用"["和"]"符号进行变形区域大小的调整,为了使木质纹理更加逼真,在变形过程中可以多次变换大小,按住鼠标左键不放并向上拖动即可实现扭曲变换,如图 16-27 所示。

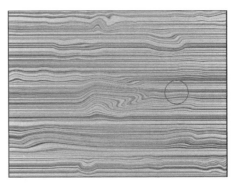

图 16-27　液化效果

（5）执行"滤镜"→"扭曲"→"旋转扭曲"命令,进行局部的木纹处理,单击选择"矩形选框工具",在适当的局部位置拉出一个矩形选框,调整"旋转扭曲"设置（"角度"为 190°）,液化效果如图 16-28所示。

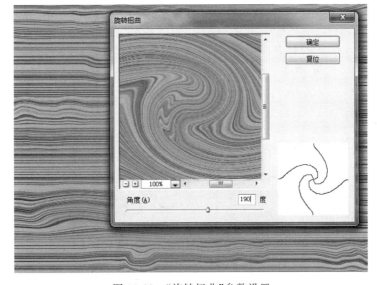

图 16-28　"旋转扭曲"参数设置

（6）当木质纹理调整合适后,开始上色,执行"图像"→"调整"→"色相/饱和度"命令进行设置（"色相"为 42,"饱和度"为 45,"明度"为−6）,将木纹调成偏黄色调。

（7）颜色设置好后,绘制木地板结构,先将"背景"图层复制生成一个"背景副本"图层。

（8）选择"矩形选框工具" ,并设置"羽化值"为 1px,利用"矩形选框工具"在"背景副本"图层的图像顶端拉出一条细长的选框,高度要尽可能地小,这是用来处理木板与木板之间的间隙的,如图 16-29 所示。

（9）按 Ctrl＋J 组合键将选区内容复制生成"图层 1"，如图 16-30 所示。

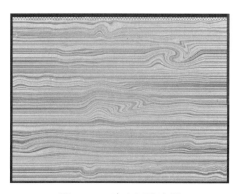
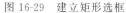

图 16-29　建立矩形选框

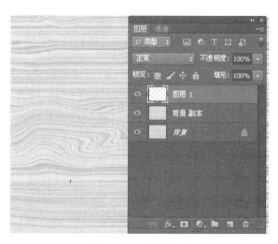

图 16-30　复制图层

（10）确定选中"图层 1"，按 Ctrl＋T 组合键进行自由变换，出现对话框。

（11）将菜单栏下方的"自由变换"属性栏中的 Y 参数的值增加 50px，如本例原先 Y 为 5px，增加后变为 55px，这个增加的值就是单块木地板的宽度，改变 Y 值后效果如图 16-31 所示。

（12）按 Enter 键确定，完成了设置初始变换。后面的操作都会按照这个设置一边复制图层，一边变换。同时按住 Ctrl＋Shift＋Alt＋T 组合键进行复制变换，连续按 8 次，就会分别生成 8 个图层。

（13）将"图层 1"和生成的 8 个图层一起选中，然后右击选择"合并图层"生成"图层 1 副本 8"，为了看清楚复制生成的内容，可以暂时将"背景"及"背景副本"图层隐藏，如图 16-32 所示。

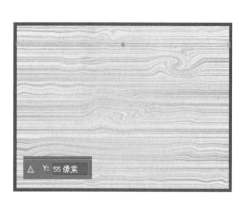

图 16-31　调整 Y 参数效果

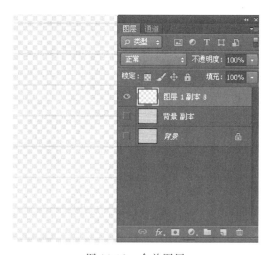

图 16-32　合并图层

（14）重新将"背景"及"背景副本"图层打开，按住 Ctrl 键，单击"图层 1 副本 8"图层载入选区，再单击选择"背景副本"图层，然后按 Delete 键将选区内图像删除，形成地板的缝隙部分。

（15）将"图层 1 副本 8"图层隐藏，单击选中"背景副本"图层，然后执行"图层"→"图层样式"→"斜面和浮雕"命令，在弹出的"图层样式"设置窗口中，设置浮雕结构样式为"浮雕效果"，具体设置及效果如图 16-33 所示。

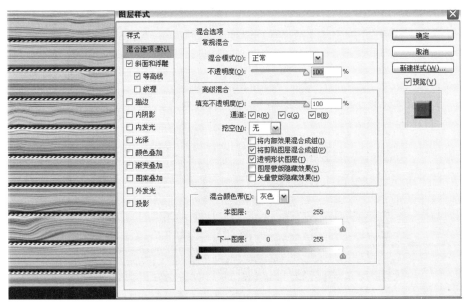

图 16-33　"斜面和浮雕"参数设置

（16）下面制作木地板上的铆钉，单击选择"椭圆选框工具" ，在左上角的适当位置拉出一个小圆（按住 Shift 键也可拉出圆）。

（17）新建一个"图层 1"，设置前景色为黑色，然后用"油漆桶工具"将小圆填充为黑色。

（18）单击选择常用工具栏中的"移动工具"，按住 Alt 键同时向下拖动"图层 1"中的小黑圆，这样就能复制出一个小黑圆图层"图层 1 副本"，如图 16-34 所示。

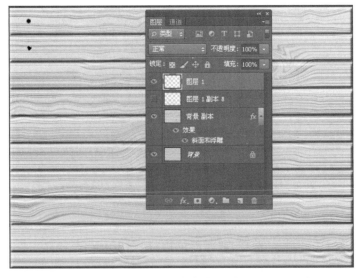

图 16-34　复制小黑圆

（19）同时按下 Ctrl＋Shift＋Alt＋T 组合键 8 次，变换生成一整列的小黑圆，将"图层1"和所有小黑圆的副本图层一起选中，然后右击选择"合并图层"并改名为"铆钉"图层。

（20）将"铆钉"图层复制生成一个"铆钉副本"图层，并利用"移动工具"将其平移到右边，效果如图 16-35 所示。

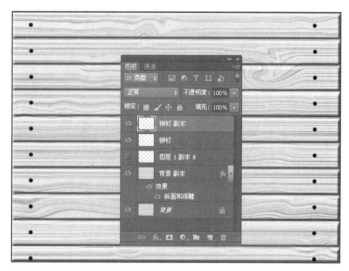

图 16-35　移动"铆钉副本"图层效果

（21）将"铆钉"图层和"铆钉副本"图层合并，并按 Ctrl 键单击缩略图载入所有圆点的选区。

（22）单击选中"背景副本"图层，按 Delete 键将选区内容删除，由于"背景副本"图层设有"斜面和浮雕"图层样式，被删除的位置就会形成向下凹陷的效果，如图 16-36 所示。

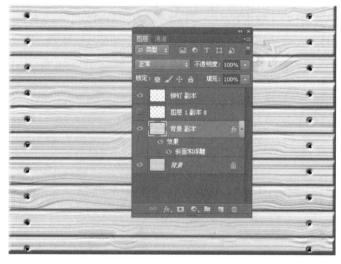

图 16-36　凹陷效果

（23）单击选择"铆钉副本"图层，选择菜单执行"图层"→"图层样式"→"斜面和浮雕"，制作铆钉的反光效果，设置如图 16-37 所示。

（24）完成后合并所有图层，保存图像为"铆钉木地板.jpg。"

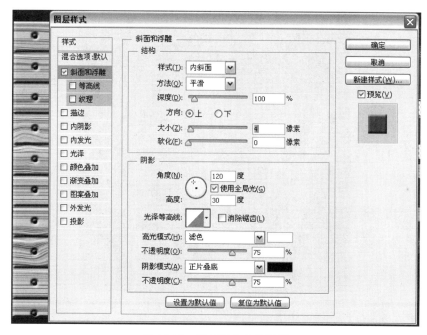

图 16-37　铆钉反光参数设置

16.3　服装设计常用素材和贴图的制作

16.3.1　棉麻面料素材制作

（1）在菜单栏执行"文件"→"新建"命令或按 Ctrl＋N 组合键，打开"新建"对话框，设置文件名称为"棉麻面料"，"宽度"为 600 像素，"高度"为 600 像素，"分辨率"为 100 像素/英寸，选择"颜色模式"为"RGB 颜色"，选择"背景内容"为"白色"，然后单击"确定"按钮。

（2）将前景色设置为♯547fc9，背景色设置为♯405577，在菜单中执行"滤镜"→"渲染"→"纤维"命令，在对话框中设置参数（"差异"为 33，"强度"为 43），制作出蓝色纤维的效果。

（3）按 Ctrl＋J 组合键复制"背景"图层产生"图层 1"，选择"图层 1"，并按 Ctrl＋T 组合键打开自由变换框，按住 Shift 键将"图层 1"旋转 90°，效果如图 16-38 所示。

（4）在"图层 1"面板下方单击 ⬛ 按钮创建"色相/饱和度"调整图层，调整参数（"色相"为 0，"饱和度"为 33，"明度"为 28），如图 16-39 所示，并将"图层 1"的混合模式改成"正片叠底"。

（5）在菜单中执行"滤镜"→"杂色"→"添加杂色"命令，设置参数（"数量"为 25，"分布"为"平均分布"，勾选"单色"复选框），出现棉麻面料质地效果。

（6）将"背景"图层解锁并与"图层 1"合并图

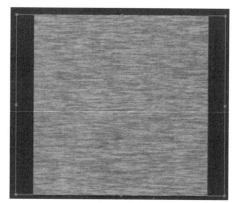

图 16-38　旋转图像 90°

图 16-39　设置调整图层参数

层,得到新图层,重命名为"棉麻面料"。

（7）打开一张服装款式图片,并将其拖入文件并置于"棉麻面料"图层下方。将"棉麻面料"图层的混合模式改成"正片叠底"。

（8）按 Ctrl＋Alt＋G 组合键创建剪贴蒙版,效果如图 16-40 所示。

图 16-40　创建剪贴蒙版

（9）如果要置换衣服的色彩,可以打开"色相/饱和度"调整颜色,如图 16-41 所示。

（10）合并所有图层,保存图像为"棉麻面料.jpg"。

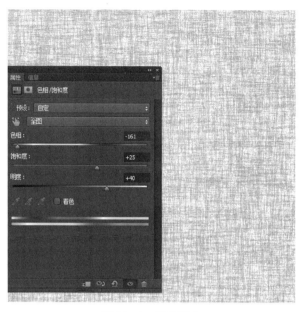

图 16-41　调整颜色

16.3.2　牛仔布素材制作

16.3.2

（1）在菜单栏执行"文件"→"新建"命令或按 Ctrl＋N 组合键，打开"新建"对话框，设置文件名称为"牛仔布"，"宽度"为 18 厘米，"高度"为 18 厘米，"分辨率"为 100 像素/英寸，选择"颜色模式"为"RGB 颜色"，选择"背景内容"为"白色"，然后单击"确定"按钮。

（2）用前景色♯405577（蓝色）填充背景，执行"滤镜"→"纹理"→"纹理化"命令，设置"纹理化"参数纹理为"画布"，"缩放"为 200％，"凸现"为 20，"光照"为"上"，制作出蓝色纹理效果。

（3）新建"图层 1"并填充为白色，再在"图层 1"上方新建"图层 2"，在"图层 2"上用"画笔工具"（"大小"为 1 像素，黑色），按住 Shift 键沿着水平方向绘制几根线条。如图 16-42 所示。

（4）选择"移动工具"，按住 Alt 键拖动直线进行复制，直至铺满画面，效果如图 16-43 所示。

图 16-42　绘制几根线条

图 16-43　复制铺满线条

（5）缩小窗口视图，用矩形框选所有线条，单击移动工具属性栏内的▉和▉按钮，将线条对齐如图 16-44 所示，按 Ctrl＋E 组合键合并所有线条图层。

（6）按 Ctrl＋T 组合键打开自由变换框，将线条图层旋转 45°，复制图像并移动将空白处覆盖，制作出牛仔的布纹肌理如图 16-45 所示。

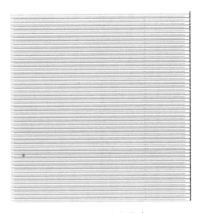
图 16-44　对齐线条

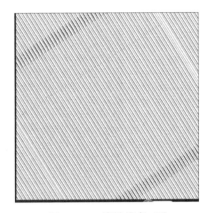
图 16-45　旋转线条 45°

（7）删除"图层 1"，将线条图层与"背景"图层合并，保存图像为"牛仔布.jpg"，牛仔布效果如图 16-46 所示。

（8）制作牛仔布服装款式效果图，具体步骤参考 16.3.1 节，效果如图 16-47 所示。

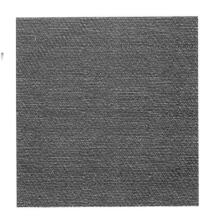
图 16-46　牛仔布效果图

图 16-47　牛仔裤款式效果图

16.3.3

16.3.3　天鹅绒面料素材制作

（1）在菜单栏执行"文件"→"新建"命令或按 Ctrl＋N 组合键，打开"新建"对话框，设置文件名称为"天鹅绒"，"宽度"为 8 厘米，"高度"为 8 厘米，"分辨率"为 150 像素/英寸，选择"颜色模式"为"RGB 颜色"，选择"背景内容"为"白色"，然后单击"确定"按钮。

（2）用前景色♯ff64db（紫红色）填充背景，执行"滤镜"→"杂色"→"添加杂色"命令，设置参数（"数量"为 26，"分布"为"高斯分布"，勾选"单色"复选框），制作出杂色肌理效果。

（3）执行"滤镜"→"艺术效果"→"底纹效果"命令，设置参数（"画笔大小"为 9，"纹理覆盖"为 7,"纹理"为画布,"缩放"为 100%,"凸现"为 4),天鹅绒效果如图 16-48 所示,保存图像为"天鹅绒.jpg"文件。

(4)制作天鹅绒服装款式效果图,具体步骤参考 16.3.1 节,效果如图 16-49 所示。

图 16-48　参数设置和天鹅绒效果图

图 16-49　天鹅绒服装款式效果图

16.3.4　丝绸面料素材制作

16.3.4

(1)在菜单栏执行"文件"→"新建"命令或按 Ctrl＋N 组合键,打开"新建"对话框,设置文件名称为"丝绸面料","宽度"为 600 像素,"高度"为 600 像素,"分辨率"为 72 像素/英寸,选择"颜色模式"为"RGB 颜色",选择"背景内容"为"白色",然后单击"确定"按钮。

(2)按 D 键恢复前景色和背景色的默认状态。使用"渐变工具"属性栏里设为"差值"模式,在图像中上下左右方向拉 10 次左右渐变,形成如图 16-50 所示效果图,这一步决定了丝绸的形态。

(3)在菜单中执行"滤镜"→"模糊"→"高斯模糊"命令,设置"半径"为 7.9 像素,模拟丝绸的轻柔感。

(4)在菜单中执行"滤镜"→"风格化"→"查找边缘"命令,效果如图 16-51 所示。

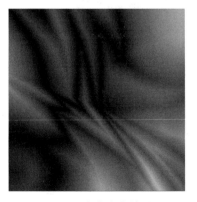

图 16-50　多次渐变效果图　　　　　　　图 16-51　查找边缘效果图

（5）按 Ctrl＋L 组合键调整色阶,设置参数("输入色阶"为 174,1.00,255),加强丝绸光感的对比,效果如图 16-52 所示。

图 16-52　调整"色阶"

（6）在菜单中执行"图像"→"调整"→"色相/饱和度"命令,设置参数("色相"为 336,"饱和度"为 82,"明度"为－11)调整颜色,把丝绸的色彩调整为粉红色。

（7）保存图像为"丝绸面料.jpg"。

（8）制作丝绸面料服装款式效果图,具体步骤参考 16.3.1 节,效果如图 16-53 所示。

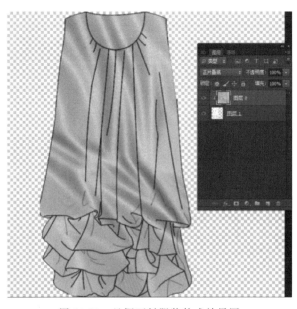

图 16-53　丝绸面料服装款式效果图

16.3.5　蕾丝面料素材制作

（1）在菜单栏执行"文件"→"新建"命令或按 Ctrl＋N 组合键,打开"新建"对话框,设置文件名称为"蕾丝面料","宽度"为 100 像素,"高度"为 100 像素,"分辨率"为 100 像素/英寸,选择"颜色模式"为"RGB 颜色",选择"背景内容"为"白色",然后单击"确定"按钮。

（2）新建"图层 1",选择"自定义形状工具" ，在属性栏内设置 ，选择 ，在"图层 1"上绘制形状,如图 16-54 所示。

（3）用同样的方法绘制形状 ，绘制出如图 16-55 所示形状。

图 16-54　绘制形状

图 16-55　添加绘制形状

（4）在菜单中执行"编辑"→"定义画笔预设"命令,将刚刚绘制的形状定义成笔刷,并重命名为"蕾丝笔刷"。

（5）在工具栏中选择"画笔工具",按 F5 键打开"画笔工具"面板,选择刚刚定义的蕾丝笔刷,调整设置如图 16-56 所示。

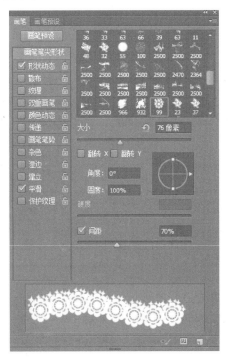

图 16-56　设置笔刷

（6）打开服装款式图,并用"钢笔工具"在领口部位绘制路径,如图 16-57 所示。

（7）再将前景色调为♯677193,在路径面板上选择"路径描边"按钮,如图 16-58 所示。

（8）在路径面板空白处单击,隐藏路径完成制作,保存图像为"蕾丝面料.jpg",最终效果如图 16-59 所示。

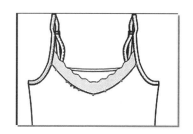

图 16-57　绘制路径　　　　图 16-58　路径描边　　　　图 16-59　蕾丝最终效果

16.3.6

16.3.6　毛呢面料素材制作

（1）在菜单栏执行"文件"→"新建"命令或按 Ctrl+N 组合键,打开"新建"对话框,设置文件名称为"格子毛呢面料","宽度"为 500 像素,"高度"为 500 像素,"分辨率"为 100 像素/英寸,选择"颜色模式"为"RGB 颜色",选择"背景内容"为"白色",然后单击"确定"按钮。

（2）用前景色♯742030(红颜色)填充背景。

（3）将背景色设置为♯37282a,在菜单中执行"滤镜"→"风格化"→"拼贴"命令,设置参数("拼贴数"为 8,"最大位移"为 1%,"填充空白区域用:"选择"背景色"),效果如图 16-60 所示。

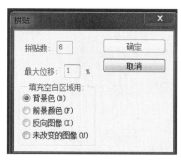

图 16-60　拼贴效果

（4）解锁"背景"图层得到"图层 0",按 Ctrl+J 组合键复制"图层 0"得到"图层 0 副本",将背景色设置为♯9a787e,再次执行"滤镜"→"风格化"→"拼贴"命令,设置参数("拼贴数"为 9,"最大位移"为 1%,"填充空白区域用:"选择"背景色"),效果如图 16-61 所示。

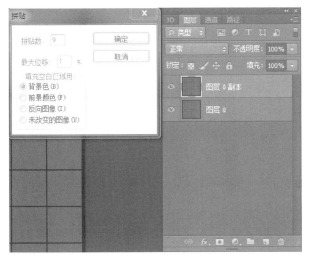
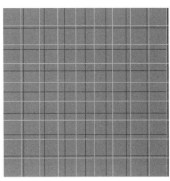

图 16-61 再次拼贴效果

（5）合并"图层 0"和"图层 0 副本"，执行"滤镜"→"杂色"→"添加杂色"命令，设置参数（"数量"为 22%，"分布"为"平均分布"，勾选"单色"复选框），实现添加杂色效果。效果如图 16-62 所示。

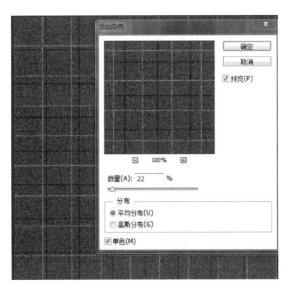

图 16-62 添加杂色效果

（6）执行"滤镜"→"模糊"→"动感模糊"命令，设置参数（"角度"为－45 度，"距离"为 4 像素），实现动感模糊效果。如图 16-63 所示。

（7）再次执行"滤镜"→"杂色"→"添加杂色"命令，设置参数（"数量"为 20，"分布"为"平均分布"，勾选"单色"复选框）。

（8）完成制作，保存图像为"格子毛呢面料.jpg"，最终效果如图 16-64 所示。

（9）制作格子毛呢面料服装款式效果图，具体步骤参考 16.3.1 节，效果如图 16-65 所示。

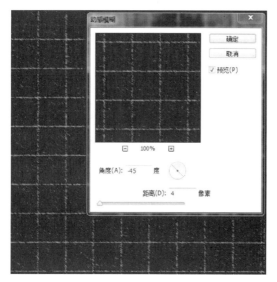

图 16-63　动感模糊效果

图 16-64　毛呢最终效果

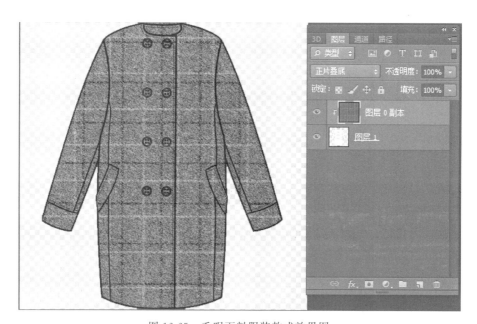

图 16-65　毛呢面料服装款式效果图

16.3.7

16.3.7　纱质材质素材制作

(1)在菜单栏执行"文件"→"新建"命令或按 Ctrl＋N 组合键,打开"新建"对话框,设置文件名称为"纱质材质","宽度"为 200 像素,"高度"为 100 像素,"分辨率"为 100 像素/英寸,选择"颜色模式"为"RGB 颜色",选择"背景内容"为"透明",然后单击"确定"按钮。

(2)用"钢笔工具"绘制一条曲线路径并将路径修改圆滑,如图 16-66 所示。

(3)单击"画笔工具"并在属性栏内将其大小调为 1 像素,前景色为黑色,在路径面板上对工作路径进行路径描边。

图 16-66 绘制路径

（4）在菜单中执行"编辑"→"定义画笔预设"命令，将描边后的路径定义成笔刷，如图 16-67 所示。

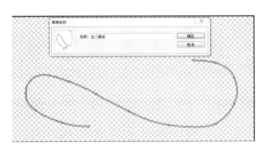

图 16-67 定义画笔预设

（5）选择"画笔工具"，打开"画笔工具"面板，选择刚刚定义好的笔刷，设置"形状动态"参数（"大小"为 177 像素，"角度"为 0°，"圆度"为 100％，"间距"为 1％），如图 16-68 所示。

（6）打开一张服装人物效果图，并用"钢笔"工具在上面绘制曲线路径。如图 16-69 所示。

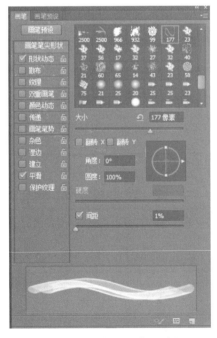

图 16-68 设置"画笔"面板

图 16-69 绘制曲线路径

（7）选择"画笔工具"，设置属性栏，调整画笔参数（"大小"为 92 像素，"不透明度"为 61%，"流量"为 75%）。

（8）将前景色调成白色，对路径进行描边，效果如图 16-70 所示。

（9）用"画笔工具"继续绘制，添加其他部分的纱质材料，最终效果如图 16-71 所示。

图 16-70　路径描边　　　　　　　　　图 16-71　最终效果图

16.4　皮具设计常用素材和贴图的制作

16.4.1　真皮纹理素材制作

16.4.1

（1）在菜单栏执行"文件"→"新建"命令或按 Ctrl＋N 组合键，打开"新建"对话框，设置文件名称为"真皮纹理素材"，"宽度"为 600 像素，"高度"为 450 像素，"分辨率"为 150 像素/英寸，选择"颜色模式"为"RGB 颜色"，选择"背景内容"为"白色"，然后单击"确定"按钮。

（2）按 D 键恢复前景色和背景色的默认状态。在菜单中执行"滤镜"→"纹理"→"染色玻璃"命令，设置参数（"单元格大小"为 8，"边框粗细"为 3，"光照强度"为 3），效果如图 16-72 所示。

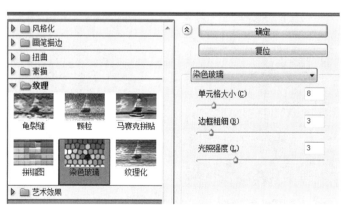

图 16-72　"染色玻璃"参数设置

（3）新建"图层1"，填充为白色，图层的"不透明度"调整为50％。按D键恢复前景色和背景色的默认状态。按Ctrl＋F组合键重复上面的滤镜命令，效果如图16-73所示。

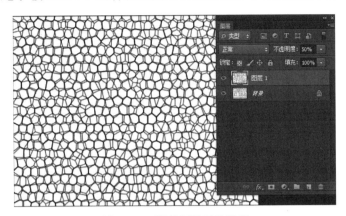

图16-73　调整图层不透明度

（4）选择两个图层并按Ctrl＋E组合键合并图层，在菜单中执行"滤镜"→"杂色"→"添加杂色"，设置参数（"数量"为20％，"分布"为"平均分布"，勾选"单色"复选框）。

（5）按Ctrl＋A组合键全选图像，然后再按Ctrl＋C组合键复制图形，打开通道面板新建一个通道，把刚才复制的图像按Ctrl＋V组合键粘贴上去，如图16-74所示。

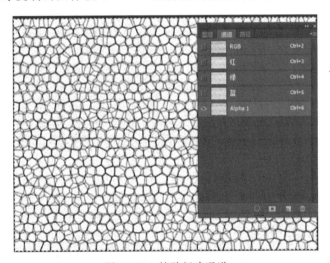

图16-74　粘贴新建通道

（6）单击RGB通道返回图层面板，在菜单中执行"编辑"→"填充"命令，选择一个颜色，本例选择♯140f08（比较暗的颜色）。

（7）在菜单中执行"滤镜"→"渲染"→"光照效果"命令，先设置一个聚光灯，"光照纹理"选择Alpha 1，设置参数（"强度"为40，"聚光"为74，"曝光度"为0，"光泽"为69，"金属质感"为33，"环境"为8），效果如图16-75所示。

（8）再设置4个点光源照亮局部，照亮4个角，增加光泽感。具体设置如图16-76所示。

（9）新建"图层1"，将前景色设置为白色，选择"渐变工具"，在属性栏里选择白色到透明的径向渐变，在图像中绘制如图16-77所示的渐变效果。

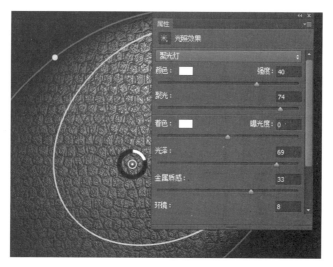

图 16-75　聚光灯效果

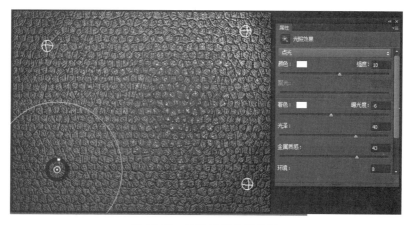

图 16-76　设置局部光源效果

（10）将"图层 1"的"不透明度"调为 5%，给皮革添加一些光泽，合并图层，最终效果如图 16-78 所示。保存图像为"真皮纹理素材.jpg"。

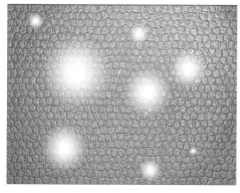

图 16-77　绘制白色点

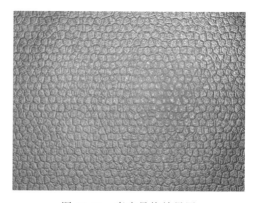

图 16-78　真皮最终效果图

16.4.2

16.4.2 蛇皮纹理素材制作

(1) 在菜单栏执行"文件"→"新建"命令或按 Ctrl＋N 组合键,打开"新建"对话框,设置文件名称为"蛇皮纹理素材","宽度"为 450 像素,"高度"为 450 像素,"分辨率"为 100 像素/英寸,选择"颜色模式"为"RGB 颜色",选择"背景内容"为"白色",然后单击"确定"按钮。

(2) 用前景色♯9f8035 填充背景。

(3) 在菜单栏中执行"滤镜"→"纹理"→"颗粒"命令,在弹出的"颗粒"对话框中,设置"强度"为 100,"对比度"为 24,"颗粒类型"选择"垂直",图像效果如图 16-79 所示。

(4) 在菜单栏中执行"滤镜"→"扭曲"→"旋转扭曲"命令,在弹出的"旋转扭曲"对话框中,设置"角度"为−53,图像效果如图 16-80 所示。

(5) 再选择菜单执行"滤镜"→"液化"命令,利用液化进行蛇皮纹的局部扭曲处理,在弹出的"液化设置"对话框中,先单击选择"向前变形工具",可以利用"["和"]"符号进行变形区域大小的调整。图像效果如图 16-81 所示。

图 16-79 颗粒效果图

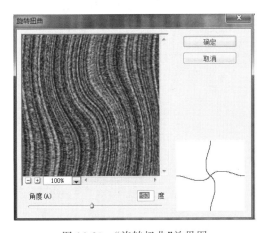

图 16-80 "旋转扭曲"效果图

图 16-81 液化效果

(6) 按 Ctrl＋A 组合键全选图像,然后再按 Ctrl＋C 组合键复制图像,打开通道面板新建一个通道,把刚才复制的图像按 Ctrl＋V 组合键粘贴上去,效果如图 16-82 所示。

(7) 在菜单中执行"滤镜"→"渲染"→"光照效果"命令,设置一个聚光灯,"光照纹理"选择 Alpha 1,具体设置如图 16-83 所示。

(8) 切换至通道面板,在控制面板下方单击"创建新通道"按钮,生成新的通道 Alpha 2。

(9) 在菜单栏中执行"滤镜"→"纹理"→"染色玻璃"命令,在弹出的"染色玻璃"对话框中,设置"单元格大小"为 21,"边框粗细"为 8,"光照强度"为 0。

(10) 按 Ctrl 键,单击 Alpha 2,载入选区,按 Delete 键删除选区内的图像,单击 RGB 通

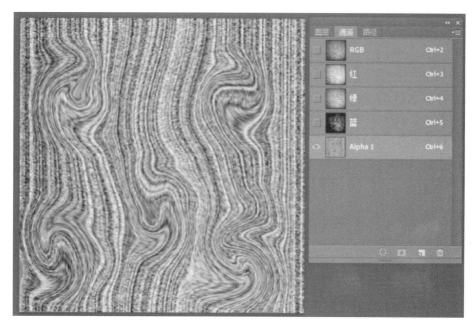

图 16-82　粘贴新建通道

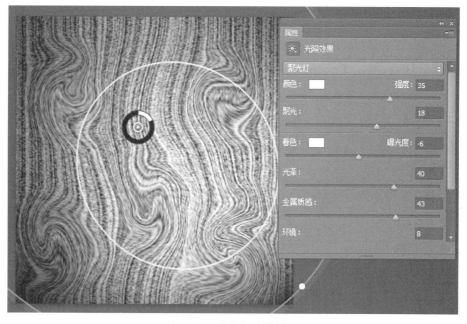

图 16-83　聚光灯参数设置

道返回图层面板,图像效果如图 16-84 所示。

（11）在菜单中执行"选择"→"修改"→"边界"命令,设置参数("宽度"为 2 像素)。

（12）用♯2a2218 填充选区效果如图 16-85 所示。

（13）将前景色设置为♯291a0c,背景色设置为♯876200,执行"滤镜"→"渲染"→"云彩"命令。

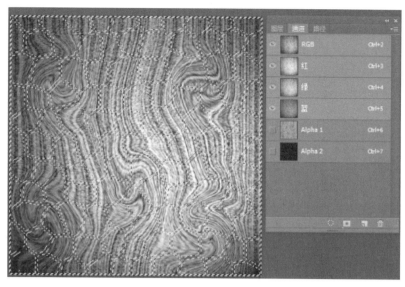

图 16-84 删除选区图像

（14）完成制作，保存图像为"蛇皮纹理素材.jpg"，最终效果如图 16-86 所示。

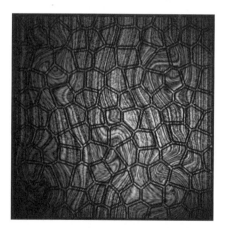

图 16-85 填充选区

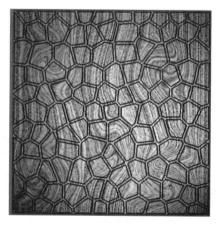

图 16-86 最终效果图

16.4.3 漆皮素材制作

16.4.3

（1）在菜单栏执行"文件"→"新建"命令或按 Ctrl＋N 组合键，打开"新建"对话框，设置文件名称为"漆皮素材"，"宽度"为 500 像素，"高度"为 500 像素，"分辨率"为 72 像素/英寸，选择"颜色模式"为"RGB 颜色"，选择"背景内容"为"白色"，然后单击"确定"按钮。

（2）用前景色♯671110(红色)填充背景，在菜单中执行"滤镜"→"纹理"→"马赛克拼贴"命令，设置参数("拼贴大小"为 98，"缝隙宽度"为 2，"加亮缝隙"为 10)，如图 16-87 所示。

（3）用"魔棒工具"选择所有的方框，如图 16-88 所示，按 Ctrl＋J 组合键复制"背景"图层，得到"图层 1"。

（4）在复制的"图层 1"上按 Ctrl＋T 组合键，角度调整为 45°，效果如图 16-89 所示。

图 16-87 "马赛克拼贴"设置

图 16-88 选择方框

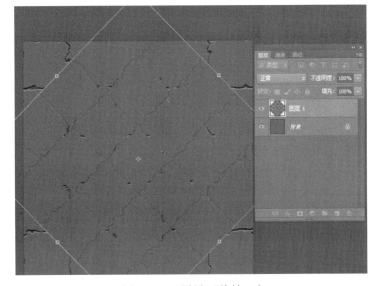

图 16-89 "图层 1"旋转 45°

(5) 按 Enter 键确定,把背景图层填充为#671110。载入"图层 1"选区,按 Ctrl＋Shift＋I 组合键反向选择,选中缝隙部分,选择背景图层再按 Ctrl＋J 组合键复制,得到缝隙的"图层 2"。

(6) 打开"图层 1"的"图层样式"面板,设置"斜面和浮雕"参数,具体设置如图 16-90 所示。

(7) 再设置"描边"和"内阴影"参数,具体设置如图 16-91 所示。

(8) 制作完成,合并图层适当裁剪,保存图像为"漆皮素材.jpg",最终效果如图 16-92 所示。

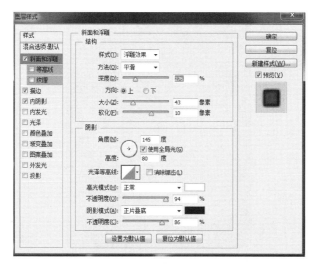

图 16-90 "斜面和浮雕"参数设置

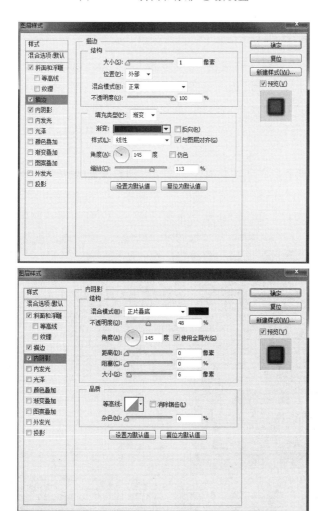

图 16-91 "描边"和"内阴影"参数设置

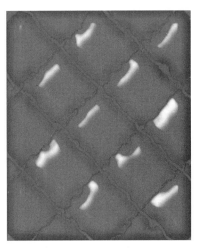

图 16-92　最终效果图

16.4.4　皮草素材制作

（1）在菜单栏执行"文件"→"新建"命令或按 Ctrl＋N 组合键，打开"新建"对话框，设置文件名称为"皮草素材"，"宽度"为 500 像素，"高度"为 500 像素，"分辨率"为 300 像素/英寸，选择"颜色模式"为"RGB 颜色"，选择"背景内容"为"白色"，然后单击"确定"按钮。

（2）按 D 键恢复前景色和背景色默认状态，在菜单中执行"滤镜"→"渲染"→"云彩"命令。

（3）切换到通道面板，在控制面板下方单击"创建新的通道"按钮，生成一个新的通道 Alpha 1。在菜单中执行"滤镜"→"杂色"→"添加杂色"命令，在弹出的"添加杂色"对话框中，设置参数（"数量"为 300，"分布"为"高斯分布"，勾选"单色"复选框），效果如图 16-93 所示。

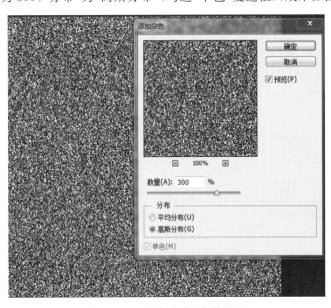

图 16-93　"添加杂色"参数设置

（4）在菜单中执行"滤镜"→"模糊"→"动感模糊"命令，在弹出的"动感模糊"对话框中设置参数（"角度"为90，"距离"为40），效果如图16-94所示。

图16-94 "动感模糊"参数设置

（5）在菜单中执行"图像"→"调整"→"色阶"命令，在弹出的对话框中设置参数（"输入色阶"为65，1，148；"输出色阶"为0，1，255）。

（6）在菜单中执行"滤镜"→"扭曲"→"旋转扭曲"命令，在弹出的对话框中设置参数（"角度"为50）。

（7）在菜单中执行"滤镜"→"扭曲"→"波浪"命令，在弹出的对话框中设置参数，如图16-95所示。

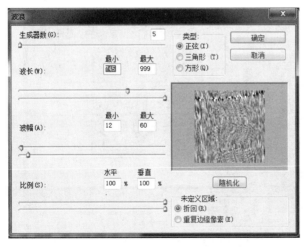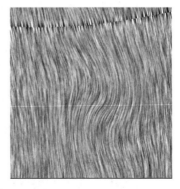

图16-95 "波浪"参数设置

（8）将图像适当裁剪，切换到图层面板，复制"背景"图层为"背景副本"图层；再切换到通道面板，按住 Ctrl 键同时单击通道 Alpha 1，载入选区；再切换到图层面板选择"背景副本"图层，按 Delete 键删除内容，删除效果如图 16-96 所示。

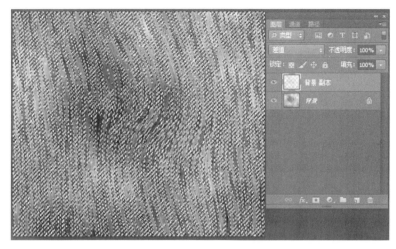

图 16-96　删除效果

（9）将"背景副本"图层的图层混合模式设为"差值"，将两图层合并，在菜单中执行"图像"→"调整"→"色相/饱和度"命令，在弹出的对话框中设置参数（"色相"为 35，"饱和度"为 55，"明度"为 0），色彩效果如图 16-97 所示。

（10）在菜单中执行"滤镜"→"模糊"→"动感模糊"命令，在弹出的"动感模糊"对话框中设置参数（"角度"为 90，"距离"为 15），最终效果如图 16-98 所示，保存图像为"皮草素材.jpg"。

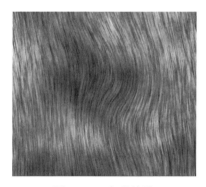

图 16-97　色彩效果

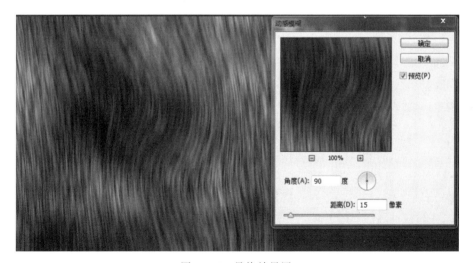

图 16-98　最终效果图

第17章

计算机绘制效果图实例制作

17.1 建筑设计

建筑设计中构思阶段离不开对建筑平面图、立面图、剖面图三者关系的反复推敲,这个过程中建筑形象效果研究显得很重要。通常可以使用手绘和计算机制作相关效果图来提前预览设计效果,用 Photoshop CS6 制作计算机效果图能快速模拟各种真实场景和特效,是手绘效果图所不能及的。本节主要通过实例介绍建筑平面图、立面图、效果图以及后期处理的基本知识。

17.1.1 建筑总平面效果图实例制作

17.1.1

建筑总平面效果图主要是二维的渲染图。通过对建筑本身的色彩和光影的渲染,再加入一些真实的素材,如草地、水面、汽车、建筑小品等元素,更好地展示设计师的方案和意图。

1. 调整 CAD 图纸

(1)打开总平面图.png 文件。

(2)在菜单中执行"图像"→"调整"→"色相"→"饱和度"命令,打开对话框设置参数("色相"为 0,"饱和度"为-100,"明度"为 0),降低图像饱和度,将图纸调整为单色图纸,效果如图 17-1 所示。

(3)增加黑色线条部分对比度让图像更明显,执行菜单中"图像"→"调整"→"亮度"→"对比度"命令,设置参数("亮度"为-150,"对比度"为 100),效果如图 17-2 所示。

(4)执行菜单中"选择"→"色彩范围"命令,在弹出的对话框中设置"容差参数"为 200,将吸管放在白色图纸背景上单击,然后单击"确定"按钮。

(5)按 Ctrl+Shift+I 组合键,将选区反向选择,再按 Ctrl+J 组合键复制选区内容生成单独图层,并将图层重命名为"线稿"。

2. 道路及草地处理

(1)设置前景色为黑色,使用"放大工具" 🔍 将局部放大,然后使用"铅笔"工具 ✏️ 将图纸中没有封闭的线条封闭起来,以便后面的选择操作。

(2)设置前景色为♯adc29e(灰绿色),并用前景色填充背景图层。

(3)用"橡皮擦工具" ✏️,在属性栏里调整大小、降低不透明度和流量,将背景图层边缘擦出柔和过渡,效果如图 17-3 所示。

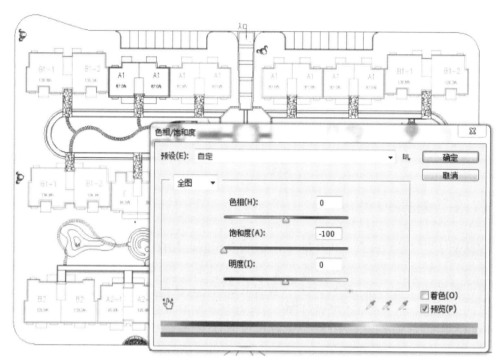

图 17-1　单色图纸效果

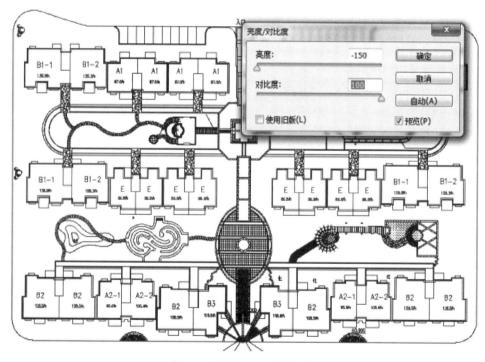

图 17-2　调整对比度后效果

（4）新建图层重命名为"底色"，使用"多边形套索工具"  在场景中创建选区，然后用 ♯648549（绿色）填充选区，如图17-4所示。

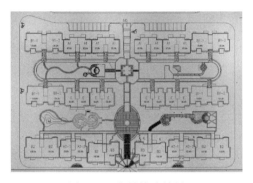

图17-3 背景擦除效果

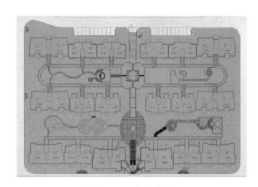

图17-4 底色填充

（5）按Ctrl＋D组合键取消选区，单击"线稿"图层（后面选择不同线稿时都要执行此步骤），用"魔棒工具"在场景中选择路面部分。

（6）新建图层重命名为"道路"，并置于"线稿"图层下方，然后用♯aab4b4（灰色）填充路面，效果如图17-5所示。

（7）使用"魔棒工具"和"选框工具"选择需要填充广场砖的选区。

（8）打开素材广场砖图片，然后再定义图案，并将定义的广场砖图案填充到选区内，效果如图17-6所示。

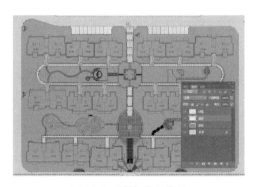

图17-5 道路填充效果

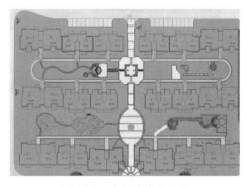

图17-6 广场砖填充效果

（9）打开素材草地图片，拖入场景中调整大小和位置并复制几个图层连成一片，如图17-7所示。

（10）合并所有草地图层，返回"线稿"图层，用"魔棒工具"选择草地区域。

（11）返回"草地"图层，单击图层面板下方"添加图层蒙版"按钮 ，将草地填充到选区，效果如图17-8所示。

（12）使用同样方法填充其他区域的草地和局部水面。

3．主体的配景处理

（1）使用"魔棒工具"选择场景中的部分楼顶区域，形成选区。

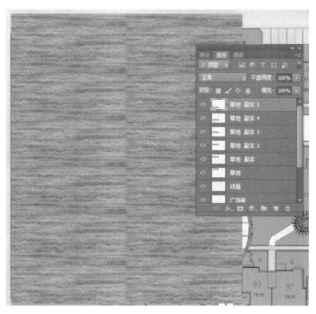

图 17-7　复制"草地"图层

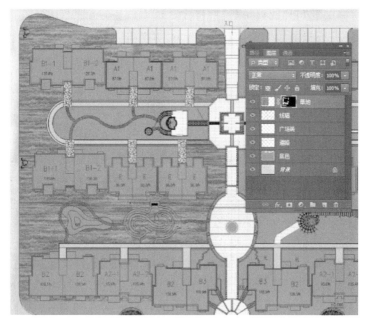

图 17-8　填充草地到选区

（2）新建图层重命名为"楼顶"，用♯c0d9d9 填充，如图 17-9 所示。

（3）双击楼顶图层打开"图层样式"对话框，选择"内阴影"，设置参数和效果如图 17-10 所示。

（4）使用同样方法填充其他部分楼顶并设置"内阴影"。

（5）打开素材地砖图片，然后执行"编辑"→"定义图案"命令定义图案。

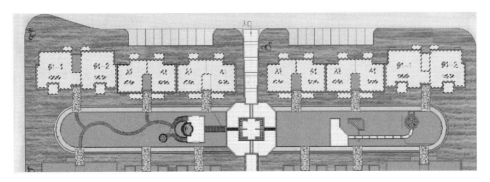

图 17-9　楼顶填充效果

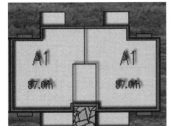
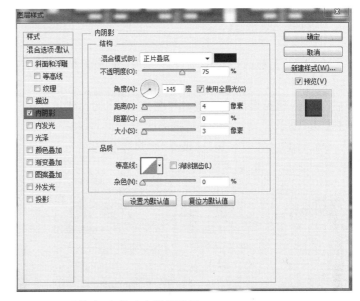

图 17-10　"图层样式"参数及内阴影效果

（6）新建图层重命名为"地砖"，并执行"编辑"→"填充"命令，将定义的地砖图案填充到选区内，效果如图 17-11 所示。

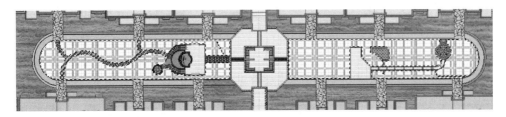

图 17-11　地砖填充效果

（7）打开素材灌木丛图片，拖入场景调整大小并添加阴影，效果如图 17-12 所示，同样方法添加其他部分的灌木丛。

（8）打开素材建筑小品、汽车图片，拖入场景并调整大小，放置在合适的位置并添加阴影，添加后效果如图 17-13 所示。

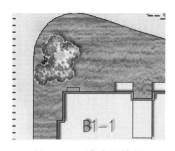

图 17-12　灌木丛效果

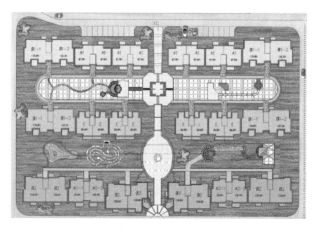

图 17-13　添加素材效果

（9）打开素材行道树图片,拖入场景并调整大小,放置在合适的位置并添加阴影,添加后效果如图 17-14 所示。

（10）给建筑群添加投影,用"魔棒工具"选择建筑线稿,再回到"楼顶"图层按 Ctrl＋J 组合键复制图层,重命名为"建筑投影图层"。

（11）用♯363434(灰色)填充"建筑投影图层",并将图层"不透明度"调整为 60％,并置于"楼顶"图层下方,效果如图 17-15 所示。

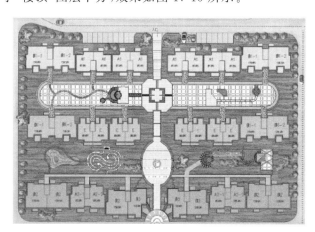

图 17-14　添加行道树效果

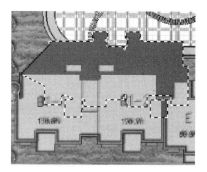

图 17-15　建筑投影

（12）同样方法制作连排建筑的投影,效果如图 17-16 所示。

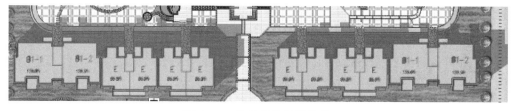

图 17-16　连排建筑投影效果

4. 整体调整

（1）新建图层重命名为"图框"，使用"矩形选框工具"在场景中创建矩形图框选区，然后执行"编辑"→"描边"命令，在弹出的对话框中设置参数（"宽度"为 25 像素，"颜色"为灰色，"位置"为"居中"）。返回图层面板的顶层，创建一个"亮度/对比度"的调整图层，在弹出的对话框中设置参数（"亮度"为 0，"对比度"为 15），调整整个画面的对比度。

（2）完成操作，建筑总平面图最终效果如图 17-17 所示。

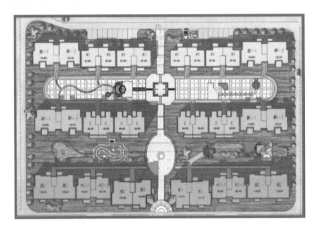

图 17-17　建筑总平面图最终效果

17.1.2　建筑立面效果图实例制作

17.1.2

建筑立面效果图主要是在 Photoshop CS6 中将 AutoCAD 绘制的建筑立面线条图进行修饰，比如添加一些建筑材质和配景，表现出真实、逼真的彩色立面效果。下面介绍建筑立面效果图的制作方法。

1. 输出建筑立面图形

（1）在 AutoCAD 中打开一张别墅建筑立面图。

（2）关闭所有的轴线、尺寸标注、文字标注、填充等图层，隐藏无关内容。不能隐藏的图像直接删除。

（3）选择"文件"→"打印"命令，在弹出的对话框中选择 EPS 绘图仪.pc3 虚拟打印机，设置"图纸尺寸""打印范围""打印比例"等选项。

（4）设置完成后，窗口框选打印范围后单击"确定"按钮，将文件名设为"别墅立面图.eps"并设置好存储路径，完成建筑立面图的 EPS 文件输出。

2. 绘制墙体和门窗

（1）在 Photoshop 中打开"别墅立面图.eps"文件，在弹出的"栅格化 EPS 格式"对话框中根据需要栅格化分辨率和模式，具体设置如图 17-18 所示。

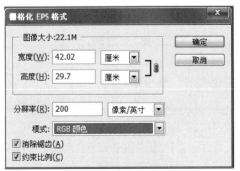

图 17-18　栅格化设置

（2）完成栅格化设置后单击"确定"按钮，得到一张透明背景位图图像，将该图层复制两次，并按 Ctrl＋E 组合键合并图层，重命名为"别墅立面线框"图层。

（3）按住 Ctrl 键单击图层面板上的"新建"按钮 🖼，在"别墅立面线框"图层下方新建一图层，重命名为"背景"图层。

（4）将前景色设置为白色，按住 Alt＋Delete 组合键填充"背景"图层。

（5）选择"别墅立面线框"图层为当前图层，使用"选框工具" 🔲 和"多边形套索工具" 🖸，按住 Shift 键选择所有的墙体部分。

（6）新建图层并重命名为"墙砖"图层，设置前景色为任意颜色，按住 Alt＋Delete 组合键，用前景色填充选区。

（7）使用 17.1.1 节中讲解的方法定义墙砖图案。执行"图层"→"图层样式"→"图案叠加"命令，弹出"图案叠加"对话框，在"图案"列表中选择定义的墙砖图案。设置完成后单击"确定"按钮，完成墙体的填充，按住 Ctrl＋D 组合键取消选择，效果如图 17-19 所示。选择"别墅立面线框"图层为当前图层，使用"选框工具" 🔲 和"多边形套索工具" 🖸，按住 Shift 键选择所有的门窗框条。

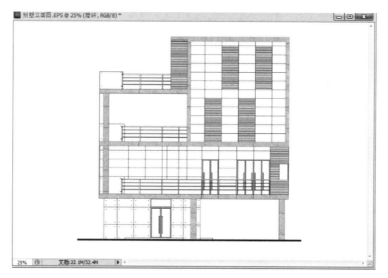

图 17-19　墙体填充效果图

（8）新建图层重命名为"门窗框"，并调整到墙砖图层的下方，设置前景色为任意颜色，按住 Alt＋Delete 组合键，用前景色填充选区。执行"图层"→"图层样式"→"图案叠加"命令，弹出"图案叠加"对话框，在"图案"列表中选择已经定义的不锈钢图案进行填充。

（9）设置完成后单击"确定"按钮，完成门窗框的填充，按住 Ctrl＋D 组合键取消选择，效果如图 17-20 所示。

（10）选择"别墅立面线框"图层为当前图层，使用"魔棒工具" 🪄 和"选框工具" 🔲，按住 Shift 键选择所有的玻璃。

（11）新建图层重命名为"玻璃"，并调整到"门窗框"图层的下方，将前景色调成 R:78/G:111/B:167，背景色调成 R:215/G:209/B:116，使用"渐变工具" 🔲 倾斜 45°从上至下拖动，填充后效果如图 17-21 所示。

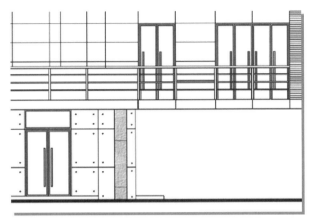

图 17-20　门窗框填充效果图

3．绘制外墙格栅和阳台栏杆

（1）选择"别墅立面线框"图层为当前图层，使用"魔棒工具"🔍和"多边形套索工具"🏹，按住 Shift 键选择所有的外墙玻璃上的装饰百叶条。

（2）新建图层重命名为"百叶"，并调整到"玻璃"图层的上方，设置前景色为任意颜色，按住 Alt＋Delete 组合键，用前景色填充选区。执行"图层"→"图层样式"→"图案叠加"命令，弹出"图案叠加"对话框，在"图案"列表中选择已经定义的木纹图案进行填充，如图 17-22 所示。

图 17-21　玻璃填充效果图　　　　　　　图 17-22　装饰百叶条填充效果图

（3）同样使用"魔棒工具"🔍和"多边形套索工具"🏹，按住 Shift 键选择所有的阳台栏杆。新建图层重命名为"栏杆"，并调整到"玻璃"图层的上方，设置前景色为任意颜色，按住 Alt＋Delete 组合键，用前景色填充选区。执行"图层"→"图层样式"→"图案叠加"命令，弹出"图案叠加"对话框，在"图案"列表中选择已经定义的金属图案进行填充。

4. 绘制阴影及配景

外墙、门窗框等凸出的物体在玻璃上都会产生阴影,制作阴影会使立面效果图更加具有立体感和真实感。

(1) 在"门窗框"图层的上方新建一图层,命名为"阴影"图层。

(2) 使用"多边形套索工具" 在玻璃的上面和左面绘制一个阴影的区域,如图 17-23 所示。

(3) 将前景色设置为黑色,按住 Alt＋Delete 组合键,用前景色填充选区,将"阴影"图层的"不透明度"设置为 70%,此时阴影效果出现,效果如图 17-24 所示。

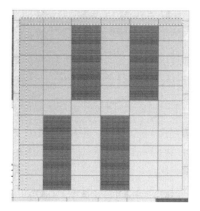
图 17-23　创建玻璃阴影区域

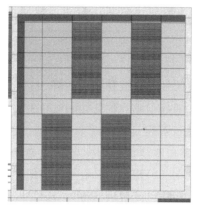
图 17-24　玻璃阴影效果图

(4) 用同样的方法在一层和二层的檐口位置绘制阴影选区,填充阴影。

(5) 选择"门窗框"图层,单击图层面板下方的"图层样式"按钮 ,在下拉菜单中选择"投影",单击"确定"按钮给门窗框添加阴影,如图 17-25 所示。

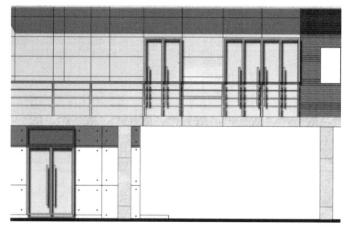
图 17-25　门窗框阴影效果图

5. 绘制建筑配景

阴影制作完成后,需要为建筑加入配景,如天空、树木、草地、人物等。

（1）设置前景色为 R：40/G：47/B：56，背景色为 R：152/G：180/B：191。选择"渐变工具" ，在工具箱选项栏渐变列表框中选择前景到背景渐变类型。

（2）选择"背景"图层，移动鼠标从上至下拖动填充渐变色，出现天空效果，如图 17-26 所示。

图 17-26　天空效果图

（3）打开名为"树木.psd"的素材图片，使用"移动工具" 将其拖入到建筑立面的窗口中，将图层命名为"树木"，调至最顶层。

（4）使用 Ctrl＋T 组合键添加变换框，调整树木的大小，完成后按 Enter 键确认。使用"移动工具" ，将树木移动到合适的位置。

（5）同法打开名为"灌木.psd""草地.psd""人物.psd"和"汽车.psd"的素材图片，使用"移动工具" 将其拖入到建筑立面的窗口中，将图层重命名。使用 Ctrl＋T 组合键添加变换框，并调整大小，再移动到合适的位置，最终效果如图 17-27 所示。

图 17-27　别墅立面最终效果图

17.1.3 建筑规划效果图实例制作

作为一种重要的建筑效果图类型,规划效果图通过透视感极强的三维空间表现整个建筑的形态、风格、外观和周边的环境,使人们可以直观地感受整个建筑的风貌,真切体会到成型后的建筑效果。

对于初学者来说,制作规划效果图有一定的难度,而且工作量很大,其实只要把握 3 个原则就能理清思路。第一,要把握好整体透视效果,因为规划图的角度是从空中俯视建筑和地面,草地、树木、人物、汽车等配景的透视关系要与建筑保持一致。第二,要注意整体色调,所有配景的色彩要符合环境氛围。第三,要合理组织配景,使配景安排合理有序,疏密有致,突出美感。

住宅小区规划效果图绘制步骤如下。

(1) 打开一张住宅小区的规划图,观察发现这是一张通过 3D Max 渲染后的图,由于场景大,在建模的时候难免出现一些失误,在后期处理前要进行修补。原图如图 17-28 所示。

图 17-28　住宅小区鸟瞰渲染图

(2) 将打开的鸟瞰图图层命名为"住宅模型"图层。观察发现每栋建筑之间缺少必要的道路,以及路面填充。按住 Ctrl 键单击通道面板上的 Alpha 1,载入路面选区,并在图层面板上新建图层,命名为"铺砖路面",置于"住宅模型"图层上方。

(3) 设置任何一种颜色的前景色,按住 Alt+Delete 组合键填充选区。

(4) 执行"图层"→"图层样式"→"图案叠加"命令,弹出其对话框,在"图案"列表中选择前面定义的"广场砖 1"图案,调整缩放比例为 5%,单击"确定"按钮完成填充。使用同样的方法填充其他的地面区域,效果如图 17-29 所示。

(5) 打开素材中"草地.jpg"图像文件,使用"多边形套索工具" 在图片中建立选区。执行菜单中"选择"→"羽化"命令,在弹出的对话框中设置"羽化半径"为 20,使用"移动工具" 将其拖入到鸟瞰图窗口,重命名为"草地 1"图层,并将图层拖至"住宅模型"图层下方。使用"移动工具" 将"草地 1"调整到合适的位置,将图层设为底层。为了制作色彩变化更丰富的草地,需要合成图片。打开素材"草地 2.jpg"图像文件,使用与上面相同的方法将其拖入到鸟瞰图窗口,重命名图层为"草地 2"并拖至"草地 1"图层的上方,效果如图 17-30 所示。

图 17-29　地面填充效果图

图 17-30　合并草地

使用"移动工具"将"草地 2"覆盖在"草地 1"上,选择"橡皮擦工具",在属性栏内设置"不透明度"为 20%,在两块草地衔接的位置涂抹,使它们过渡自然。

(6)打开一张水面的图像,使用"移动工具"将其拖入到鸟瞰图中,重命名为"水面"图层。使用 Ctrl+T 组合键调整大小,使水面覆盖有水的区域。在通道面板上选择水材质通道,载入水面的选区,如图 17-31 所示。

单击图层面板上的"添加图层蒙版"按钮为"水面"图层添加图层蒙版,隐藏多余的水面图像。

图 17-31　水面选区

为了增加水面反射,按住 Ctrl 键单击"水面"图层缩览图,载入水面选区。选择"画笔工具",设置前景色为"黑色","不透明度"为 10%,在水面有反射建筑的部位涂抹,使反射效果更加逼真。

(7)新建一图层重命名为"喷泉",置于"水面"图层上方。选择"画笔工具",设置前景色为白色,调整合适的笔尖大小,绘制如图 17-32 所示的形状。执行"滤镜"→"模糊"→"动感模糊"命令,在弹出的对话框中设置参数,效果图如图 17-32 所示。使用"橡皮擦工具"

，在属性栏内设置"不透明度"为 10％，在喷泉的上方位置涂抹，使喷泉效果更加真实自然。使用同样的方法，制作鸟瞰图中其他区域的水面。

图 17-32　喷泉效果图

（8）为了增强场景的空间感活跃气氛，可以添加一些行道树、灌木、花草、人物和汽车等配景。添加的时候注意配景在阳光下和阴影里的明暗区别，色彩和整体画面的协调，阴影与建筑阴影方向一致。这里单个配景的添加方法和步骤就不再赘述，参照 17.1.2 节的内容。

（9）在主干道上添加大的行道树，继续添加景观树和灌木配景，注意色彩和形状的合理搭配，使植物的种类和颜色既丰富又自然真实，布局合理，效果如图 17-33 所示。

图 17-33　行道树效果图

（10）继续添加人物、汽车等配景。

（11）完成鸟瞰图内部的配景后，下面要制作住宅群周围的环境。打开一张风景图片，使用"移动工具" ![] 将其拖入到鸟瞰图的窗口中，重命名为"周围环境"图层，并置于底层。使用 Ctrl＋T 组合键出现变换框，调整大小和位置，按 Enter 键确定，如图 17-34 所示。使用"橡皮擦工具" ![] ，在属性栏内设置"不透明度"为 10％，在背景图片与住宅建筑衔接的位置涂抹。观察发现衔接的位置还是不自然，需要再添加一些植物进行遮盖过渡。打开一张树木的图片，使用前面的方法，羽化选区后拖至鸟瞰图，遮盖如图 17-35 所示位置。使用同样的方法将四周需要遮盖的部分进行处理，部分细节需要在画面上复制的可以按住 Alt 键使用"仿制图章工具" ![] 。

图 17-34　周围环境配景图

图 17-35　修改衔接区域效果

（12）此时的鸟瞰图基本完成，但住宅建筑体的后方需要添加一些建筑群才能有更加逼真的效果。打开一张建筑群的图片，使用"多边形套索工具" ![] 在图片选取建筑部分，执行菜单中"选择"→"羽化"命令，在弹出的对话框中设置"羽化半径"为 20，使用"移动工具" ![] 将其拖入鸟瞰图窗口，重命名为"建筑背景"图层。将图层拖至"住宅模型"图层下方，"周围环境"图层的上方。执行"亮度"→"对比度"命令，将图片的对比度调弱，调整到合适的位置后效果如图 17-36 所示。

图 17-36　添加辅助建筑背景效果图

（13）使用"矩形选框工具" 创建如图 17-37 所示的选区。新建图层命名为"白色"图层，并置于"建筑背景"图层上方。设置前景色为白色，选择"渐变工具" ，在属性栏内将渐变类型设置为前景到透明，在选区中拖动鼠标。新增"大气"图层，使用前面同样的方法在整个鸟瞰图上增加大气效果。

图 17-37　创建选区

（14）制作图框，鸟瞰效果图整体色调偏亮，使用"画笔工具" ，设置前景色为深蓝灰色，"不透明度"为 50％，调整合适的笔尖大小，在鸟瞰图的下方喷涂。

（15）合并所有图层，执行"图像"→"调整"→"色彩平衡"命令，在高光区域增加暖色调，在阴影区域增加冷色调，加强冷暖对比。执行菜单中"亮度"→"对比度"命令，设置参数，增强图像的整体对比度。住宅小区规划鸟瞰图后期处理最终完成，效果如图 17-38 所示。

图 17-38　住宅小区规划鸟瞰最终效果图

17.1.4　建筑透视效果图实例制作

17.1.4

建筑效果图的初期是通过常用的三维软件和渲染软件制作而成,比如 AutoCAD、3D Max、SketchUp、LightScape 等。通过这些软件制作只能得到一个效果图的大致模型,接下来的工作就是后期处理,是对三维软件中渲染出来的效果图进行再加工,它需要以专业的美学知识为指导,以严谨的建筑、透视、环境等学科知识为基础进行工作,最大限度地将建筑的实用性与艺术性结合起来。在室外效果图后期处理阶段中,整体构图是一个非常重要的概念。要将形式各异的主体与配景融为一体,首先要使主体建筑较为突出醒目,能起到统领全局的作用;其次,主体与配景之间应形成对比关系,使配景在构图、色彩等方面起到衬托作用。

在后期处理的过程中具体的操作步骤和应用,大致可以分为以下几个方面。

(1) 修饰建筑主体。主要是针对渲染时出现的缺陷和错误,使用修复工具和颜色调整工具,修改模型或修饰灯光效果,使建筑主体各部分明暗关系和层次更加突出。

(2) 制作配景环境。从三维软件中输出的图像,往往只是效果图的一个简单的模型,场景单调、生硬、缺少层次和变化,只有当其加入天空、树木、人物、汽车等配景后,整个环境才能显得活泼有趣、富有生机。

(3) 制作特殊效果。制作特效主要分为两类:一类是为了表现特定的场景,比如雨天、雪景等特殊天气的效果图;另一类是为了展示建筑物本身的特点,通过夸张的色彩、造型等内容来表现的效果图。这两类特效都是为了满足特殊视觉效果的需要。

别墅群效果图的制作步骤简述如下。

在别墅群效果图的后期处理中,首先要注意构图,一般是以主体建筑为主,重点刻画其色彩和周边配景,其他的别墅可以复制主体建筑后将其缩小平行展开,这样的构图比较均衡稳定。另外,别墅群添加配景时要注意配景与别墅设计风格的协调性,还要注意体现优美、清净的氛围,让人产生视觉上的美感和身临其境的感觉。下面介绍别墅群效果图后期制作的方法和步骤。

(1) 在 Photoshop 中打开已经渲染输出的别墅群图像,如图 17-39 所示。

图 17-39　别墅群图像

(2) 按住 Ctrl 键单击通道面板上的 Alpha 1,将别墅群载入选区。按住 Ctrl+J 组合键复制别墅群,并且重命名为“别墅群”图层,如图 17-40 所示。

(3) 打开一张天空的素材图片,选择“移动工具”将天空图片拖至别墅群效果图窗口,使用 Ctrl+T 组合键调整天空图片大小,并调整到合适的位置。

图 17-40　载入选区

（4）为了增加天空的霞光效果,将前景色调成橙色,使用"渐变工具"在画面上拖动出带点橙红色效果的天空,如图 17-41 所示。

图 17-41　橙色天空渐变效果图

（5）打开素材组中远景树和远景房子图像文件,使用"移动工具" 将其拖入到建筑效果图窗口,使用 Ctrl＋T 组合键调整远景树的大小和位置。

（6）使用"橡皮擦工具" ,在属性栏内设置"不透明度"为 20％,在树枝顶部与天空衔接的位置涂抹,使它们过渡自然。

（7）使用同样方法添加中景树的配景,调整大小和位置至别墅的前面和周围,并打开"色彩平衡"调整色调使其符合整个环境,如图 17-42 所示。

图 17-42　添加中景树配景

（8）使用同样方法添加矮树和灌木的配景。

（9）打开素材中"草地1.jpg"图像文件，使用"移动工具"  将其拖入到别墅效果图窗口，将图层命名为"草地1"。

（10）按Enter键后，移动"草地1"图层至"灌木丛"图层下方，如图17-43所示。

图17-43　调整草地位置

（11）打开素材"草地2.jpg"图像文件，使用"移动工具" 将其拖入到别墅效果图窗口，将图层命名为"草地2"，"草地2"配景如图17-44所示。

图17-44　"草地2"配景

（12）按Enter键后，移动"草地2"图层至"草地1"图层下方，并将两图层合并为"草地"图层。

（13）打开素材"湖面1.jpg"图像文件，使用"移动工具" 将其拖入到别墅效果图窗口，将图层命名为"湖面1"。

（14）调整湖面的位置，并执行"亮度"→"对比度"命令，调整亮度与对比度，如图17-45所示。将"湖面1"图层调至"草地"图层下方。

（15）打开素材"湖面2.jpg"图像文件，使用"移动工具" 将其拖入到别墅效果图窗口，将图层命名为"湖面2"，如图17-46所示。

（16）使用"橡皮擦工具" ，在属性栏内设置圆钝形中等硬，"大小"为55像素，"不透明度"为20%的橡皮擦，在"湖面2"与"湖面1"上部重叠的位置涂抹，使它们过渡自然，如图17-47所示。

图 17-45　调整湖面对比度

图 17-46　"湖面 2"配景

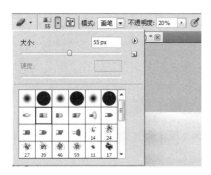

图 17-47　擦除效果图

　　(17) 打开素材"石头水沿.jpg"图像文件,使用"移动工具" ▸₊ 将其拖入到别墅效果图窗口,将图层命名为"水沿",如图 17-48 所示。

　　(18) 复制"别墅群"图层,重命名为"别墅群倒影"图层,并将图层移动至"水沿"图层下方。执行"编辑"→"变换"→"垂直翻转"命令,然后调整位置如图 17-49 所示。

　　(19) 设置"别墅群倒影"图层的"不透明度"为 70%,并执行"滤镜"→"模糊"→"动感模

图 17-48　石头水沿配景

图 17-49　"垂直翻转"制作倒影

糊"命令,在弹出的对话框中设置参数。

　　(20) 使用同样的方法添加其他树木的倒影。

　　(21) 打开素材"水鸟.jpg"图像文件,使用"移动工具" 将其拖入到别墅效果图窗口,将图层命名为"水鸟"。使用 Ctrl+T 组合键调整大小和位置,如图 17-50 所示。

图 17-50　水鸟配景图

（22）打开素材前景"树.jpg"图像文件，使用"移动工具" 将其拖入到别墅效果图窗口左侧，将图层命名为"左侧前景树"，如图 17-51 所示。

（23）使用 Ctrl＋T 组合键调整前景树大小和位置。

（24）使用同样方法制作右侧的前景树。

（25）按住 Ctrl＋J 组合键复制右侧的前景树图层，并执行菜单中"编辑"→"变换"→"扭曲"命令，制作如图 17-52 所示的阴影形态。

（26）按住 Ctrl＋U 组合键打开"色相/饱和度"对话框，将"明度"滑块调至－100，调整图像为黑色。

图 17-51　左侧前景树配景

（27）执行"滤镜"→"模糊"→"高斯模糊"命令，在弹出的对话框中设置参数，最终效果如图 17-53 所示。

图 17-52　前景树阴影形态

图 17-53　别墅群最终效果图

17.2　园林景观设计

17.2.1　古典园林效果图后期制作实例

古典园林效果图的后期处理可以分为三大部分,分别是天空和草坪置换、配景植物和人的添加、图像整体色调的调整及细部处理。前两部分主要是构图、色彩搭配,它直接影响着一张漂亮效果图的成败,最后一部分就是光感处理,它的好坏决定这张图的逼真程度。下面就以一张效果图制作为例进行讲解。

下面这两张图,一个是 Photoshop 处理前的原始图像,一个是经过 Photoshop 处理后的效果,如图 17-54 和图 17-55 所示。具体操作可以分为以下几个步骤。

图 17-54　原始图像　　　　　　　　图 17-55　Photoshop 处理后的效果图

1. 背景天空的置换

用 Photoshop CS6 打开图片后,单击“背景”层变换为当前图层,命名为“图层 1”。首先要对图片的背景天空进行处理,选择“魔棒工具” ,单击蓝色背景,并通过“选择”→“选取相似”命令,获得背景的选区,并存储选区,如图 17-56 所示,随后把蓝色背景删除。

图 17-56　背景选区的创建

根据图片的角度,选择一背景天空,移动到图片窗口中,放在“图层 1”下面一层,随后要认真摆放其位置并调整色调,如图 17-57 所示。

2. 草坪配景处理

在草坪的处理上,前景草坪要仔细处理,远景草坪可忽略,因为远景草坪在后期的植物配置中绝大部分会被遮挡,故可忽略处理。在草坪的处理上还是采用17.1节中所讲的草坪素材的合成。此处要注意草坪素材需要有坡度以适合水岸的视角,如图17-58所示。

图 17-57　背景天空确定

图 17-58　草坪置换后效果

3. 水面及驳岸处理

中国古典园林的水面和驳岸表现为自然式的水体形式和自然式的石驳岸或土驳岸,在这里用石驳岸。选择水体,随后把找到的水面素材移动到图像窗口中,该案例中水面用3个真实的水面混合而成,并对色调进行了调整;找到石材素材,放置在合适位置做成驳岸,需要对这些素材进行大小及透视的变换处理和色调的调整。处理后的水面和驳岸如图17-59所示。

图 17-59　水面和驳岸处理后的效果图

4. 植物添加

对于植物的添加,一定要有中国古典园林的效果。在效果图的后期制作中,常常把植物分为前景乔木或灌木、远景乔木或灌木以及中景乔木或灌木。在本案例中,先添加前景植物和远景植物,之后再根据整体的需要添加中景植物。根据案例需要,对水体植物也进行了添加。图 17-60 是添加远景和近景植物效果,图 17-61 是中景植物和水面植物添加后的效果。

图 17-60 添加远景和近景植物的效果图

图 17-61 添加中景和水面植物的效果图

5. 假山及景石添加

根据设计的需要,有时候需要添加一些景石并进行假山的制作。本案例中,在主体建筑前有假山及涌泉,在做假山时需要一并制作。首先,寻找角度和设计意向较为符合的假山,变换其大小和透视关系,随后调整色调与周围环境相融洽。根据设计意图,添加一些景石来增加园林的意境。在本案例中,亭子四周添加了较多的景石。假山和景石添加后的效果如图 17-62 所示。

图 17-62 假山及景石添加后的效果图

6. 人的添加

在真实的环境中,有人出现才显得一个地方有生活气息,因而,在园林效果图中一定要有人的出现。在本案例中,添加了中景的双人和亭子里坐着休息的人,人的添加要注意明暗关系和人的身影方向,要和整个图的阴影方向一致。

7. 整体色调的调整和细节处理

图像整体色调的调整及细部处理的好坏决定这张图的逼真程度,对于一张效果图起着至关重要的作用。在本案例中,细部处理主要是对前景栏杆的水中倒影、右后植物的明暗程度和前景左边植物的明暗程度进行了调整,主体建筑左边阴影的添加,亭子亮度改变等,随后对整体进行了"亮度"→"对比度"的调整,最终效果图如图 17-63 所示。

图 17-63　最终效果图

17.2.2　现代公园景观效果图后期制作实例

现代公园景观效果图越来越注重对于公园主景、公园入口等重要局部的表现,本案例就以现代公园入口景观为例进行讲解。图 17-64 为原始图像,后期制作完成效果如图 17-65 所示。现代公园景观效果图的 Photoshop 后期制作,可以分为以下几个步骤来完成。

图 17-64　原始图像

图 17-65　现代公园景观效果图

1. 背景天空的置换

首先,可以通过"魔棒工具"来创建背景天空的选区,随后,找到相关的天空素材,打开后移动到图像窗口,调整大小和明暗关系,混合而成的背景天空效果如图 17-66 所示。

2. 草坪置换

在本案例中,草坪面积不大,可以通过"魔棒工具"或"套索工具"创建草坪选区并保存,随后找到草坪素材,移入图像窗口后,把草坪素材作为当前图层,载入草坪选区,再对选区进行

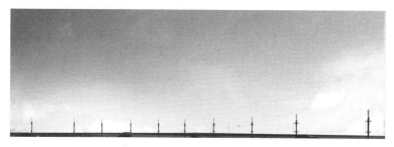

图 17-66　背景天空置换后效果图

"反向"命令,之后执行"删除"命令,即可完成草坪的置换。本案例中,置换后的草坪效果如图 17-67 所示。

图 17-67　草坪置换后的效果图

3. 植物的添加

植物的添加需要分为远景植物、中景植物和前景植物,先远景植物和前景植物,后中景植物。添加植物要注意植物的大小、颜色(特别是表现不同季节颜色差别很大)及植物的阳面和阴面。在添加好远景和近景植物后,要根据效果图的需要,添加中景植物。中景植物的添加可以丰富图像的内容,在本案例中,中景植物也是表现的主题之一。添加植物后的完整效果如图 17-68 所示。

4. 水体的置换和景观小品的添加

本案例中水体较少,没有大面积的水面,水体较好处理。不过,要注意喷泉的高度和色调的整体性,景观小品的添加要注意其体量和颜色。水体置换和添加景观小品后的效果如图 17-69 所示。

图 17-68　添加植物后的完整效果图

图 17-69　水体置换和添加景观小品后的效果图

5．人的添加

在本案例中,人的添加显得极为重要。首先,左前双人的添加对整个效果图起着稳定构图的作用,而中间的人也凸显了公园是休闲的好去处。要注意人的添加不能杂乱,更要注意衣服的季节变化和人的表情、人的明暗关系及人影子的方向。添加人的效果如图 17-70 所示。

6．细节处理和整体色调的处理

在本案例中,细节的处理较多,如汽车的明暗调整,树四周座椅的阴影调整,右前灌木的阴影添加,中景乔木亮度的调整等,整体色调的处理也较多一些,如整体亮度/对比度的调整,整体的色彩平衡等。经过这些细节和整体色调的处理,使整张效果图显得更加逼真,最后效果如图 17-71 所示。

图 17-70　添加人的效果图

图 17-71　现代公园景观最终效果图

17.3　室内设计

室内设计效果图的后期处理在整个效果图设计过程中具有重要的作用,一般使用 Photoshop 软件来完成。室内效果图的后期处理主要根据效果图的不同风格、空间、色彩及装饰材料来进行适当调整和修改,最终实现完美的整体视觉效果,完成一幅独具特色的室内效果图。

17.3.1

17.3.1　住宅平面效果图后期处理实例

在 Photoshop CS6 中制作平面效果图,首先必须将建筑户型平面图从 AutoCAD 中导出为 Photoshop CS6 可识别的格式,这是非常重要的步骤,然后再进行后期局部的色彩、材料填充、文字等方面的处理,具体步骤如下。

1．制作墙线和墙体

(1) 打开"墙体.eps"文件,由于从 AutoCAD 中输出的 EPS 文件为矢量图形,它只有 1 个像素宽度,在 Photoshop CS6 中打开后很不清晰。因此,在对平面图进行着色前,先要将"墙体.eps"文件栅格化为 Photoshop CS6 可以处理的位图图像。

(2) 执行菜单"文件"→"打开"命令,在弹出的对话框中选择从 AutoCAD 输出的"墙体.eps"文件,单击"打开"按钮。在弹出的"栅格化 EPS 格式"对话框中根据平面图的需要设置图像大小、分辨率,将"模式"改为"RGB 颜色"。栅格化后得到一个没有背景色的、透明的、只有一个图层的图像,而且图层中的线条还不是很清晰。

（3）在图层面板中双击"图层1",将图层重命名为"墙线"。按住Ctrl键,单击图层面板上的"新建图层"按钮 ▣ ,在"墙线"图层下面新建一个图层,重命名为"背景"图层。设置前景色为白色,按住Alt+Delete组合键将背景图层填充为白色。

（4）为了使墙线更清晰,可以将图层面板中的"墙线"图层多复制几层,然后将它们合并图层。选择"墙线"图层为当前图层,按住Ctrl+U组合键打开"色相/饱和度"对话框,将"明度"值调整为－100,此时的墙体线更加清晰,效果如图17-72所示。

（5）确定"墙线"图层为当前图层,单击图层面板上的"锁定"按钮 🔒 ,将图层保护起来避免操作失误。

（6）用同样的方法可以将含有家具的EPS文件栅格化为Photoshop CS6可以处理的位图图像,再进行修复,并按住Shift键移动至墙线图层窗口对齐。

（7）确定"墙线"图层为当前图层,选择"魔棒工具"在图像中按住Shift键单击所有的墙体。

（8）按住Ctrl+Shift+N组合键,新建"墙体"图层,并选择"墙体"图层为当前图层。设置前景色为＃535152(灰色),按住Alt+Delete组合键完成墙体的填充,效果如图17-73所示。

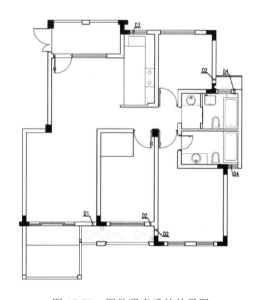 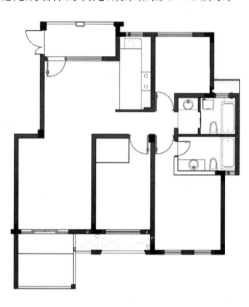

图17-72　调整明度后的效果图　　　　　　　　图17-73　墙体填充效果图

2. 制作地面材质

（1）打开一张地板图案的贴图素材,执行"编辑"→"定义图案"命令,将地板图像定义为图案。切换到平面图文档,用"魔棒工具"在"墙线"图层上选择地板区域,新建图层,重命名为"地板",执行"编辑"→"填充"命令,选择刚刚定义的地板图案填充,效果如图17-74所示。

（2）同样的方法填充地砖图案和其他区域的地面材质,效果如图17-75所示。

3. 制作家具和添加绿化

（1）将含有家具的EPS文件栅格化再进行修复,按住Shift键移动至"墙线"图层窗口对齐(同前面墙线制作),"家具"图层填充成白色并制作投影,效果如图17-76所示。

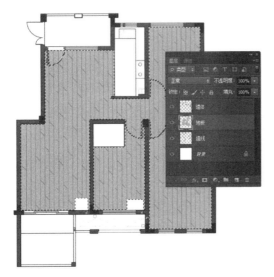

图 17-74 地板填充效果图

图 17-75 地砖填充效果图

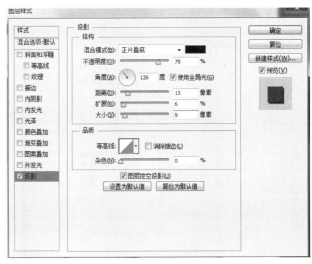

图 17-76 填充家具和投影设置图

（2）添加植物景观是为了美化和充实画面的内容，使平面图更加生动。具体操作时只需要打开植物素材图片，使用"移动工具"将其拖动到平面图中合适的位置，用 Ctrl＋T 组合键调整植物图层的大小，并将图层设置为顶层。根据画面需要可以多复制几个图层移动到合适的位置。

4.添加文字和调整图层色调

在制作完成平面图的填充后，需添加文字、标注，并调整"亮度"→"对比度"设置参数（"亮度"为 0，"对比度"为 10）和设置"色彩平衡"参数（"色阶"为 22,0,3；"色调平衡"为"中间调"；勾选"保持明度"复选框），处理画面整体色彩，最终效果如图 17-77 所示。

205 户型 - 平面布置图

1 入户花园
2 餐厅
3 厨房
4 客厅
5 次卧
6 主卧
7 主卧卫生间
8 书房
9 卫生间
10 露台

图 17-77　最终效果图

17.3.2　客厅效果图后期处理实例

客厅在人们的日常生活中使用最频繁,它是集放松、娱乐、会客、进餐等功能于一体的场所。现代客厅的设计有很多种风格,但大体可以概括为几种:现代简约风格、现代中式风格、东南亚风格、地中海风格、田园风格等。下面以现代中式风格的客厅效果图为例,用Photoshop CS6 进行后期处理。

(1)打开一张用 3D Max 已经渲染好的"客厅.tif"效果图,如图 17-78 所示。

(2)将"背景"图层复制出"背景副本"图层,在彩色通道图层内用"魔棒工具"选择吊顶部分,如图 17-79 所示。回到"背景副本"图层,按 Ctrl+J 组合键复制选区内容,并重命名为"吊顶"。

图 17-78　客厅渲染图

图 17-79　吊顶选区

（3）关闭彩色通道图层，分别执行"图像"→"调整"→"色彩平衡"命令设置参数（"色阶"为16，−4，−11；"色调平衡"为"中间调"；勾选"保持明度"复选框）和"图像"→"调整"→"色阶"命令设置参数（"通道"为RGB；"输入色阶"为0,1.42,226；"输出色阶"为默认值），效果如图17-80所示。

图17-80　调整吊顶色调效果图

（4）打开彩色通道图层，用"魔棒工具"选择灯具金属杆部分，回到"背景副本"图层，按Ctrl＋J组合键复制选区内容，并重命名为"灯托"图层。分别执行"图像"→"调整"→"色阶"命令设置参数（"通道"为RGB；"输入色阶"为0,1.35,255；"输出色阶"为默认值）和"图像"→"调整"→"曲线"命令设置参数（"通道"为RGB；"输入"为157；"输出"为165），修改后效果如图17-81所示。

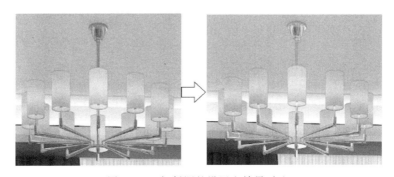

图17-81　灯托调整设置和效果对比

（5）同上面方法选择吊灯灯杯部分，回到"背景副本"图层，按Ctrl＋J组合键复制选区内容，并重命名为"吊灯"。分别执行"图像"→"调整"→"色彩平衡"命令设置参数（"色阶"为23，−11，−58；"色调平衡"为"中间调"；勾选"保持明度"复选框）和"图像"→"调整"→"色阶"命令设置参数（"通道"为RGB；"输入色阶"为0,1.26,186；"输出色阶"为默认值），调整后效果如图17-82所示。

图17-82　吊顶调整设置和效果对比

（6）使用上面同样的方法打开彩色通道图层，用"魔棒工具"选择左侧墙体和电视背景墙并新建相应的图层，运用"色阶"调整图层色彩，效果如图 17-83 所示。

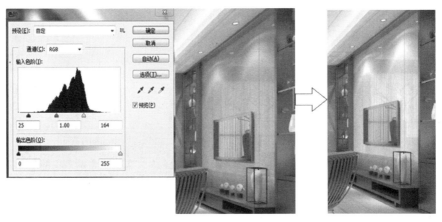

图 17-83　电视墙调整色调效果

（7）使用上面同样的方法制作沙发、地面和家具，增加对比度和亮度。

（8）用"魔棒工具"选择电视背景墙下方灯带区域，新建图层并重命名为"背景墙灯带"，选择柔边画笔设置 130 像素，前景色为＃eed1a8（浅黄颜色），沿着灯带边缘拖拉填充，然后将该图层的混合模式改成"叠加"，图层"不透明度"设置为 50％，效果如图 17-84 所示。

（9）打开一张光域网灯光图片，执行"图像"→"调整"→"反相"命令，如图 17-85 所示。

（10）执行"编辑"→"定义画笔预设"命令，将灯光效果设置为画笔笔刷。打开"画笔工具"选择射灯画笔，调整颜色和大小以及不透明度，新建"射灯"图层，在图像中需要添加射灯光晕的区域添加灯光效果，边缘用"橡皮擦工具"擦出柔和过渡，完成后把图层模式改成"叠加"。

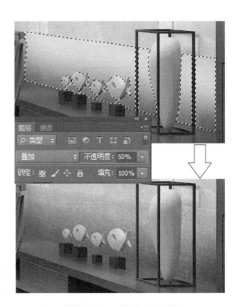

图 17-84　灯带效果图

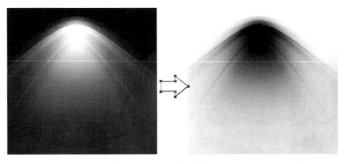

图 17-85　反相效果

（11）选择"椭圆选框工具"，羽化值设置10，在台灯灯罩中心创建选区，并新建图层重命名为"台灯"，按Ctrl＋L组合键打开"色阶"对话框，调整色阶，效果如图17-86所示。

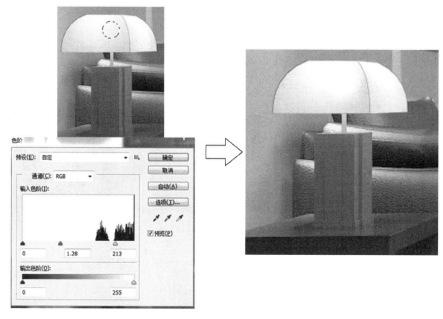

图 17-86 台灯效果

（12）用同样方法制作其他台灯灯光效果。按Ctrl＋Shift＋Alt＋E组合键合并图层，并执行"图像"→"调整"→"色彩平衡"调整画面色调，选择"裁剪工具"裁剪图像，客厅最终效果如图17-87所示。

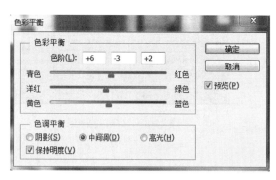 

图 17-87 客厅最终效果图

17.3.3

17.3.3 卧室效果图后期处理实例

卧室效果图的后期制作包括整体画面的基调、亮度、对比度的调节及适当的绿化、植物配景添加，最终使画面整体色调和谐统一，营造出卧室私密空间温馨和谐的空间氛围。下面以白天卧室效果图为例，用Photoshop CS6来进行后期处理。具体步骤如下。

（1）打开一张用3D Max已经渲染好的"卧室.tif"文件，如图17-88所示。

（2）将"背景"图层复制出"背景副本"图层，在彩色通道图层内用"魔棒工具"选择背景墙部分，如图 17-89 所示，回到"背景副本"图层，按 Ctrl＋J 组合键复制选区内容，重命名为"背景墙"。

图 17-88　卧室渲染图

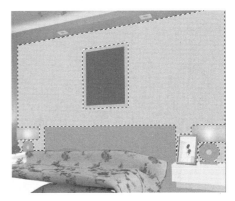

图 17-89　背景墙选区

（3）关闭彩色通道图层，按 Ctrl 键单击"背景墙"图层载入选区，按 Ctrl＋B 组合键打开"色彩平衡"对话框进行色调调整，执行"图像"→"调整"→"曲线"命令，具体设置如图 17-90 所示。

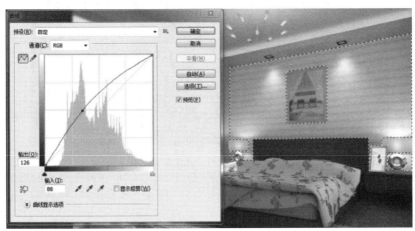

图 17-90　调整背景墙色调

（4）使用同样方法调整其他墙面和地面以及部分家具的色调。

（5）打开一张插画图片，拖入卧室文档中，调整大小和位置，如图 17-91 所示。

（6）新建图层重命名为"射灯"，将前景色设为白色，选择"画笔工具"，选择灯光笔刷，设置大小和透明度，在射灯和吊灯位置上单击，灯光效果如图 17-92 所示。

图 17-91　调整装饰画　　　　　　　　图 17-92　灯光效果图

（7）打开一张风景图片，拖入文档并重命名为"风景"图层，调整位置至阳台玻璃位置，在彩色通道图层内用"魔棒工具"选择阳台玻璃区域，关闭彩色通道图层，回到"风景"图层并单击图层面板下方的"添加图层蒙版"按钮 ▣，将选区外的风景图片隐藏，如图 17-93 所示。

图 17-93　创建图层蒙版

（8）依次执行"图像"→"调整"→"曲线"命令和"图像"→"调整"→"色彩平衡"命令，设置风景的色调，效果如图 17-94 所示。

（9）按 Ctrl＋Shift＋Alt＋E 组合键盖印图层，并添加"曲线"调整图层整个画面色调，选择"裁剪工具"裁剪图像，卧室最终效果如图 17-95 所示。

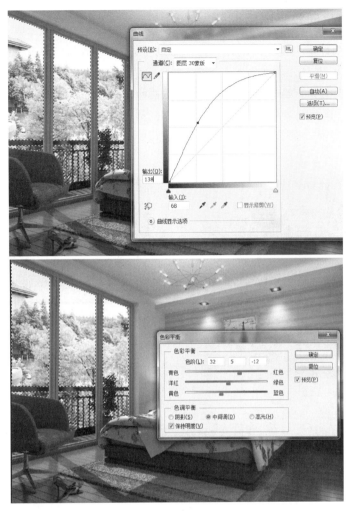

图 17-94　调整风景色调

图 17-95　卧室最终效果图

17.3.4 卫生间效果图后期处理实例

卫生间的后期处理主要是对图片整体色彩调整,并从细节细部润色修改,最后添加一些素材增加画面效果,具体步骤如下。

(1) 打开一张用 3D Max 已经渲染好的"卫生间.tif"文件,如图 17-96 所示。

(2) 将"背景"图层复制出"背景副本"图层,在彩色通道图层内用"魔棒工具"选择墙体部分,如图 17-97 所示,回到"背景副本"图层,按 Ctrl+J 组合键复制选区内容并重命名为"墙体"。

图 17-96 卫生间渲染图

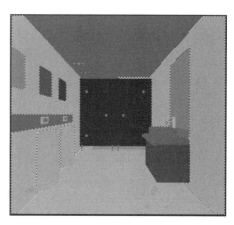
图 17-97 墙体选区

(3) 按 Ctrl+M 组合键打开"曲线"对话框调整墙体色调,如图 17-98 所示。同样方法调整吊顶的色调。

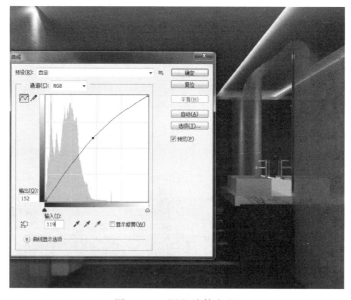
图 17-98 调整墙体色调

（4）新建图层并重命名为"灯带"，选择"多边形套索工具" ，在顶部灯带位置创建选区。在选区内创建前景色♯f3e4bf 到透明色的线性渐变，并将图层混合模式改成"叠加"，效果如图 17-99 所示。

（5）新建图层并重命名为"灯带 2"，将前景色设为白色，选择"画笔工具"并在属性栏内设置笔尖"大小"为 90，"不透明度"为 70%，"流量"为 80%，然后沿着选区边缘适当喷涂，效果如图 17-100 所示，完成后合并两灯带图层。

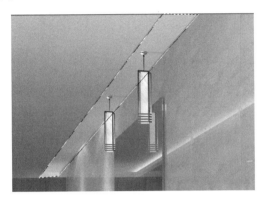
图 17-99 灯带渐变效果

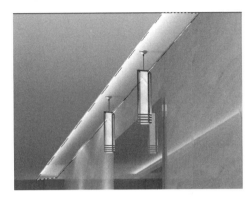
图 17-100 灯带效果

（6）在彩色通道图层内用"魔棒工具"选择卫生间门区域，回到"背景副本"图层，按 Ctrl＋J 组合键复制选区内容并重命名为"卫生间门"图层。

（7）依次执行"图像"→"调整"→"亮度"→"对比度"命令和"图像"→"调整"→"色彩平衡"命令，设置卫生间门的色调，效果如图 17-101 所示。

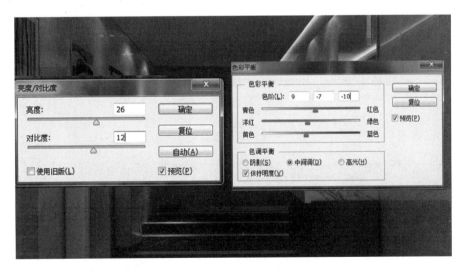
图 17-101 调整卫生间门色调

（8）用同样的方法处理水池、小便器、台盆柜和镜子的色调。

（9）按 Ctrl＋Shift＋Alt＋E 组合键盖印图层，并添加曲线调整图层，调整整个画面色调，选择"裁剪工具"裁剪图像，效果如图 17-102 所示。

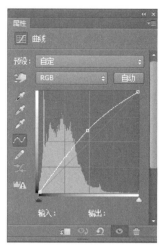

图 17-102　调整整个画面色调

（10）打开一张室内植物图片，拖入卫生间文件，调整大小和位置，并按 Ctrl＋L 组合键调整"色阶"，效果如图 17-103 所示。

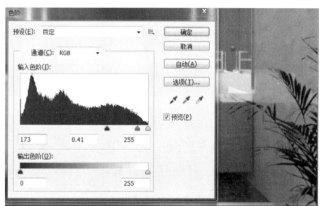

图 17-103　调整植物大小和色调

（11）完成卫生间的后期处理，前后效果对比如图 17-104 所示。

图 17-104　处理前后效果对比图

17.4 服装设计

17.4.1 服装款式与结构表现实例

17.4.1

服装款式是由服装成品的外形轮廓、内部衣缝结构及相关附件的形状与安置部位等多种因素综合决定的。款式结构亦称服装式样,是指用服装外形结构反映服装部件或零部件组合形式等内容。

在制作服装款式和结构表现图时首先要了解服装的外形轮廓即造型。不同的外形轮廓有着不同的造型特征,常见的有 H、A、V、T、O 型。H 型具有安详、庄重、流畅不贴身的特点。X 型具有窈窕、优美,体现女性体型自然美感的特点。A 型具有稳重安定感,充满青春活力,上紧下松的特点。V 型具有夸张肩部,体现男性魅力的特点。T 型具有简单、大方,呈自然皱褶状的松身特点。O 型具有夸张肩部、收缩下摆、显示夸张柔和的特点。从以上造型特点中看出,服装的外形轮廓不完全等于人的体型,其中适应人的体型,直接呈现人体的线条、风韵的服装,属紧身合体造型;用夸张和修饰人体的方法,创造出时代流行的服装,属松身或局部合体的造型。

上衣款式结构图的绘制步骤简介如下。

(1) 在菜单栏执行“文件”→“新建”命令或按 Ctrl+N 组合键,打开“新建”对话框,设置文件名称为“上衣款式图”,“宽度”为 36cm,“高度”为 18cm,“分辨率”为 72 像素/英寸,选择“颜色模式”为“RGB 颜色”,选择“背景内容”为“白色”,然后单击“确定”按钮。

(2) 在图层面板和路径面板中分别新建“线稿”图层。

(3) 选择“钢笔工具” ，在属性栏内选择“路径”选项,在“线稿”图层上绘制上衣的外形轮廓,绘制时在需要停顿的地方,按住 Ctrl 键切换为“直接选择工具” ，单击空白处结束绘制,松开 Ctrl 键可以继续绘制下一段路径,效果如图 17-105 所示。

(4) 继续绘制上衣细节部分路径,完善局部结构,并将路径修饰圆滑。

(5) 单击“路径选择工具” ，选择全部路径。选择“画笔工具” ，在工具选项栏内设置画笔为硬边 1 像素,前景色为黑色,单击路径面板中的“画笔描边路径”按钮 ，对选择的路径描边,然后删除路径,效果如图 17-106 所示。

图 17-105 上衣外轮廓路径

图 17-106 描边路径效果图

（6）用同样的方法绘制上衣背面款式线条图，如图 17-107 所示。

（7）用"魔棒工具" 选择领口和袖口内部选区，新建图层并重命名为"内衬颜色"，用 ♯a2a6c1 填充选区，将领口和袖口内部填充为蓝色。

（8）同样的方法将上衣其余部分用 ♯b6c0c6 进行填充，给服装整体着色。

（9）打开素材"图案 1"文件，然后执行"编辑"→"定义图案"命令将"图案 1"定义为图案。

（10）在"线稿"图层上用"魔棒工具"和"多边形套索工具"创建选区，新建图层并重命名为"图案 1"图层，执行"编辑"→"填充"命令将定义的图案 1 填充到选区，如图 17-108 所示。

图 17-107　上衣背面款式线条图

图 17-108　填充图案

（11）用同样的方法填充上衣右上方为格子图案。

（12）选择"矩形选框工具" ，在上衣领口端拉出一条细条选框，这是制作衣服的条纹。新建图层并重命名为"线条图案"图层，用 ♯b2b3b3 填充选框，按 Ctrl＋T 组合键进行自由变换，如图 17-109 所示。

（13）将菜单栏下方的自由变换属性栏中的 Y 参数的值增加 20 像素，如本例原先为 Y：64.00 像素，增加后变为 Y：84.00 像素，这个增加的值就是条纹间的宽度。

（14）按 Enter 键确定，完成了设置初始变换。后面的操作都会按照这个设置一边复制一边变换。按 Ctrl＋Shift＋Alt＋T 组合键进行复制变换，如图 17-110 所示。

图 17-109　自由变换线条选框

图 17-110　复制变换

（15）用"魔棒工具"在"线稿"图层中单击上衣的轮廓。

（16）返回"线条图案"图层，单击图层面板下方的"添加图层蒙版"按钮 ，将条纹图案填入选区，效果如图 17-111 所示。

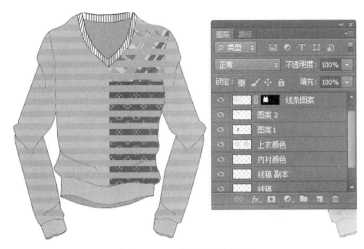

图 17-111   添加图层蒙版

（17）按住 Ctrl 键同时单击"格子图案"图层，载入选区，返回"线条图案"图层，按 Delete
键删除内容，效果如图 17-112 所示。

（18）用同样方法制作上衣背面款式图的条纹图案，如图 17-113 所示。

图 17-112   删除选区内条纹

图 17-113   背面款式图的条纹图案

（19）用"魔棒工具"在"线稿"图层中单击上衣的袖口和上衣底边，新建图层并重命名为
"袖口颜色"，用♯79808b 填充选区。同样方法制作上衣背面的袖口和底边。完成上衣款式
图的制作，最终效果如图 17-114 所示。

图 17-114   上衣款式图最终效果

17.4.2　服装图案效果表现实例

服装图案是指服装结构形成的装饰纹样和附着在服装之上的装饰纹样。它主要包括动植物图案、人物图案、几何图案、文字图案、肌理图案、抽象图案等类型。服装图案的构成形式有单独纹样、适合纹样、二方连续纹样、四方连续纹样、综合纹样等。下面以单独纹样为例制作服装的图案。

(1) 在菜单栏执行"文件"→"新建"命令或按 Ctrl+N 组合键,打开"新建"对话框,设置文件名称为"单独纹样图案","宽度"为 12cm,"高度"为 12cm,"分辨率"为 150 像素/英寸,选择"颜色模式"为"RGB 颜色",选择"背景内容"为"白色",然后单击"确定"按钮。

(2) 用颜色为♯314c65 的前景色填充背景。

(3) 在图层面板中新建图层并重命名为"图案",选择"自定形状工具" ,在属性栏内选择"路径"选项,在下拉形状面板中选择常"春藤 2"形状,按住 Shift 键锁定比例拖动鼠标绘制一个路径。

(4) 按 Ctrl+Enter 组合键将路径转换为选区,用♯a6bfd0 填充选区,如图 17-115 所示。

(5) 按 Ctrl+T 组合键进行自由变换,将显示出的变换框中心点移动到图形左上方,并在工具选项栏中设置旋转角度为 60°,对图像进行旋转,如图 17-116 所示,按 Enter 键确认变换。

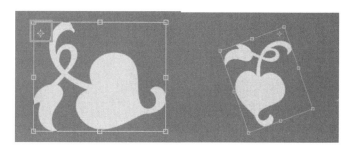

图 17-115　填充选区　　　　　　　　图 17-116　旋转变换框

(6) 按 Ctrl+Shift+Alt+T 组合键进行复制变换,连续按 5 次,出现一个花卉图案,并产生 5 个图案副本图层。

(7) 合并所有图案图层。选择"矩形选框工具"制作如图 17-117 所示方形选框。新建图层并重命名为"边框",用白色填充选区,单独纹样图案最终效果如图 17-118 所示。

(8) 单独纹样图案在服装上的运用如图 17-119 所示。

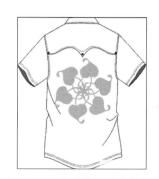

图 17-117　方形选框　　　　图 17-118　最终效果图　　　　图 17-119　单独纹样图案的运用

17.4.3　服装面料效果表现实例

色彩、款式造型和面料是服装设计的三大要素。色彩和款式造型是通过选用的面料来体现的,由此可见服装面料的重要性,它是色彩和款式的载体。只有充分了解和掌握服装面料的特征,才能使用 Photoshop CS6 完美表现面料的肌理效果。面料可以大致归纳为以下几种:薄料、厚料(包括中等厚度)、毛绒面料、透明面料、反光面料、镂空面料、针织面料以及一些特殊材质的面料。下面以豹纹面料为例介绍 Photoshop CS6 制作服装面料的方法。

(1) 打开素材豹纹图片和服装款式图,使用素材图片作为贴图制作一个豹纹的服装,如图 17-120 所示。

图 17-120　豹纹图片和服装款式图

(2) 将豹纹图片拖入款式图中,调整大小和位置,置于款式图层的上方,用“魔棒工具”选择款式图的白色区域,如图 17-121 所示。

(3) 单击豹纹图层并单击“图层”面板下方“添加图层蒙版”按钮 ,使图案填充到选区内,如图 17-122 所示。

图 17-121　选择款式图部分区域　　　　图 17-122　添加图层蒙版后的效果图

　　(4) 新建"图层 1",用前景色♯d6b565 进行填充,设置图层混合模式为"正片叠底",按
Ctrl＋Alt＋G 组合键创建剪贴蒙版。

　　(5) 设置前景色为♯554121,使用"柔边画笔工具" ，绘制豹纹衣服的暗部阴影。

　　(6) 用"魔棒工具"选择款式图的纽扣部分,新建"图层 2",用♯7a5012 填充选区,打开
"图层样式"对话框,进行"斜面和浮雕"参数设置,如图 17-123 所示。

　　(7) 最终效果如图 17-124 所示。

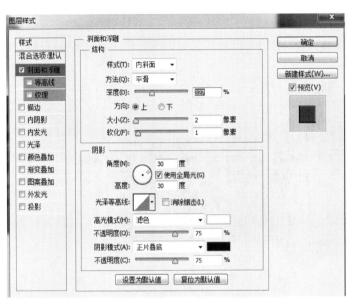

图 17-123　"斜面和浮雕"参数设置

图 17-124　最终效果图

17.4.4　时装画效果表现实例

17.4.4

　　时装画是以绘画为基本手段,通过丰富的艺术处理方法来体现服装设计的造型和整体气
氛的一种艺术形式。以服装效果图的方式表达设计师的设计意图和构思,准确表达出服装各
部位的比例结构以及服装款式和面料的质感,作为后续服装制作的依据。用 Photoshop
CS6 制作时装画能准确表达服装的色彩、款式、面料和夸张的人物动态以及各种风格的画面
艺术效果。

　　1. 写实风格时装画表现

　　(1) 打开素材"旗袍线稿.psd"文件(此处线稿可以先手绘再扫描成电子文件),锁定该
图层,如图 17-125 所示。

　　(2) 在"线稿"图层下方新建图层并重命名为"服装颜色",用前景色♯e74626 进行填充。

　　(3) 在"线稿"图层上选择"魔棒工具",并勾选"对所有图层取样"项,选择旗袍的区域,
如图 17-126 所示。执行"选择"→"修改"→"扩展"命令,在"扩展"对话框中设置参数("扩展
量"为 2 像素),对选区进行扩展。

　　(4) 单击"服装颜色"图层,单击图层面板下方"添加图层蒙版"按钮 ，隐藏线稿以外
的颜色。

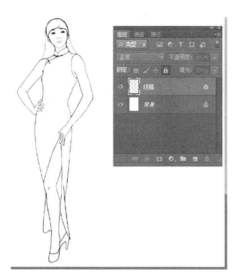

图 17-125 "旗袍线稿"文件

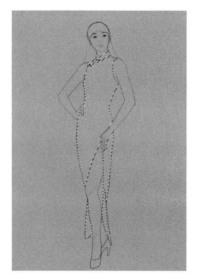

图 17-126 选择旗袍区域

（5）设置前景色为白色，使用"硬边画笔工具"涂抹服装边缘未填满颜色的白色空隙（必须在图层蒙版状态下涂抹），前后对比如图 17-127 所示。

（6）按 Ctrl＋N 组合键，打开"新建"对话框，设置文件名称为"金丝线条"，"宽度"为 6cm，"高度"为 6cm，"分辨率"为 300 像素/英寸，选择"颜色模式"为"RGB 颜色"，选择"背景内容"为"透明"。用＃f1f420 的硬边画笔（5 像素）随意绘制一些线条，如图 17-128 所示。

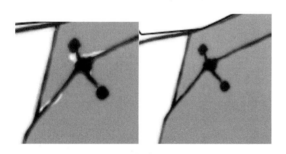

图 17-127 涂抹前后对比图

图 17-128 绘制线条

（7）执行"编辑"→"定义画笔预设"命令，将绘制的线条定义为画笔笔尖。

（8）回到服装画文档中，选择"服装颜色"图层，按住 Shift 键单击图层蒙版缩略图，暂时停用图层蒙版。

（9）用前景色＃f1f420 的"画笔"工具选择刚刚定义的金丝线条画笔，在旗袍上随意绘制，再按住 Shift 键单击图层蒙版缩略图，启用图层蒙版，效果如图 17-129 所示。

（10）在"服装颜色"图层上方，新建图层并重命名为"衣服阴影"，设置前景色为＃b73a1f(暗红色)，使用"柔边画笔工具"降低画笔的不透明度和流量，在人物服装的暗面涂抹，制作阴影增加人物和服装的立体感，绘制完成后将图层混合模式设置为"正片叠底"，图层"不透明度"设为 80％。

（11）在"线稿"图层的下方，新建图层并重命名为"皮肤"，用前景色＃f7dec6 填充皮肤部分,使用"柔边画笔"工具降低画笔的不透明度和流量,设置♯ecbd9b 在人物面部和四肢暗面进行涂抹,制作阴影过渡和皮肤的明暗效果。

（12）用同样的方法制作头发和鞋子的色彩以及明暗关系,效果如图 17-130 所示。

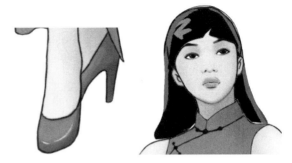

图 17-129　启用图层蒙版效果　　　　　　图 17-130　头发和鞋子效果图

（13）选择"渐变工具",编辑渐变颜色,由白色—紫色—白色渐变,然后在背景图层中从上至下拉出渐变,渐变设置如图 17-131 所示。

（14）新建图层并重命名为"影子",使用"柔边画笔工具"降低画笔的不透明度和流量,设置♯7b6073 在鞋后方位置涂抹形成影子,最终效果如图 17-132 所示。

图 17-131　渐变设置　　　　　　　　图 17-132　最终效果图

2. 夸张风格时装画表现

（1）打开素材"夸张风格线稿.psd"文件(此处线稿可以先手绘再扫描成电子文件),锁定该图层,如图 17-133 所示。

（2）用"魔棒工具"在线稿图层上选择皮肤部分区域,执行"选择"→"修改"→"扩展"命令,在"扩展"对话框中设置参数("扩展量"为 2 像素),对选区进行扩展。

（3）在"线稿"图层下方新建图层重命名为"皮肤"，选择"粉笔画笔工具"，降低画笔的不透明度和流量，不断调整画笔大小并在皮肤上反复涂抹，阴影部分多涂几遍，效果如图 17-134 所示。

图 17-133　锁定"线稿"图层　　　　　　　图 17-134　涂抹皮肤效果图

（4）使用同样的方法，填充衣服、裙子、头发和鞋子的颜色。效果如图 17-135 所示。

（5）用"魔棒工具"在"线稿"图层上选择眼镜区域，用♯f2fc0f 填充眼镜，选择"画笔工具"用♯82eed1 画两条斜线，眼镜效果如图 17-136 所示。

图 17-135　填充颜色后效果

(6) 选择"橡皮擦工具" ,在下拉面板中设置"大小"为 40 像素,"硬度"为 30%,沿着衣服和皮肤边缘擦除,表现高光效果。如图 17-137 所示。完成制作,最终效果如图 17-138 所示。

图 17-136   绘制眼镜效果

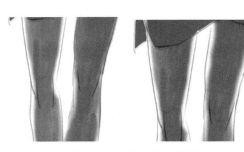

图 17-137   擦出高光效果

图 17-138   最终效果图

17.5   皮具设计

用 Photoshop CS6 制作鞋靴和箱包效果图具有逼真的肌理效果和艺术效果。在制作前可以先在纸上绘制草图,也可在计算机上借助手绘板直接绘制,以线条的方式表现出鞋靴和箱包的结构轮廓,然后填充色彩并制作阴影和车缝线,再添加相应材质,最后进行细节的深入刻画。在绘制过程中需要对光影关系反复推敲和对细节细心刻画,最终才能制作出真实完美的效果图。

17.5.1   高跟鞋效果图表现实例

17.5.1

绘制高跟鞋时注意线条的流畅性以及光源产生的阴影效果,另外材质的肌理和配饰也是决定效果图是否美观的关键,绘图具体步骤如下。

(1) 打开一张手绘高跟鞋图片,新建图层并重命名为"线稿"图层,用白色填充图层。

(2) 选择"钢笔工具" ,在属性栏内选择"路径"选项,在"线稿"图层上绘制高跟鞋的外形轮廓,绘制时需要停顿的地方按住 Ctrl 键切换为"直接选择工具" ,单击空白处结束绘制,松开 Ctrl 键可以继续绘制下一段路径。继续绘制高跟鞋细节部分路径,完善局部结构,并将路径修饰圆滑,如图 17-139 所示。

(3) 使用"路径选择工具" ,选择全部路径。用"画笔工具" 在工具选项栏内设置画笔为硬边 1 像素,前景色为黑色,单击路径面板中的"画笔描边路径"按钮 ,对选择的路径描边,效果如图 17-140 所示。

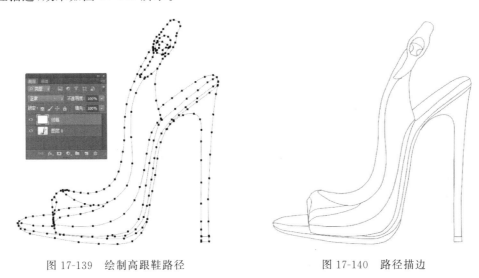

图 17-139 绘制高跟鞋路径　　　　　图 17-140 路径描边

（4）用"魔棒工具" ，选择鞋子帮面部分,新建图层并重命名"帮面",用♯f4d5f5 颜色填充选区,效果如图 17-141 所示。

（5）用同样的方法填充高跟鞋其他部分。依次使用♯d5c8d5 填充内衬区域,♯fff0fc填充鞋垫区域,♯dbdbdb 填充防水台和鞋跟区域,并分别新建产生相应的图层,效果如图 17-142 所示。

图 17-141 填充帮面　　　　　图 17-142 填充高跟鞋颜色

（6）将前景色设为♯a797a8,背景色设为♯615262,在"线稿"图层从左上角至右下角拉一个线性渐变,并删除路径,效果如图 17-143 所示。

（7）双击"帮面"图层打开"图层样式"对话框,设置"斜面和浮雕"效果,如图 17-144 所示。

（8）新建图层并重命名为"帮面阴影",用♯cdbfce 选择"柔画笔工具",在帮面上绘制阴影。

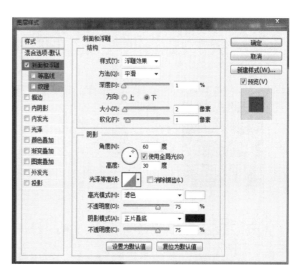

图 17-143　渐变填充背景　　　　　　　图 17-144　设置浮雕参数

（9）给"帮面阴影"图层添加图层蒙版，将前景色设为黑色，选择"画笔工具"在帮面上涂抹，绘制阴影过渡，如图 17-145 所示。

（10）新建图层并重命名为"帮面阴影 2"，用♯d8b9da 选择"柔画笔工具"，在帮面上绘制并添加图层蒙版，将前景色设为灰色，选择"画笔工具"在帮面上涂抹，绘制第二次阴影过渡，如图 17-146 所示。

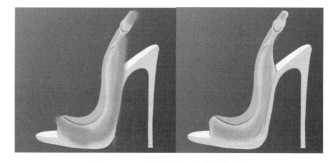

图 17-145　绘制阴影过渡　　　　　　图 17-146　绘制第二次阴影过渡

（11）用同样的方法制作高跟鞋及其他部分的阴影过渡，并建图层组把相应的图层调整到不同的组，这个步骤需要一定的绘画基础和耐心，效果如图 17-147 所示。

（12）新建图层并重命名为"线条"图层，用"钢笔工具"绘制如图 17-148 所示的路径，前景色设为黑色，选择"画笔工具"设置"大小"35 像素，单击路径面板中的"画笔描边路径"按钮 ○，对选择的路径描边，效果如图 17-149 所示。

（13）同样方法再制作一条白色线条，与黑色线条错开 2 像素，选择"橡皮擦工具"，对黑白线条进行修饰擦除，效果如图 17-150 所示。

（14）新建图层"组 7"，并在该组内新建图层并重命名为"毛发"，用"钢笔工具"绘制如图 17-151 所示路径，按 Ctrl＋Enter 组合键转换为选区，并将前景色设为♯c33bc5（紫色），背景色设为白色，执行"滤镜"→"渲染"→"云彩"命令，将选区填充为淡紫色云彩效果。

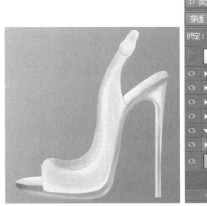

图 17-147　绘制阴影建图层组

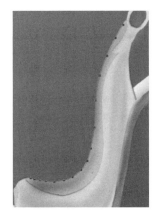

图 17-148　绘制路径　　　　　图 17-149　路径描边　　　　　图 17-150　擦除线条效果

（15）同样方法制作两根毛发效果，并复制很多层，调整大小、旋转、拉伸，效果如图 17-152 所示。

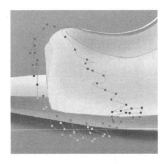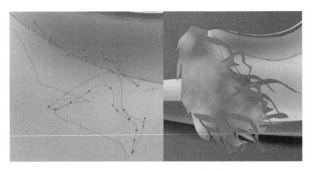

图 17-151　绘制路径　　　　　　　　图 17-152　绘制并复制毛发效果

（16）复制"毛发"图层，并置于原图层上方，按 Ctrl＋L 组合键打开"色阶"对话框，调整色阶比原图暗，并添加图层蒙版，用"画笔工具"描绘出大的明暗关系。完成后合并两图层，将图层"不透明度"设为 60%。效果如图 17-153 所示。

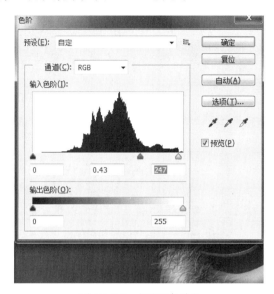

图 17-153　调整"色阶"

（17）在图层"组 7"内新建图层并重命名为"皮草毛发"图层，按 F5 键打开"画笔工具"面板设置画笔，并将前景色设为白色，背景色设为紫色，在刚刚新建的"皮草毛发"图层图像上方绘制，绘制过程中角度要不断调整，完成后用白色柔画笔在毛发中间适当涂抹增加毛发效果，如图 17-154 所示。

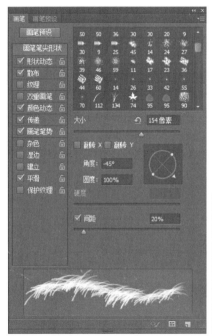
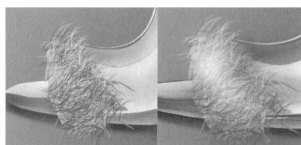

图 17-154　设置"画笔"参数和皮草效果

（18）用"矩形选框工具"在高跟鞋鞋跟部创建选区，并在图层"组5"内新建图层，用#5e5362填充，再选择柔画笔用#b2a4b8提高亮光部分，如图17-155所示。

（19）打开鞋子的搭扣、后跟等相应图层，分别添加"图层样式"制作立体浮雕效果，如图17-156所示。

（20）在图层"组8"内新建"金属搭扣"图层，并选择"钢笔工具"绘制搭扣形状，按Ctrl+Enter组合键转换为选区，并用#767070（灰色）填充选区。

图17-155　鞋跟部效果

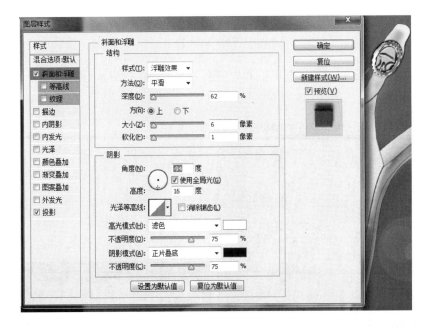

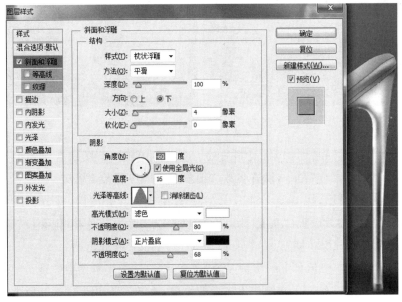

图17-156　"斜面和浮雕"参数设置

（21）保持选区，单击通道面板，单击面板下方的"将选区存储为通道" ▣ 按钮创建新通道，单击新通道并执行"滤镜"→"模糊"→"高斯模糊"命令，设置"半径"数值为 2 像素，确定后再执行一次该命令，设置"半径"数值为 5 像素，如图 17-157 所示。

图 17-157 模糊设置

（22）返回图层面板，复制"金属搭扣"图层，在"金属搭扣副本"图层执行"滤镜"→"渲染"→"光照效果"，具体设置如图 17-158 所示。

图 17-158 "光照效果"设置

（23）复制"金属搭扣"图层，将复制后的"金属搭扣副本 2"图层置于最上方，执行"滤镜"→"素描"→"铬黄渐变"命令，设置参数（"细节"为 3，"平滑度"为 7）。

（24）绘制鞋子投影，按 Ctrl＋Shift＋Alt＋E 组合键合并图层，并分别添加"亮度"→"对比度"调整图层，参数设置（"亮度"为 0，"对比度"为 58），用"色相/饱和度"调整图层，参数设置（"色相"为 12，"饱和度"为 7，"明度"为 3），调整整个画面色调。

（25）执行"滤镜"→"渲染"→"镜头光晕"命令，设置镜头光晕参数（"镜头类型"为"50～300 毫米变焦"，"亮度"为 99％），制作出光晕的效果，最终效果如图 17-159 所示。

图 17-159 高跟鞋最终效果

17.5.2 运动鞋效果图表现实例

17.5.2

运动鞋绘制除了运用光影关系塑造立体感,还可以运用材质贴图的肌理来实现效果图的真实性和美观性。运动鞋的具体绘制步骤如下。

(1)打开一张运动鞋线稿图片,新建图层并重命名为"线稿"图层,用白色填充图层。

(2)选择"钢笔工具"，在属性栏内选择"路径"选项,在"线稿"图层上绘制运动鞋帮面上细节路径,完善局部结构,并将路径修饰圆滑。选择"画笔工具"，在工具选项栏内设置画笔为硬边 1 像素,前景色为黑色,单击路径面板中的"画笔描边路径"按钮，对细节路径描边,效果如图 17-160 所示。

图 17-160 描边细节路径效果图

(3)用"魔棒工具"在"线稿"图层选择鞋底区域,新建图层并重命名为"鞋底"图层,用前景色黑色填充选区,并打开"图层样式"对话框,设置"斜面和浮雕"效果,如图 17-161 所示。

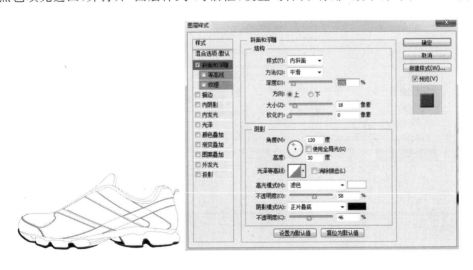

图 17-161 鞋底斜面和浮雕效果

（4）用"魔棒工具"在"线稿"图层选择鞋带区域，新建图层重命名为"鞋带"图层，用
♯cddae2 填充选区，双击图层，在打开的"图层样式"对话框中设置参数，如图 17-162 所示。

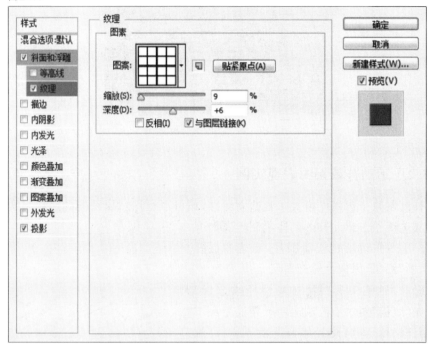

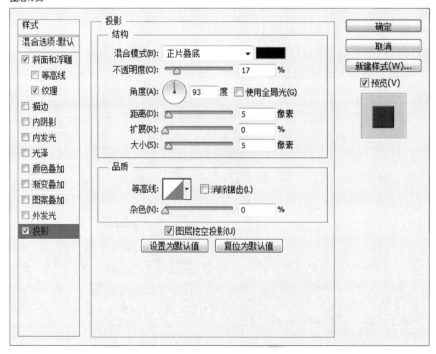

图 17-162 "图层样式"参数设置

（5）单击图层面板下方"创建新的调整图层"按钮 ，在"鞋带"图层上方创建"亮度"→"对比度"调整图层，并用笔刷在鞋带区域涂抹出阴影效果，如图 17-163 所示。

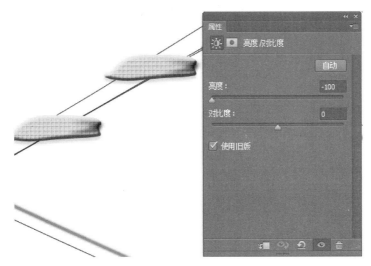

图 17-163　鞋带阴影效果图

（6）在"鞋带"图层下方新建图层，并选择"椭圆选框工具"绘制鞋带孔洞，填充为黑色，制作完成后复制 3 个图层调整到合适的位置，完成后合并所有孔洞图层，如图 17-164 所示。

（7）用上面制作鞋带的方法制作其他区域的填充和阴影效果，鞋口填充与阴影效果图如图 17-165 所示。

图 17-164　鞋带孔洞效果图

图 17-165　鞋口填充与阴影效果图

（8）用"魔棒工具"在"线稿"图层选择如图 17-166 所示区域，新建图层并设置前景色为 ♯5a648e，背景色为 ♯cddae2，在选区内拉出一个线性渐变，并打开"图层样式"对话框设置参数。

（9）单击图层面板下方"创建新的调整图层"按钮 ，在刚刚绘制的图层上方创建"亮度"→"对比度"调整图层，并用白色笔刷在顶部区域涂抹出立体效果（确定在蒙版状态），如图 17-167 所示。

（10）使用同样方法制作运动鞋帮面其他区域的填充及立体效果，如图 17-168 所示。

（11）打开一张图案素材图片，拖入文档并复制两个连成一排，合并图案图层。用"魔棒工具"在"线稿"图层选择空白区域，回到图案图层并添加图层蒙版隐藏多余部分，如图 17-169 所示。

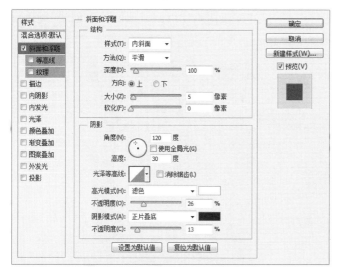

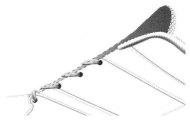

图 17-166　参数设置和渐变填充效果

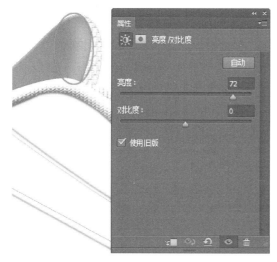

图 17-168　运动鞋帮面填充和阴影效果图

图 17-167　绘制立体效果

图 17-169　图案排列与选区

（12）修改图案图层混合模式为"正片叠底"，单击图层面板下方"创建新的调整图层"按钮 ，在刚刚绘制的图层上方创建"亮度"→"对比度"调整图层，设置参数（"亮度"为 85，"对比度"为 0），并用笔刷涂抹出立体效果，如图 17-170 所示。

图 17-170　参数设置和填充效果

（13）新建图层重命名为"缝线针眼"，按 F5 键打开"画笔工具"面板设置画笔，并将前景色设为黑色，画笔设置如图 17-171 所示。

（14）完成设置后，打开路径面板找到车缝线路径，单击路径面板下方的"画笔描边路径"按钮 ，用刚刚设置的画笔笔刷对车缝线路径描边，效果如图 17-172 所示。

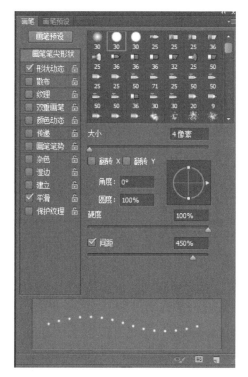

图 17-171　"画笔"设置

图 17-172　路径描边效果图

（15）按 Ctrl 键载入车缝线路径，回到图层面板中，在"缝线针眼"图层下方新建图层并重命名为"车缝线"，执行"编辑"→"描边"命令，设置描边"宽度 2"像素，效果如图 17-173 所示。

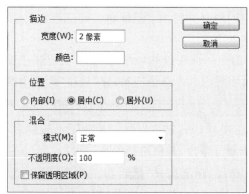

图 17-173　"描边"参数设置

（16）打开"车缝线"图层的图层样式，设置投影参数，车缝线效果如图 17-174 所示。

（17）全部完成制作后，运动鞋的最终效果如图 17-175 所示。

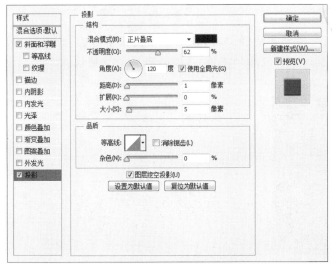
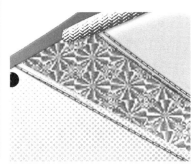

图 17-174　参数设置和车缝线效果图

图 17-175　运动鞋最终效果图

17.5.3

17.5.3　钱包效果图表现实例

钱包的绘制主要注意包面材料的肌理和质感表现效果,以及光影关系和细节效果,绘制具体步骤如下。

(1) 打开一张手绘钱包草图,在其上方新建图层并重命名为"线稿"。选择"钢笔工具",在属性栏内选择路径选项,在"线稿"图层上绘制钱包的外形轮廓,绘制时需要停顿的地方按住 Ctrl 键切换为"直接选择工具",单击空白处结束绘制,松开 Ctrl 键可以继续绘制下一段路径,继续绘制细节部分路径,并将路径修饰圆滑。

(2) 选择"画笔工具",在工具选项栏内设置画笔为硬边 1 像素,前景色为黑色,单击路径面板中的"画笔描边路径"按钮,对路径描边,效果如图 17-176所示。

(3) 打开一张蛇皮纹理素材图片,拖入文档中将图

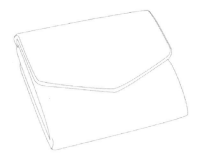

图 17-176　路径描边的线稿

层名称改成"漆皮",调整大小和位置,覆盖整个钱包的线稿,如图 17-177 所示。

（4）用"魔棒工具"在"线稿"图层选择空白区域,回到"漆皮"图层并添加图层蒙版隐藏多余部分,完成选区填充漆皮纹理,效果如图 17-178 所示。

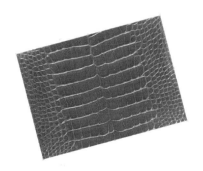 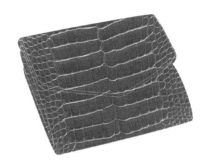

图 17-177　调整蛇皮纹理图片　　　　　图 17-178　选区与添加图层蒙版后效果

（5）用"魔棒工具"在"线稿"图层选择钱包盖边缘区域,新建图层并重命名为"包边",用♯9f3030 填充选区,并双击图层打开"图层样式"对话框进行"斜面和浮雕"设置,如图 17-179 所示。用同样方法制作钱包其他部分的包边。

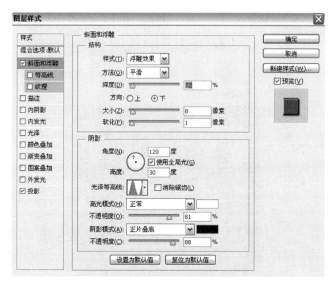

图 17-179　设置"斜面和浮雕"参数

（6）回到"漆皮"图层,单击图层面板下方"创建新的调整图层"按钮，在该图层上方创建两个"亮度/对比度"调整图层和一个"曲线"调整图层,并分别用黑色、灰色笔刷在图示线框区域涂抹出光影效果,如图 17-180 所示。

（7）下面制作缝线,新建图层并重命名为"针眼",按 F5 键打开"画笔工具"面板设置画笔,并将前景色设为黑色,设置如图 17-181 所示。

（8）完成设置后,打开路径面板找到缝线路径,单击路径面板下方的"画笔描边路径"按钮，用刚刚设置的画笔笔刷对缝线路径描边。按 Ctrl 键载入缝线路径,回到图层面板中,在"针眼"图层下方新建图层并重命名为"缝线",执行"编辑"→"描边"命令,设置描边"宽

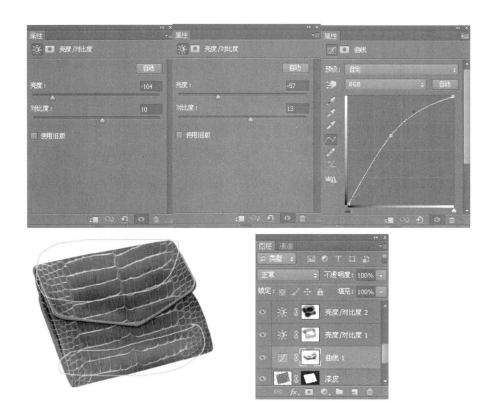

图 17-180 调整图层设置和阴影效果

图 17-181 "画笔"参数设置

度"为 4 像素,完成缝线制作。

(9)双击"漆皮"图层打开"图层样式"对话框进行"投影"设置,最终效果如图 17-182 所示。

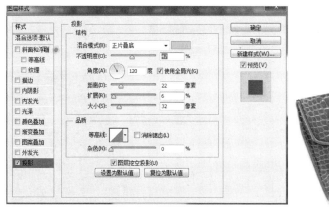

图 17-182 "投影"参数设置和最终效果图

17.5.4 女式包效果图表现实例

17.5.4

本例中女式包的绘制主要采用填充色彩和制作阴影来表现包的立体效果,绘制具体步骤如下。

(1)打开一张手绘女式包草图,在其上方新建图层并重命名为"线稿"。选择"钢笔工具" ,在属性栏内选择路径选项,在"线稿"图层上绘制钱包的外形轮廓,绘制时需要停顿的地方按住 Ctrl 键,切换为"直接选择"工具 ,单击空白处结束绘制,松开 Ctrl 键可以继续绘制下一段路径,继续绘制细节部分路径,并将路径修饰圆滑。

(2)选择"画笔工具" ,在工具选项栏内设置画笔为硬边 1 像素,前景色为黑色,单击路径面板中的"画笔描边路径"按钮 ,对路径描边,效果如图 17-183 所示。

(3)用"魔棒工具"在"线稿"图层选择包体外轮廓,新建图层并重命名为"包体",用前景色♯c84caa(紫红色)填充包体选区,如图 17-184 所示。

(4)用"魔棒工具"在"线稿"图层选择如图 17-185 所示区域并新建图层,用前景色♯9c3575(深紫红色)填充阴影选区。同样方法制作其他区域的相同色彩填充。

图 17-183 路径描边后的线稿图   图 17-184 填充包体颜色   图 17-185 填充选区

（5）用"魔棒工具"在"线稿"图层选择包边区域,新建图层并重命名为"包边",用前景色为♯853245填充选区,双击该图层打开"图层样式"对话框,设置"投影"参数,效果如图17-186所示。

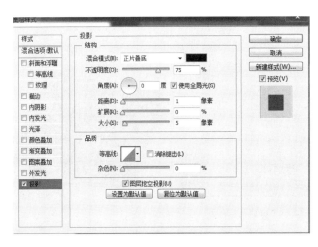

图17-186　"投影"参数设置和包边效果图

（6）用同样方法制作女包上沿口的包边。

（7）新建图层并重命名为"沿口缝线",选择"画笔工具"并使用载入线条笔刷,设置"大小",如图17-187所示。

（8）切换到通道面板选择沿口缝线路径,设置前景色为♯562b09,单击路径面板中的"画笔描边路径"按钮 ⊙ ,对选择的路径进行描边,完成缝线制作,效果如图17-188所示。

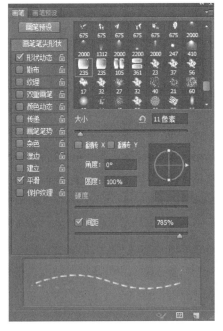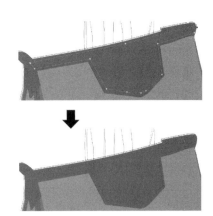

图17-187　画笔设置　　　　　　　　　　图17-188　缝线效果图

(9)用"魔棒工具"在"线稿"图层选择如图 17-189 所示区域,新建图层并重命名为"包带 1",用前景色♯c84caa 填充选区,并用同样的方法填充其他部分的包带颜色,如图 17-190 所示。

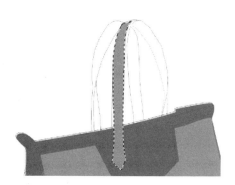

图 17-189　填充♯c84caa

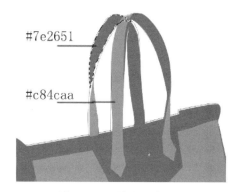

#7e2651

#c84caa

图 17-190　填充包带颜色

(10)使用前面的方法制作包带的包边和缝线。

(11)新建图层并重命名为"铆钉",选择"椭圆形选框工具"并按 Shift 键绘制圆形,设置前景色为♯c3923b 和背景色为♯f5eabd,执行"滤镜"→"渲染"→"云彩"命令,效果如图 17-191 所示。

(12)执行"滤镜"→"模糊"→"高斯模糊"命令,设置参数("半径"为 5),执行"滤镜"→"杂色"→"添加杂色"命令,设置参数("数量"为 9,"分布"为"平均分布",勾选"单色"复选框)。

(13)执行"滤镜"→"模糊"→"径向模糊"命令,设置参数("数量"为 30,"模糊方法"为旋转),执行"滤镜"→"锐化"→"USM 锐化"命令,设置参数("数量"为 40,"半径"为 5,"阈值"为 15),效果如图 17-192 所示。

图 17-191　云彩效果

图 17-192　USM 锐化效果

(14)添加图层样式,在弹出的菜单中选择"渐变叠加"样式,单击渐变色条框,在弹出的"渐变编辑器"对话框中设置颜色和参数,并调整"图层样式"对话框中的参数,铆钉效果如图 17-193 所示。

(15)设置"投影"参数并复制铆钉图层,调整铆钉大小和位置,效果如图 17-194 所示。

(16)新建图层并重命名为"包影子"图层,选择黑色柔画笔并降低不透明度和流量,在女包底部添加光影效果,女包最终效果如图 17-195 所示。

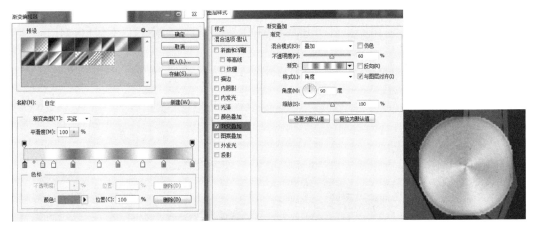

图 17-193 参数设置和铆钉效果

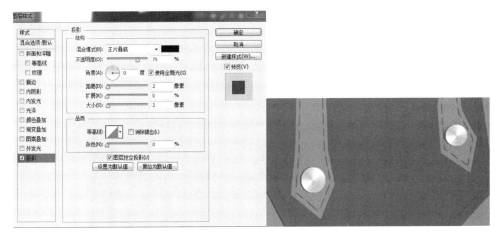

图 17-194 "投影"参数设置和复制后的铆钉效果图

图 17-195 女包最终效果图

第18章

Photoshop CS6 打印输出

打印和输出就是将完成的作品通过打印机或者印刷设备，以某种有形的载体如纸张、胶片等，变为可供人阅览的图片；或者将完成的作品输出为其他指定格式的文件，与其他软件配合使用。若要得到较好的图像打印和输出效果，需要进行一些必要的设置，理解与其相关的概念如分辨率、色彩模式等。本章将详细介绍图像打印和输出时的操作与注意事项。

创作完成的作品或处理好的图片可以通过打印机输出到纸张上，以便查看和修改。在最终打印前需要做些准备工作如打印机的选择、打印设置、打印内容设置等。

18.1 打印设置

打开一张图片后，执行"文件"→"打印"命令会弹出如图 18-1 所示的对话框。

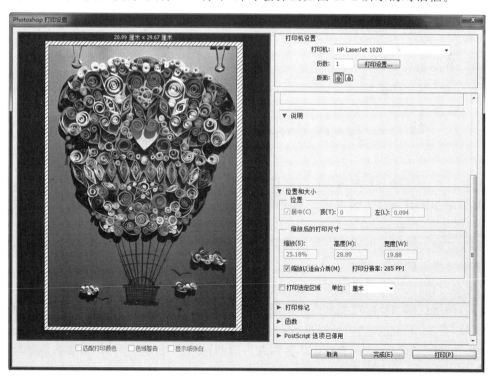

图 18-1　打印设置对话框

在这个对话框中,左边是打印图像范围,右边是各种参数区,这里就包括我们最常用的打印机设置、位置和大小、打印标记、函数等。

1. 打印机设置

在此参数设置区域内,由"打印机""份数""打印设置""版面"组成。其中,打印机、份数和版面较为容易理解,打印机就是选择哪一种打印机作为打印出图的机器,如仅安装了一台打印机,则不用选择,直接默认设置即可,若安装了多台打印机,可以在下拉列表中进行选择;份数就是要选择同一张图片打印几张,而版面则是要选择竖版或横版的形式来打印图片。

"打印设置"较为复杂,下面重点讲解一下。单击"打印设置",会弹出如图 18-2 所示的对话框;单击"纸张|质量"选项组,可以看到要选择的尺寸、来源、类型等。

图 18-2　打印机属性对话框

"尺寸"列表框列出了常用的各种规格的纸张,并在右边显示该规格纸张的尺寸。根据打印需要来选择不同的图纸规格。不同型号的打印机尺寸列表中显示的纸张规格数量不一样。

"来源"列表框中列出了打印机的各种进纸方式(如"手动进纸""自动进纸"等),可以根据需要来选择不同的进纸方式。

"类型"列表框中列出了打印使用的纸张形式,其中包括"普通纸""硫酸纸""再生纸""卡片纸"等,根据打印图片的需要来选择不同类型的纸张。

此外,在"效果"选项组中可以进行有无水印的选择,在"完成"选项组中有是否双面打印的选项,在"基本"选项组中,有打印的方向和份数的选择。可以根据打印需要来设置这 4 个选项组的参数。

2. 位置和大小

"位置和大小"用来设置图像相对于打印纸张的位置,如图 18-3 所示。

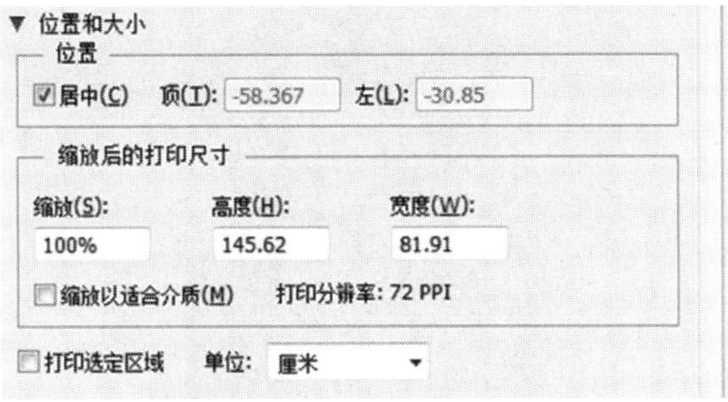

图 18-3 "位置和大小"选项组

在"位置"选项组中选择"居中"复选框可以保证图像在水平和垂直方向上都位于纸张的中央。如果清除该复选框,可以在"顶"和"左"数值框中输入相关数值来确定图像的上边和纸张上边的距离以及图像的左边和纸张左边的距离。

Photoshop 可以实现缩放打印,在"缩放后的打印尺寸"选项组中,可以在"缩放""高度""宽度"3 个数值框中输入图像的缩放打印比例或打印尺寸的高度和宽度数值,需要注意这 3 个值是相互关联的,改变其中一个,另外两个将自动做相应的改变。"缩放以适合介质"的复选框,具有将打印出来的图像尺寸正好符合纸张尺寸的作用,勾选该复选框,系统将缩放图像,使得图像完整地打印在纸张上。

"打印选定区域"复选框,用来打印选定图像的部分,勾选此复选框,可以选定要打印图像的某一部分。

3. 打印标记

"打印标记"可以选择是否打印角裁剪标志、中心裁剪标志、套准标记、标签以及文件简介中的说明等内容,如图 18-4 所示。

图 18-4 "打印标记"对话框

套准标记在分色打印中是必需的,可以保证青、洋红、黄和黑色打印版的精确性。选中"套准标记"复选框可以打印套准标记,如图 18-5 所示为标记预览图。

选中"角裁剪标志"和"中心裁剪标志"可以打印这两种标记,如图 18-5 所示为标记预览图。

选中"标签"复选框可以在图像上方打印文件名。"说明"是指在"编辑"的对话框中输入的文件信息,勾选"说明"复选框可以将这些说明信息与图像一起打印出来。

需要注意的是,只有当纸张尺寸比打印图像尺寸大时,才可以打印出套准标记、中心裁剪标志、角裁剪标志和标签等内容。

图 18-5   标记预览图

4. 函数

"函数"可以对打印背景、出血、图像边界等设置,如图 18-6 所示。

图 18-6   "函数"对话框

"背景"用来选择在打印纸张上的空白区域打印某种颜色的背景,单击"背景"按钮可以打开"拾色器"对话框,在该对话框中可以选择某种颜色作为背景打印到图像以外的区域。

"出血"对话框可以设置出血的宽度。

"边界"可以用来为图像添加一个边框,单击"边界"按钮,在弹出的对话框中输入打印边框宽度并选择宽度的单位。

18.2   打印

当设置好各种打印参数后就可以打印了,此时,单击打印对话框中右下角的"打印"即可进行图片的打印操作。

附录 A　AutoCAD 常用快捷键

绘图命令	图标	快捷键	编辑命令	图标	快捷键	其他命令	图标	快捷键
直线		L	删除		E	新建文件		^+N
构造线		XL	复制		CP,CO	打开文件		^+O
多段线		PL	镜像		MI	保存文件		^+S
多线		NL	偏移		O	回退一步		U
正多边形		POL	阵列		AR	实时平移		P
矩形		REC	移动		M	定距等分		ME
圆弧		A	旋转		RO	定数等分		DIV
圆		C	缩放		SC	帮助		F1
样条曲线		SPL	拉伸		S	打开文本		F2
椭圆		EL	修剪		TR	对象捕捉		F3
插入块		I	延伸到边界		EX	草图设置		F4
创建块		B	打断于点		BR	视图设置		F5
写块		W	打断		BR	栅格显示		F7
画点		PO	合并		J	正交模式		F8
图案填充		H	倒斜角		CHA	捕捉模式		F9
面域		REG	倒圆角		F	极轴追踪		F10
文字		T,MT	分解		X	捕捉追踪		F11

附录 B SketchUp 常用快捷键

命令	图标	快捷键	命令	图标	快捷键	命令	图标	快捷键
直线		L	缩放		S	绕轴观察		K
矩形		R	偏移		F	添加剖面		ALT+/
圆		C	路径跟随		J	线框显示		ALT+1
圆弧		A	卷尺		T	消隐显示		ALT+2
多边形		N	量角器		V	着色显示		ALT+3
自由曲线			尺寸标注		D	贴图显示		ALT+4
选择		空格键	文字			顶视图		F2
创建组		G	三维文字		Shift+T	前视图		F4
材质		B	坐标轴		Y	后视图		F5
删除		E	环绕观察		鼠标滚轮	左视图		F6
推拉		P	平移		Shift+滚轮	右视图		F7
移动		M	缩放		Z	等角视图		F8
旋转		Q	充满视窗		Shift+Z	下一视图		F9

注:有些快捷键如创建组等,是在选择状态下有效,请读者根据不同版本的软件实际使用。

附录 C　Photoshop CS6 常用快捷键

1. 工　具　箱

（多种工具共用一个快捷键的可同时按 Shift 键加此快捷键选取）

命　　令	快捷键	命　　令	快捷键
矩形、椭圆选框工具	M	油漆桶工具	K
裁剪工具	C	吸管、颜色取样器	I
移动工具	V	抓手工具	H
套索、多边形套索、磁性套索	L	缩放工具	Z
魔棒工具	W	默认前景色和背景色	D
喷枪工具	J	切换前景色和背景色	X
画笔工具	B	切换标准模式和快速蒙版模式	Q
橡皮图章、图案图章	S	标准屏幕模式、带有菜单栏的全屏模式、全屏模式	F
历史记录画笔工具	Y		
橡皮擦工具	E	临时使用移动工具	Ctrl
铅笔、直线工具	N	临时使用吸色工具	Alt
模糊、锐化、涂抹工具	R	临时使用抓手工具	空格
减淡、加深、海绵工具	O	打开工具选项面板	Enter
钢笔、自由钢笔、磁性钢笔	P	快速输入工具选项（当前工具选项面板中至少有一个可调节数字）	0~9
添加锚点工具	＋		
删除锚点工具	－		
直接选取工具	A	循环选择画笔	［或］
文字、文字蒙版、直排文字、直排文字蒙版	T	选择第一个画笔	Shift＋［
		选择最后一个画笔	Shift＋］
度量工具	U	建立新渐变（在渐变编辑器中）	Ctrl＋N
直线渐变、径向渐变、对称渐变、角度渐变、菱形渐变	G		

2. 文　件　操　作

命　　令	快捷键	命　　令	快捷键
新建图形文件	Ctrl＋N	用默认设置创建新文件	Ctrl＋Alt＋N
打开已有的图像	Ctrl＋O	打开为…	Ctrl＋Alt＋O
关闭当前图像	Ctrl＋W	保存当前图像	Ctrl＋S
另存为…	Ctrl＋Shift＋S	存储副本	Ctrl＋Alt＋S
页面设置	Ctrl＋Shift＋P	打印	Ctrl＋P

3. 视　图　操　作

命　　令	快捷键	命　　令	快捷键
显示彩色通道	Ctrl＋～	显示单色通道	Ctrl＋数字
显示复合通道	～	以 CMYK 方式预览（开关）	Ctrl＋Y
打开/关闭色域警告	Ctrl＋Shift＋Y	放大视图	Ctrl＋＋
缩小视图	Ctrl＋－	满画布显示	Ctrl＋0
实际像素显示	Ctrl＋Alt＋0	向上卷动一屏	PageUp
向下卷动一屏	PageDown	向左卷动一屏	Ctrl＋PageUp
向右卷动一屏	Ctrl＋PageDown	将视图移到左上角	Home

3. 视 图 操 作

命　　令	快捷键	命　　令	快捷键
将视图移到右下角	End	显示/隐藏选择区域	Ctrl+H
显示/隐藏路径	Ctrl+Shift+H	显示/隐藏标尺	Ctrl+R
显示/隐藏参考线	Ctrl+;	显示/隐藏网格	Ctrl+"
贴紧参考线	Ctrl+Shift+;	锁定参考线	Ctrl+Alt+;
贴紧网格	Ctrl+Shift+"	显示/隐藏画笔面板	F5
显示/隐藏颜色面板	F6	显示/隐藏图层面板	F7
显示/隐藏信息面板	F8	显示/隐藏动作面板	F9
显示/隐藏所有命令面板	TAB	显示或隐藏工具箱以外的所有调板	Shift+TAB
文字处理(在文字工具对话框中)			
左对齐或顶对齐	Ctrl+Shift+L	中对齐	Ctrl+Shift+C
右对齐或底对齐	Ctrl+Shift+R	左/右选择 1 个字符	Shift+←/→
下/上选择 1 行	Shift+↑/↓	选择所有字符	Ctrl+A
左/右移动 1 个字符	←/→	下/上移动 1 行	↑/↓
左/右移动 1 个字	Ctrl+←/→		

4. 编 辑 操 作

命　　令	快　捷　键
还原/重做前一步操作	Ctrl+Z
还原两步以上操作	Ctrl+Alt+Z
重做两步以上操作	Ctrl+Shift+Z
剪切选取的图像或路径	Ctrl+X 或 F2
复制选取的图像或路径	Ctrl+C
合并复制	Ctrl+Shift+C
将剪贴板的内容粘贴到当前图形中	Ctrl+V 或 F4
将剪贴板的内容粘贴到选框中	Ctrl+Shift+V
自由变换	Ctrl+T
应用自由变换(在自由变换模式下)	Enter
从中心或对称点开始变换(在自由变换模式下)	Alt
限制(在自由变换模式下)	Shift
扭曲(在自由变换模式下)	Ctrl
取消变形(在自由变换模式下)	Esc
自由变换复制的像素数据	Ctrl+Shift+T
再次变换复制的像素数据并建立一个副本	Ctrl+Shift+Alt+T
删除选框中的图案或选取的路径	Delete
用背景色填充所选区域或整个图层	Ctrl+BackSpace 或 Ctrl+Delete
用前景色填充所选区域或整个图层	Alt+BackSpace 或 Alt+Delete

参 考 文 献

［1］ 于习法,杨谆,何培斌.土建工程设计制图［M］.南京：东南大学出版社,2012.

［2］ CAD/CAM/CAE 技术联盟.AutoCAD 2014 自学视频教程［M］.北京：清华大学出版社,2014.

［3］ 王建华,程绪琦.AutoCAD 2014 标准培训教程［M］.北京：电子工业出版社,2014.

［4］ 丁金学,曹勇.AutoCAD 2013 建筑设计绘图基础入门与范例精通［M］.北京：科学出版社,2013.

［5］ 李波,刘升婷,李燕.AutoCAD 土木工程制图从入门到精通［M］.北京：机械工业出版社,2013.

［6］ 张慧,廖希亮,张敏.计算机绘图［M］.北京：清华大学出版社,2011.

［7］ 唐海玥,白峻宇,李海英.建筑草图大师 SketchUp 7 效果图设计流程详解［M］.北京：清华大学出版社,2011.

［8］ 孙志宜,龚京美.Photoshop 图像处理［M］.北京：中国建材工业出版社,2013.

［9］ 九州书源.中文版 Photoshop CS4 从入门到精通［M］.北京：清华大学出版社,2010.

［10］ 肖基平.Photoshop CS5 从入门到精通［M］.北京：人民邮电出版社,2012.

［11］ 时代印象.中文版 Photoshop CS6 平面设计实例教程［M］.北京：人民邮电出版社,2014.

［12］ 史宇宏.Photoshop 平面设计范例宝典［M］.北京：人民邮电出版社,2014.

［13］ 徐丽,黄刚.Photoshop CS6 建筑效果图表现技能速训［M］.北京：化学工业出版社,2013.

［14］ 陈志民.精雕细琢：中文版 Photoshop CS6 建筑表现技法［M］.北京：机械工业出版社,2013.

［15］ 马金萍,尚存.园林 Photoshop 辅助设计［M］.北京：中国商业出版社,2014.

［16］ 叶兰辉.包袋计算机设计教程 CorelDRAW/Photoshop［M］.广州：华南理工大学出版社,2013.

［17］ 李宏宇.突破平面 Photoshop 服装设计技法剖析［M］.北京：清华大学出版社,2014.